建筑抗震构造手册

（依据 11G329 系列图集和 GB 50011—2010 编写）

本书编委会　编写

中国建筑工业出版社

图书在版编目（CIP）数据

建筑抗震构造手册/本书编委会编写. —北京：中国
建筑工业出版社，2013.4
ISBN 978-7-112-15329-9

Ⅰ.①建…　Ⅱ.①本…　Ⅲ.①建筑结构-防震设计-
技术手册　Ⅳ.①TU352.104-62

中国版本图书馆 CIP 数据核字（2013）第 068736 号

建筑抗震构造手册

（依据 11G329 系列图集和 GB 50011—2010 编写）

本书编委会　编写

*

中国建筑工业出版社出版、发行（北京西郊百万庄）

各地新华书店、建筑书店经销

北京科地亚盟排版公司制版

北京市密东印刷有限公司印刷

*

开本：787×1092 毫米　1/16　印张：14¾　字数：360 千字
2013 年 6 月第一版　　2013 年 6 月第一次印刷
定价：**35.00** 元
ISBN 978-7-112-15329-9
（23415）

本书主要依据 11G329-1《建筑物抗震构造详图（多层和高层钢筋混凝土房屋）》、11G329-2《建筑物抗震构造详图（多层砌体房屋和底部框架砌体房屋）》、11G329-3《建筑物抗震构造详图（单层工业厂房）》三本最新图集及国家现行相关标准规范编写而成。本书内容紧密围绕图集展开，结构体系上重点突出、详略得当，还注意了知识的融贯性，与《建筑抗震设计规范》（GB 50011—2010）、《混凝土结构设计规范》（GB 50010—2010）、《砌体结构设计规范》（GB 50003—2011）、《高层建筑混凝土结构技术规程》（JGJ 3—2010）等规范标准相结合，突出整合性的编写原则。本书主要内容包括：概述、多层和高层钢筋混凝土房屋、多层砌体房屋和底部框架砌体房屋、单层工业厂房。

本书可供建筑结构设计人员、施工人员使用，也可供各大专院校师生参考使用。

您若对本书有什么意见、建议，或您有图书出版的意愿或想法，欢迎致函 zhanglei@cabp.com.cn 交流沟通！

责任编辑：岳建光　张　磊
责任设计：赵明霞
责任校对：张　颖　党　蕾

本书编委会

主 编 李守巨

参 编（按笔画顺序排列）

于化波　马文颖　王　慧　王永杰

石　琳　白雅君　刘君齐　刘海生

刘海锋　远程飞　张　莹　姜　媛

陶红梅　常　伟　蒋　彤　韩　旭

前　言

地震，是一种不可抗拒的自然现象，严重影响人们的生活和生产，给人类造成重大损失。我国位于环太平洋地震带与欧亚地震带之间，地震活动频度高、强度大、震源浅、分布广，是一个震灾严重的国家。自1949年以来，100多次破坏性地震共造成27万余人丧生，地震成灾面积达30多万平方公里，房屋倒塌达700万间。为降低地震对人民生命财产安全和国家经济造成的损失，加强建筑物抗震构造措施的建设就显得十分必要与迫切。良好的抗震构造设计是保证建筑工程质量性、抗震性、安全性的一项重要手段。基于上述原因，我们组织编写了此书。

本书主要依据最新颁布实施的标准图集及国家现行相关标准规范编写而成。共分为4章，内容包括：概述、多层和高层钢筋混凝土房屋、多层砌体房屋和底部框架砌体房屋、单层工业厂房。本书内容紧密围绕图集展开，结构体系上重点突出、详略得当，还注意了知识的融贯性。

本书可供建筑结构设计人员、施工人员使用，也可供各大专院校师生参考使用。

由于编者水平有限，书中错误及不当之处在所难免，敬请广大读者和同行给予批评指正。

目　　录

1 概　　述

1.1　建筑抗震设防

1.1.1　建筑抗震设防分类

根据建筑遭遇地震破坏后，可能造成的人员伤亡，直接和间接导致的经济损失、社会影响的程度及其在抗震救灾中的作用等因素，对各类建筑所做的设防类别进行划分。抗震设防的所有建筑应按现行国家标准《建筑工程抗震设防分类标准》（GB 50223—2008）确定其抗震设防类别及其抗震设防标准。

1. 划分依据

建筑抗震设防类别划分，应根据下列因素的综合分析确定：

1）建筑破坏造成的人员伤亡、直接和间接经济损失及社会影响的大小。

2）城镇的大小、行业的特点、工矿企业的规模。

3）建筑使用功能失效后，对全局的影响范围大小、抗震救灾影响及恢复的难易程度。

4）建筑各区段的重要性有显著不同时，可按区段划分抗震设防类别。下部区段的类别不应低于上部区段。区段指由防震缝分开的结构单元、平面内使用功能不同的部分、或上下使用功能不同的部分。

5）不同行业的相同建筑，当所处地位及地震破坏所产生的后果和影响不同时，其抗震设防类别可不相同。

2. 抗震设防类别

《建筑工程抗震设防分类标准》（GB 50223—2008）第 3.0.2 条规定：建筑工程应分为以下四个抗震设防类别：

（1）特殊设防类

指使用上有特殊设施，涉及国家公共安全的重大建筑工程和地震时可能发生严重次生灾害等特别重大灾害后果，需要进行特殊设防的建筑。简称甲类。

（2）重点设防类

指地震时使用功能不能中断或需尽快恢复的生命线相关建筑，以及地震时可能导致大量人员伤亡等重大灾害后果，需要提高设防标准的建筑。简称乙类。

（3）标准设防类

指大量的除特殊设防类、重点设防类、适度设防类以外按标准要求进行设防的建筑。简称丙类。

（4）适度设防类

指使用上人员稀少且震损不致产生次生灾害，允许在一定条件下适度降低要求的建筑。简称丁类。

1.1.2 建筑抗震设防标准

抗震设防标准是衡量抗震设防要求高低的尺度，由抗震设防烈度或设计地震动参数及建筑抗震设防类别确定。其中抗震设防烈度是按国家规定的权限批准作为一个地区抗震设防依据的地震烈度，一般情况下，取 50 年内超越概率 10% 的地震烈度。

各抗震设防类别建筑的抗震设防标准，应符合下列要求：

1. 标准设防类

标准设防类，应按本地区抗震设防烈度确定其抗震措施和地震作用，达到在遭遇高于当地抗震设防烈度的预估罕遇地震影响时不致倒塌或发生危及生命安全的严重破坏的抗震设防目标。

2. 重点设防类

重点设防类，应按高于本地区抗震设防烈度一度的要求加强其抗震措施；但抗震设防烈度为 9 度时应按比 9 度更高的要求采取抗震措施；地基基础的抗震措施，应符合有关规定。同时，应按本地区抗震设防烈度确定其地震作用。

3. 特殊设防类

特殊设防类，应按高于本地区抗震设防烈度提高一度的要求加强其抗震措施；但抗震设防烈度为 9 度时应按比 9 度更高的要求采取抗震措施。同时，应按批准的地震安全性评价的结果且高于本地区抗震设防烈度的要求确定其地震作用。

4. 适度设防类

适度设防类，允许比本地区抗震设防烈度的要求适当降低其抗震措施，但抗震设防烈度为 6 度时不应降低。一般情况下，仍应按本地区抗震设防烈度确定其地震作用。

对于划为重点设防类而规模很小的工业建筑，当改用抗震性能较好的材料且符合《建筑抗震设计规范》（GB 50011—2010）（以下简称《建筑抗震设计规范》）对结构体系的要求时，允许按标准设防类设防。

1.1.3 建筑抗震设防目标和方法

1. 抗震设防目标

根据大量数据分析，我国地震烈度的概率分布基本符合极值Ⅲ型分布。我国对小震、中震、大震的三个概率水准作了具体规定，根据分析，当设计基准期为 50 年时：

1）概率密度曲线的峰值烈度对应的超越概率（超过该烈度的概率）为 63.2%，将这一峰值烈度定义为小震烈度（又称众值烈度或多遇地震烈度），为第一水准烈度，对应的地震称为多遇地震。

2）超越概率为 10% 所对应的地震烈度，称为中震烈度，为第二水准烈度。我国地震区划规定的各地基本烈度可取为中震烈度，即为抗震设防烈度，抗震设防烈度与设计基准地震加速度之间的对应关系见表 1-1。

抗震设防烈度和设计基本地震加速度值的对应关系　　　　　　　表 1-1

抗震设防烈度	6	7	8	9
设计基本地震加速度值	0.05g	0.10 (0.15) g	0.20 (0.30) g	0.40g

注：g 为重力加速度。

3）超越概率为 2% 所对应的地震烈度，称为大震烈度（又称罕遇地震烈度），为第三水准烈度，对应的地震称为罕遇地震。

根据我国对地震危险性的统计分析得到：抗震设防烈度比多遇地震烈度高约 1.55 度，而罕遇地震烈度比地震基本烈度高约 1 度。

抗震设防目标是指当建筑结构遭遇不同水准的地震影响时，对结构、构件、使用功能、设备的损坏程度及人身安全的总要求。建筑设防目标要求建筑物在使用期间，对不同频率和强度的地震，应具有不同的抵抗能力，对一般较小的地震，发生的可能性大，这时要求结构不受损坏，在技术上和经济上都可以做到；而对于罕遇的强烈地震，由于发生的可能性小，但地震作用大，在此强震作用下要保证结构完全不损坏，技术难度大，经济投入也大，是不合算的，这时若允许有所损坏，但不倒塌，则是经济合理的。

我国《建筑抗震设计规范》规定，设防烈度为 6 度及 6 度以上地区必须进行抗震设计，并提出三水准抗震设防目标：

第一水准：当建筑物遭受低于本地区设防烈度的多遇地震影响时，主体不受损坏或不需修理可继续使用（小震不坏）。

第二水准：当建筑物遭受相当于本地区设防烈度的设防地震影响时，可能发生损坏，但经一般性修理仍可继续使用（中震可修）。

第三水准：当建筑物遭受高于本地区设防烈度的罕遇地震影响时，不致倒塌或发生危及生命的严重破坏（大震不倒）。

此外，我国《建筑抗震设计规范》对主要城市和地区的抗震设防烈度、设计基本地震加速度值给出了具体规定，同时指出了相应的设计地震分组，这样划分能更好地体现震级和震中距的影响，使对地震作用的计算更为细致。

2. 抗震设防方法

为实现上述"三水准"的抗震设计目标，我国《建筑抗震设计规范》采用"两阶段"设计方法：

第一阶段设计：当遭遇第一水准烈度时，结构处于弹性变形阶段。按与设防烈度对应的多遇地震烈度的地震作用效应和其他荷载效应组合，进行验算结构构件的承载能力和结构的弹性变形，从而满足第一水准和第二水准的要求，并通过概念设计和抗震构造措施来满足第三水准的要求。

第二阶段设计：当遭遇第三水准烈度时，结构处于非弹性变形阶段。同样应按与设防烈度对应的罕遇地震烈度的地震作用效应进行弹塑性层间位移验算，并采取相应的抗震构造措施满足第三水准的要求。

对于大多数比较规则的建筑结构，一般可只进行第一阶段设计，而对于一些有特殊要求的建筑或不规则的建筑结构，除进行第一阶段设计之外，还应进行第二阶段设计。

1.1.4　建筑物抗震措施、抗震等级的烈度

多层和高层钢筋混凝土结构构件应根据抗震设防类别、所在地区的抗震设防烈度、所在

地的场地类别、结构类型以及房屋高度采用不同的抗震等级，并且应符合相应的抗震措施：

1. 甲类、乙类建筑

应按本地区抗震设防烈度提高一度的要求加强其抗震措施，但抗震设防烈度为 9 度时应按比 9 度更高的要求采取抗震措施，当建筑场地为 I 类时，应允许仍按本地区抗震设防烈度的要求采取抗震构造措施。

2. 丙类建筑

应按本地区抗震设防烈度确定其抗震措施，当建筑场地为 I 类时，除 6 度外，应允许按本地区抗震设防烈度降低一度的要求采取抗震构造措施。

3. 丁类建筑

允许比本地区抗震设防烈度的要求适当降低其抗震措施，但抗震设防烈度为 6 度时不应降低。

当建筑场地为 III、IV 类时，对设计基本地震加速度为 0.15g 和 0.30g 的地区，除《建筑抗震设计规范》中关于建造于 IV 类场地且较高的高层建筑的柱轴压比限值和最小总配筋率等规定外，宜分别按抗震设防烈度 8 度（0.20g）和 9 度（0.40g）时各类建筑的要求采取抗震构造措施。

确定抗震措施的抗震等级时应按表 1-2 选取烈度。

确定建筑物抗震措施抗震等级的烈度　　　　　　　　　表 1-2

所在地区的设防烈度		6（0.05g）		7（0.10g）		7（0.15g）			8（0.20g）		8（0.30g）			9（0.40g）	
场地类别		I	II、III、IV	I	II、III、IV	I	II	III、IV	I	II、III、IV	I	II	III、IV	I	II、III、IV
抗震构造措施	甲、乙类建筑	6	7	7	8	7	8	8*	8	9	8	9	9*	9	9*
	丙类建筑	6	6	6	7	6	7	8	7	8	7	8	9	8	9
	丁类建筑	6	6	6	7-	6	7-	8-	7	8-	7	8-	9-	8	9-
除抗震构造措施以外的其他抗震措施	甲、乙类建筑	7	7	8	8	8	8	8	9	9	9	9	9	9*	9*
	丙类建筑	6	6	7	7	7	7	7	8	8	8	8	8	9	9
	丁类建筑	6	6	7-	7-	7-	7-	7-	8-	8-	8-	8-	8-	9-	9-

注：1. "抗震措施"是除了地震作用计算和构件抗力计算以外的抗震设计内容，包括建筑总体布置、结构选型、地基抗液化措施、考虑概念设计对地震作用效应（内力和变形等）的调整，以及各种抗震构造措施。

2. "抗震构造措施"是指根据抗震概念设计的原则，一般不需计算而对结构和非结构部分必须采取的各种细部构造，如构件尺寸、高厚比、轴压比、长细比、纵筋配筋率、箍筋配箍率、钢筋直径、间距等构造和连接要求等。

3. 8*、9* 表示比 8、9 度适当提高而不是提高一度的抗震措施。

4. 7-、8-、9- 表示比 7、8、9 度适当降低而不是降低一度的抗震措施。

5. 甲、乙类建筑及 III、IV 类场地且设计基本烈度为 0.15g 和 0.30g 的丙类建筑按表 1-2 确定抗震措施时，如果房屋高度超过对应的房屋最大适用高度，则应采取比对应抗震等级更有效的抗震构造措施。

1.2　场地、地基与基础

1.2.1　场地

1. 场地地段划分

合理选择建筑场地，对建筑物的抗震安全至关重要。为此，首先要全面查明和分析有关场地条件引起震害的各种因素，如地质构造、地基土性质、地形和地貌等，然后根据各种因素的综合情况及影响程度，划分出对建筑抗震有利、一般、不利和危险地段，对不利及危险的地段提出合理的措施。

我国《建筑抗震设计规范》第 4.1.1 条规定：选择建筑场地时，应按表 1-3 划分对建筑抗震有利、一般、不利和危险的地段。

有利、一般、不利和危险地段的划分   表 1-3

地段类别	地质、地形、地貌
有利地段	稳定基岩，坚硬土，开阔、平坦、密实、均匀的中硬土等
一般地段	不属于有利、不利和危险的地段
不利地段	软弱土，液化土，条状突出的山嘴，高耸孤立的山丘，陡坡，陡坎，河岸和边坡的边缘，平面分布上成因、岩性、状态明显不均匀的土层（含故河道、疏松的断层破碎带、暗埋的塘浜沟谷和半填半挖地基），高含水量的可塑黄土，地表存在结构性裂缝等
危险地段	地震时可能发生滑坡、崩塌、地陷、地裂、泥石流等及发震断裂带上可能发生地表位错的部位

选择建筑场地时，应根据工程需要，掌握地震活动情况、工程地质和地震地质的有关资料，对地段作出综合评价，宜选择有利的地段、避开不利的地段，当无法避开时应采取适当有效的抗震措施；不应在危险地段建造甲、乙、丙类建筑。

2. 场地类别划分

不同场地上的建筑震害差异是十分显著的。一般认为，场地条件对建筑震害的影响因素包括：场地土的刚性（即土的坚硬和密实程度）和场地覆盖层厚度。场地土的刚性一般用土的平均剪切波速表征，因为土的平均剪切波速是土的重要动力参数，最能反映土的动力特性。因此，建筑场地的类别划分，应以土层等效剪切波速和场地覆盖层厚度为准。

（1）土层等效剪切波速

建筑场地土层剪切波速的测量，应符合下列要求：

1）在场地初步勘察阶段，对大面积的同一地质单元，测试土层剪切波速的钻孔数量不宜少于 3 个。

2）在场地详细勘察阶段，对单幢建筑，测试土层剪切波速的钻孔数量不宜少于 2 个，测试数据变化较大时，可适量增加；对小区中处于同一地质单元内的密集建筑群，测试土层剪切波速的钻孔数量可适量减少，但每幢高层建筑和大跨空间结构的钻孔数量均不得少于 1 个。

3）对丁类建筑及丙类建筑中层数不超过 10 层、高度不超过 24m 的多层建筑，当无实测剪切波速时，可根据岩土名称和性状，按表 1-4 划分土的类型，再利用当地经验在表 1-4 的剪切波速范围内估算各土层的剪切波速。

土的类型划分和剪切波速范围   表 1-4

土的类型	岩石名称和性状	土层剪切波速范围/(m/s)
岩石	坚硬、较硬且完整的岩石	$v_s > 800$
坚硬土或软质岩石	破碎和较破碎的岩石或软和较软的岩石，密实的碎石土	$800 \geqslant v_s > 500$
中硬土	中密、稍密的碎石土，密实、中密的砾、粗、中砂，$f_{ak} > 150$ 的黏性土和粉土，坚硬黄土	$500 \geqslant v_s > 250$

土的类型	岩石名称和性状	土层剪切波速范围/(m/s)
中软土	稍密的砾、粗、中砂，除松散外的细、粉砂，$f_{ak} \leqslant 150$ 的黏性土和粉土，$f_{ak} > 130$ 的填土，可塑新黄土	$250 \geqslant v_s > 150$
软弱土	淤泥和淤泥质土，松散的砂，新近沉积的黏性土和粉土，$f_{ak} \leqslant 130$ 的填土，流塑黄土	$v_s \leqslant 150$

注：f_{ak} 为由载荷试验等方法得到的地基承载力特征值（kPa）；v_s 为岩土剪切波速。

土层的等效剪切波速反应各土层的平均刚度，应按下列公式计算：

$$v_{se} = d_0/t \tag{1-1}$$

$$t = \sum_{i=1}^{n} (d_i/v_{si}) \tag{1-2}$$

式中　v_{se}——土层等效剪切波速（m/s）；

d_0——计算深度（m），取覆盖层厚度和 20m 两者的较小值；

t——剪切波在地面至计算深度之间的传播时间；

d_i——计算深度范围内第 i 土层的厚度（m）；

v_{si}——计算深度范围内第 i 土层的剪切波速（m/s）；

n——计算深度范围内土层的分层数。

等效剪切波速是根据地震波通过计算深度范围内多层土层的时间等于该波通过计算深度范围内单一土层的时间的条件确定的。

设场地计算深度范围内有 n 层性质不同的土层组成（图 1-1），地震波通过它们的厚度分别为 d_1，d_2，…，d_n，并设计算深度为 $d_0 = \sum_{i=1}^{n} d_i$，于是：

$$t = \sum_{i=1}^{n} \frac{d_0}{v_{si}} = \frac{d_0}{v_{se}} \tag{1-3}$$

经整理后即得等效剪切波速计算公式。

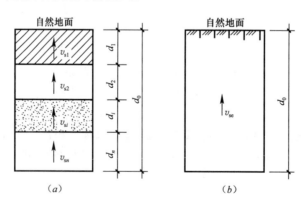

图 1-1　多层土等效剪切波速的计算

（a）多层土；（b）单一土层

（2）场地覆盖层厚度

场地覆盖层厚度，原意是指从地表面至地下基岩面的距离。从理论上讲，当相邻两土层中的下层剪切波速比上层剪切波速大很多时，下层可以看作基岩，下层顶面至地表的距离则看作覆盖层厚度。覆盖层厚度的大小直接影响场地的特征周期和加速度。我国《建筑抗震设计规范》中按如下原则确定场地覆盖层厚度：

1) 一般情况下，应按地面至剪切波速大于 500m/s 且其下卧各层岩土的剪切波速均不小于 500m/s 的土层顶面的距离确定。

2) 当地面 5m 以下存在剪切波速大于其上部各土层剪切波速 2.5 倍的土层，且该层及其下卧各层岩土的剪切波速均不小于 400m/s 时，可按地面至该土层顶面的距离确定。

3) 剪切波速大于 500m/s 的孤石、透镜体，应视同周围土层。

4) 土层中的火山岩硬夹层，应视为刚体，其厚度应从覆盖土层中扣除。

(3) 场地类别

建筑场地的类别是场地条件的基本表征，应根据土层等效剪切波速和场地覆盖层厚度按表 1-5 划分为四类，其中 Ⅰ 类分为 I_0、I_1 两个亚类。当有可靠的剪切波速和覆盖层厚度且其值处于表 1-5 所列场地类别的分界线附近时，应允许按照插值方法确定地震作用计算所用的特征周期。

各类建筑场地的覆盖层厚度（m）　　　　　　　　表 1-5

岩石的剪切波速或土的等效剪切波速/(m/s)	场地类别				
	I_0	I_1	Ⅱ	Ⅲ	Ⅳ
$v_s > 800$	0	—	—	—	—
$500 < v_s \leqslant 800$	—	0	—	—	—
$250 < v_{se} \leqslant 500$	—	<5	≥5	—	—
$150 < v_{se} \leqslant 250$	—	<3	3~50	>50	—
$v_{se} \leqslant 150$	—	<3	3~15	15~80	>80

注：表中 v_s 系岩石的剪切波速。

上述场地分类方法主要适用于剪切波速随深度呈递增趋势的一般场地，对于有较厚软夹层的场地，由于其对短周期地震动具有抑制作用，可以根据分析结果适当调整场地类别和设计地震动参数。

3. 建筑场地评价及相关规定

1) 场地内存在发震断裂时，应对断裂的工程影响进行评价，并应符合下列要求：

① 对符合下列规定之一的情况，可忽略发震断裂错动对地面建筑的影响：

a. 抗震设防烈度小于 8 度；

b. 非全新世活动断裂；

c. 抗震设防烈度为 8 度和 9 度时，隐伏断裂的土层覆盖厚度分别大于 60m 和 90m。

② 对不符合①款规定的情况，应避开主断裂带。其避让距离不宜小于表 1-6 对发震断裂最小避让距离的规定。在避让距离的范围内确有需要建造分散的、低于三层的丙、丁类建筑时，应按提高一度采取抗震措施，并提高基础和上部结构的整体性，且不得跨越断层线。

发震断裂的最小避让距离（m）　　　　　　　　表 1-6

烈　度	建筑抗震设防类别			
	甲	乙	丙	丁
8	专门研究	200	100	—
9	专门研究	400	200	—

2）当需要在条状突出的山嘴、高耸孤立的山丘、非岩石和强风化岩石的陡坡、河岸和边坡边缘等不利地段建造丙类及丙类以上建筑时，除保证其在地震作用下的稳定性外，尚应估计不利地段对设计地震动参数可能产生的放大作用，其水平地震影响系数最大值应乘以增大系数。其值应根据不利地段的具体情况确定，在 1.1～1.6 范围内采用。

局部突出地形对地震动参数的放大作用，主要依据宏观震害调查的结果和对不同地形条件和岩土构成的形体所进行的二维地震反应分析结果。所谓局部突出地形主要是指山包、山梁和悬崖、陡坎等，情况比较复杂，对各种可能出现的情况的地震动参数的放大作用都作出具体的规定是很困难的。从宏观震害经验和地震反应分析结果所反映的总趋势，大致可以归纳为以下几点：

① 高突地形距离基准面的高度愈大，高处的反应愈强烈；

② 离陡坎和边坡顶部边缘的距离愈大，反应相对减小；

③ 从岩土构成方面看，在同样地形条件下，土质结构的反应比岩质结构大；

④ 高突地形顶面愈开阔，远离边缘的中心部位的反应是明显减小的；

⑤ 边坡愈陡，其顶部的放大效应相应加大。

基于以上变化趋势，以突出地形的高差 H，坡降角度的正切 H/L 以及场址距突出地形边缘的相对距离 L_1/H 为参数，归纳出各种地形的地震力放大作用如下：

$$\lambda = 1 + \xi\alpha \qquad (1-4)$$

式中　λ——局部突出地形顶部的地震影响系数的放大系数；

　　　α——局部突出地形地震动参数的增大幅度，按表 1-7 采用；

　　　ξ——附加调整系数，与建筑场地离突出台地边缘的距离 L_1 与相对高差 H 的比值有关。当 $L_1/H < 2.5$ 时，ξ 可取为 1.0；当 $2.5 \leqslant L_1/H < 5$ 时，ξ 可取为 0.6；当 $L_1/H \geqslant 2.5$ 时，ξ 可取为 0.3。L、L_1 均应按距离场地的最近点考虑。

局部突出地形地震影响系数的增大幅度　　　　　　　　　　表 1-7

突出地形的高度 H/m	非岩质地层	$H<5$	$5\leqslant H<15$	$15\leqslant H<25$	$H\geqslant25$
	岩质地层	$H<20$	$20\leqslant H<40$	$40\leqslant H<60$	$H\geqslant60$
局部突出台地边缘的侧向平均坡降（H/L）	$H/L<0.3$	0	0.1	0.2	0.3
	$0.3\leqslant H/L<0.6$	0.1	0.2	0.3	0.4
	$0.6\leqslant H/L<1.0$	0.2	0.3	0.4	0.5
	$H/L\geqslant1.0$	0.3	0.4	0.5	0.6

3）场地岩土工程勘察，应根据实际需要划分的对建筑有利、一般不利和危险的地段，提供建筑的场地类别和岩土地震稳定性（含滑坡、崩塌、液化和震陷特性）评价，对需要采用时程分析法补充计算的建筑，尚应根据设计要求提供土层剖面、场地覆盖层厚度和有关的动力参数。

4. 场地的卓越周期

场地卓越周期或固有周期是场地的重要地震动参数之一，它的长短随场地土类型、地质构造、震级、震源深度、震中距大小等多种因素而变化。

场地卓越周期可根据剪切波重复反射理论按下式计算：

$$T = \frac{4d_0}{v_{se}} \qquad (1-5)$$

式中各符号含义同式（1-1）。

卓越周期长，则场地土软；反之，卓越周期短，则场地土就硬。

震害表明，当建筑物的自振周期与场地卓越周期相等或相近时，建筑物与场地发生共振，则建筑物的震害往往趋于严重。因此，抗震设计中应使两者的周期避开，避免这一现象的发生。

1.2.2 地基

1. 地基震害

地震发生时，建筑物地基将对建筑物产生双重作用。一方面作为场地土，把地震作用传给建筑物，迫使其发生振动；另一方面作为地基土，承担建筑物的自重以及地震引起的倾覆力矩。两种不同的作用，将导致建筑物产生两种不同性质的震害。

（1）强度性破坏

地震发生时，建筑物因振动而产生惯性力，它与建筑物的自重共同作用于结构上，当由此引起的构件应力超过材料强度时，造成结构破坏。大多数建筑物的震害都属于强度性破坏。

（2）地基失效破坏

建筑物具有足够的抗震能力，当地震发生时结构在振动状态下本不该发生破坏，但由于地基失效、不均匀沉陷等原因，导致结构开裂、下沉或倾斜，致使建筑物不能正常使用，造成地基失效破坏。

这种由于地基失效而引起的结构破坏，虽然相对来说数量较少，而且有地区性，但是修复和加固非常困难。因此，必须对其采取有效的预防措施。

2. 天然地基

在地震作用下，为了保证建筑物的安全和正常使用，对地基而言，与静力计算一样，应同时满足地基承载力和变形的要求。但是，在地震作用下由于地基变形过程十分复杂，目前还没有条件进行这方面的定量计算。因此，《建筑抗震设计规范》规定，只要求对地基抗震承载力进行验算，至于地基变形条件，则通过对上部结构或地基基础采取一定的抗震措施来保证。

（1）天然地基可以不验算的范围

我国多次强烈地震的震害经验表明，在遭受破坏的建筑中，因地基失效导致的破坏较上部结构惯性力的破坏为少，这些地基主要由饱和松砂、软弱黏性土和成因岩性状态严重不均匀的土层组成。大量的一般的天然地基都具有较好的抗震性能。因此，《建筑抗震设计规范》规定了天然地基及基础可以不验算的范围。

建筑可不进行天然地基及基础的抗震承载力验算的范围如下：

1）《建筑抗震设计规范》规定可不进行上部结构抗震验算的建筑。

2）地基主要受力层范围内不存在软弱黏性土层的下列建筑：

① 一般的单层厂房和单层空旷房屋。

② 砌体房屋。

③ 不超过 8 层且高度在 24m 以下的一般民用框架和框架-抗震墙房屋。

④ 基础荷载与③项相当的多层框架厂房和多层混凝土抗震墙房屋。

3）6 度时的建筑（不规则建筑及建造于 Ⅳ 类场地上较高的高层建筑除外）。

4）7度Ⅰ、Ⅱ类场地，柱高不超过 10m 且结构单元两端均有山墙的单跨和等高多跨厂房（锯齿形除外）。

5）7 度时和 8 度（0.20g）Ⅰ、Ⅱ类场地的露天吊车栈桥。

注：地基主要受力层是指条形基础底面下深度为 3b（b 为基础底面宽度），单独基础底面下深度为 1b，且厚度均不小于 5m 的范围（二层以下的民用建筑除外）。较高的高层建筑是指，高度大于 40m 的钢筋混凝土框架、高度大于 60m 的其他钢筋混凝土民用房屋及高层钢结构房屋。软弱黏性土层指 7 度、8 度和 9 度时，地基承载力特征值分别小于 80kPa、100kPa 和 120kPa 的土层。

（2）天然地基及基础抗震承载力验算

1）地基抗震承载力。要确定地基土抗震承载力，就要研究动力荷载作用下土的强度，即土的动力强度（简称动强度）。动强度一般按动荷载和静荷载作用下，在一定的动荷载循环次数下，土样达到一定应变值（常取静荷载的极限应变值）时的总作用应力。因此，它与静荷载大小、脉冲次数、频率、允许应变值等因素有关。由于地震是低频（1~5Hz）的有限次的（10~30 次）脉冲作用，在这样条件下，除十分软弱的土外，大多数土的动强度都比静强度高。此外，又考虑到地震是一种偶然作用，历时短暂，所以地基在地震作用下的可靠度要求可较静力作用下时降低。这样，地基土抗震承载力，除十分软弱的土外，都较地基土静承载力高。

地基抗震承载力应取地基承载力特征值乘以地基抗震承载力调整系数计算：

$$f_{aE} = \zeta_a f_a \tag{1-6}$$

式中　f_{aE}——调整后的地基抗震承载力；

　　　ζ_a——地基抗震承载力调整系数，应按表 1-8 采用；

　　　f_a——深宽修正后的地基承载力特征值，应按现行国家标准《建筑地基基础设计规范》（GB 50007—2011）采用。

地基抗震承载力调整系数　　　　　表 1-8

岩土名称和性状	ζ_a
岩石，密实的碎石土，密实的砾、粗、中砂，$f_{ak} \geq 300$kPa 的黏性土和粉土	1.5
中密、稍密的碎石土，中密和稍密的砾、粗、中砂，密实和中密的细、粉砂，150kPa$\leq f_{ak} < 300$kPa 的黏性土和粉土，坚硬黄土	1.3
稍密的细、粉砂，100kPa$\leq f_{ak} < 150$kPa 的黏性土和粉土，可塑黄土	1.1
淤泥，淤泥质土，松散的砂，杂填土，新近堆积黄土及流塑黄土	1.0

2）验算方法。天然地基基础抗震验算时，应采用地震作用效应标准组合。验算天然地基地震作用下的竖向承载力时，按地震作用效应标准组合的基础底面平均压力和边缘最大压力应符合下列各式要求：

$$p \leqslant f_{aE} \tag{1-7}$$
$$p_{max} \leqslant 1.2 f_{aE} \tag{1-8}$$

式中　p——地震作用效应标准组合的基础底面平均压力；

　　　p_{max}——地震作用效应标准组合的基础边缘的最大压力。

高宽比大于 4 的高层建筑，在地震作用下基础底面不宜出现脱离区（零应力区）；其他建筑，基础底面与地基土之间脱离区（零应力区）面积不应超过基础底面面积的 15%。根据后一规定，对基础底面为矩形的基础，其受压宽度与基础宽度之比则应大于 85%，即：

$$b' \geqslant 0.85b \qquad (1\text{-}9)$$

式中　b'——矩形基础底面受压宽度（图 1-2）；

　　　b——矩形基础底面宽度。

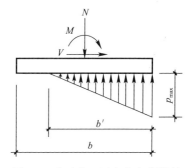

图 1-2　基础底面压力分布的限制

3. 液化土地基

（1）液化土的形成

由饱和松散的砂土或粉土颗粒组成的土层，在强烈地震下，土颗粒局部或全部处于悬浮状态，土体的抗剪强度等于零，形成了"液体"的现象，称为地基土的液化。液化机理为：地震时，饱和的砂土或粉土颗粒在强烈振动下发生相对位移，使颗粒结构密实（图 1-3a），颗粒间孔隙水来不及排泄而受到挤压，则孔隙水压力急剧增加；当孔隙水压力增加到与剪切面上的法向压应力接近或相等时，砂土或粉土受到的有效压应力趋于零，从而土颗粒上浮形成"液化"现象（图 1-3b）。

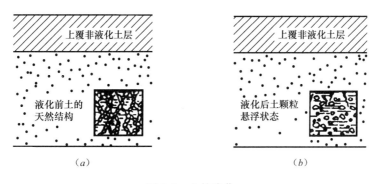

图 1-3　土的液化

（2）地基土液化危害的表现形式

1）喷水冒砂。地震时液化土层孔隙水压形成的水头高出地面时，水和砂就会一齐涌出地面，造成建筑物基础因地基水土流失而下沉或不均匀下沉。

2）地基失效。砂土液化时孔隙水压上升，土中有效应力减小，使土的抗剪强度大幅度降低，地基承载力减小，基础下沉。下沉量通常达数十厘米，甚至达到 2~3m。

3）液化侧向扩展。液化土层多属河流中、下游的冲积层，在地质成因上就使液化土层面具有走向河心的倾斜。地震时，上覆倾斜土层自重的水平分力和水平地震力，一旦超过液化土层降低了的抗剪强度，上覆土层就会随同液化土层一起流向河心。

液化侧扩的发生率虽然比液化地基失效要少，但对河岸边、海边和故河道地段上建筑物的危害甚大。

（3）液化土的判别

饱和砂土和饱和粉土（不含黄土）的液化判别和地基处理，6 度时，一般情况下可不进行判别和处理，但对液化沉陷敏感的乙类建筑可按 7 度的要求进行判别和处理，7~9 度时，乙类建筑可按本地区抗震设防烈度的要求进行判别和处理。

地面下存在饱和砂土和饱和粉土（不含黄土、粉质黏土）时，除 6 度外，应进行液化判别；存在液化土层的地基，应根据建筑的抗震设防类别、地基的液化等级，结合具体情况采取相应的措施。

1）初步判别法。饱和的砂土或粉土（不含黄土），当符合下列条件之一时，可初步判别为不液化或可不考虑液化影响：

① 地质年代为第四纪晚更新世（Q_3）及其以前时，7、8度时可判为不液化。

② 粉土的黏粒（粒径小于0.005mm的颗粒）含量百分率，7度、8度和9度分别不小于10、13和16时，可判为不液化土。

注：用于液化判别的黏粒含量系采用六偏磷酸钠作分散剂测定，采用其他方法时应按有关规定换算。

③ 浅埋天然地基的建筑，当上覆非液化土层厚度和地下水位深度符合下列条件之一时，可不考虑液化影响：

$$d_u > d_0 + d_b - 2 \tag{1-10}$$

$$d_w > d_0 + d_b - 3 \tag{1-11}$$

$$d_u + d_w > 1.5d_0 + 2d_b - 4.5 \tag{1-12}$$

式中　d_w——地下水位深度（m），宜按设计基准期内年平均最高水位采用，也可按近期内年最高水位采用；

　　　d_u——上覆盖非液化土层厚度（m），计算时宜将淤泥和淤泥质土层扣除；

　　　d_b——基础埋置深度（m），不超过2m时应采用2m；

　　　d_0——液化土特征深度（m），可按表1-9采用。

液化土特征深度（m）　　　　　　　　　　　　　　表1-9

饱和土类别	7度	8度	9度
粉土	6	7	8
砂土	7	8	9

注：当区域的地下水位处于变动状态时，应按不利的情况考虑。

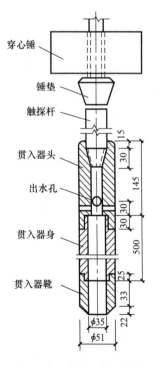

图1-4　标准贯入试验设备（单位：cm）

2）标准贯入试验判别法。当上述所有条件均不能满足时，地基土存在液化可能。此时，应进行第二步判别，即采用标准贯入试验法判别土层是否液化。

① 进行标准贯入试验。标准贯入试验的设备，主要由标准贯入器、触探杆、穿心锤（标准质量为63.5kg）三部分组成（图1-4）。试验时，先用钻具钻至试验土层标高以上15cm处，再将标准贯入器打至标高位置，然后，在锤落距为76cm的条件下，连续打入30cm，记录所需锤击数为$N_{63.5}$。

② 液化判别。一般情况下，应判别地面下20m深度范围内的液化。当饱和状态的砂土或粉土的实测标准贯入锤击数（未经杆长修正）小于或等于液化判别标准贯入锤击数临界值时，即满足式（1-13）条件，则应判为液化土，即：

$$N_{cr} = N_0\beta\left[\ln(0.6d_s + 15) - 0.1d_w\right]\sqrt{3/\rho_c} \tag{1-13}$$

式中 N_{cr}——液化判别标准贯入锤击数临界值；

      N_0——液化判别标准贯入锤击数基准值，可按表 1-10 采用；

      d_s——饱和土标准贯入点深度（m）；

      d_w——地下水位（m）；

      ρ_c——黏粒含量百分率，当小于 3 或为砂土时，应采用 3；

      β——调整系数，设计地震第一组取 0.80，第二组取 0.95，第三组取 1.05。

液化判别标准贯入锤击数基准值 N_0   表 1-10

设计基本地震加速度（g）	0.10	0.15	0.20	0.30	0.40
液化判别标准贯入锤击数基准值	7	10	12	16	19

（4）液化指数和液化等级

1）液化指数。地基土的液化指数可按下式确定：

$$I_{lE} = \sum_{i=1}^{n} \left(1 - \frac{N_i}{N_{cri}}\right) d_i W_i \tag{1-14}$$

式中 I_{lE}——液化指数；

      n——在判别深度范围内每一个钻孔标准贯入试验点的总数；

  N_i、N_{cri}——分别为 i 点标准贯入锤击数的实测值和临界值，当实测值大于临界值时应取临界值；当只需要判别 15m 范围以内的液化时，15m 以下的实测值可按临界值采用；

      d_i——i 点所代表的土层厚度（m），可采用与该标准贯入试验点相邻的上、下两标准贯入试验点深度差的一半，但上界不高于地下水位深度，下界不深于液化深度；

      W_i——i 土层单位土层厚度的层位影响权函数值（单位为 m⁻¹）。当该层中点深度不大于 5m 时应采用 10，等于 20m 时应采用零值，5～20m 时应按线性内插法取值。

2）液化等级。根据液化指数的大小，可将液化地基划分为三个等级，见表 1-11。强震时，不同等级的液化地基对地面和建筑物可能造成的危害不同，见表 1-12。

液化等级与液化指数的对应关系   表 1-11

液化等级	轻微	中等	严重
液化指数 I_{lE}	$0 < I_{lE} \leqslant 6$	$6 < I_{lE} \leqslant 18$	$I_{lE} > 18$

不同液化等级地基土的可能震害   表 1-12

液化等级	地面喷水冒砂情况	对建筑物的危险情况
轻微	地面无喷水冒砂，或仅在注地、河边有零星的喷水冒砂点	危害性小，一般不致引起明显的震害
中等	喷水冒砂可能性大，从轻微到严重均有，多数属中等	危害性较大，可造成不均匀沉陷和开裂，有时不均匀沉陷可能达到 200mm
严重	一般喷水冒砂都很严重，地面变形很明显	危害大，不均匀沉陷可能大于 200mm，高重心结构可能产生不容许的倾斜

（5）地基抗液化措施

地基抗液化措施应根据建筑的抗震设防类别、地基的液化等级，结合具体情况综合确定。

《建筑抗震设计规范》第4.3.6条规定：当液化土层较平坦且均匀时，宜按表1-13选用地基抗液化措施；尚可计入上部结构重力荷载对液化危害的影响，根据液化震陷量的估计适当调整抗液化措施。

不宜将未经处理的液化土层作为天然地基持力层。

抗液化措施 表 1-13

建筑抗震设防类别	地基的液化等级		
	轻微	中等	严重
乙类	部分消除液化沉陷，或对基础和上部结构处理	全部消除液化沉陷，或部分消除液化沉陷且对基础和上部结构处理	全部消除液化沉陷
丙类	基础和上部结构处理，亦可不采取措施	基础和上部结构处理，或更高要求的措施	全部消除液化沉陷，或部分消除液化沉陷且对基础和上部结构处理
丁类	可不采取措施	可不采取措施	基础和上部结构处理，其他经济的措施

注：甲类建筑的地基抗液化措施应进行专门研究，但不宜低于乙类的相应要求。

1）全部消除地基液化沉陷措施。《建筑抗震设计规范》第4.3.7条规定：全部消除地基液化沉陷的措施，应符合下列要求：

① 采用桩基时，桩端伸入液化深度以下稳定土层中的长度（不包括桩尖部分），应按计算确定，且对碎石土，砾、粗、中砂，坚硬黏性土和密实粉土尚不应小于0.8m，对其他非岩石土尚不宜小于1.5m。

② 采用深基础时，基础底面应埋入液化深度以下的稳定土层中，其深度不应小于0.5m。

③ 采用加密法（如振冲、振动加密、挤密碎石桩、强夯等）加固时，应处理至液化深度下界；振冲或挤密碎石桩加固后，桩间土的标准贯入锤击数不宜小于表1-10的液化判别标准贯入锤击数临界值。

④ 用非液化土替换全部液化土层，或增加上覆非液化土层的厚度。

⑤ 采用加密法或换土法处理时，在基础边缘以外的处理宽度，应超过基础底面下处理深度的1/2且不小于基础宽度的1/5。

2）部分消除地基液化沉陷措施。《建筑抗震设计规范》第4.3.8条规定：部分消除地基液化沉陷的措施，应符合下列要求：

① 处理深度应使处理后的地基液化指数减少，其值不宜大于5；大面积筏基、箱基的中心区域，处理后的液化指数可比上述规定降低1；对独立基础和条形基础，尚不应小于基础底面下液化土特征深度和基础宽度的较大值。

注：中心区域指位于基础外边界以内沿长宽方向距外边界大于相应方向1/4长度的区域。

② 采用振冲或挤密碎石桩加固后，桩间土的标准贯入锤击数不宜小于表1-10的液化判别标准贯入锤击数临界值。

③ 基础边缘以外的处理宽度，应符合全部消除地基液化沉陷措施的相关要求。

④ 采取减小液化震陷的其他方法，如增厚上覆非液化土层的厚度和改善周边的排水条件等。

3）减轻液化影响的基础和上部结构处理。《建筑抗震设计规范》第4.3.9条规定：减轻液化影响的基础和上部结构处理，可综合采用下列各项措施：

① 选择合适的基础埋置深度。

② 调整基础底面积，减少基础偏心。

③ 加强基础的整体性和刚度，如采用箱基、筏基或钢筋混凝土交叉条形基础，加设基础圈梁等。

④ 减轻荷载，增强上部结构的整体刚度和均匀对称性，合理设置沉降缝，避免采用对不均匀沉降敏感的结构形式等。

⑤ 管道穿过建筑处应预留足够尺寸或采用柔性接头等。

4. 软弱黏性土地基

（1）软土震陷机理

软土是指天然孔隙比大于等于1.00且天然含水量大于液限的细粒土，包括淤泥、淤泥质土、泥炭、泥炭质土等。地震时造成软弱黏性土地基产生震陷的主要因素有：

1）土粒黏着水膜中水分子的规则排列，因振动引起的反复剪切而遭到破坏，从而降低了软弱黏性土的抗剪强度；

2）土粒的往复运动，使软弱黏性土的加固黏着力遭到破坏，土的强度降低；

3）土体原有静剪应力加上地震引起的动剪应力，总值加大，从而使软弱黏性土中的塑性区增大，塑性变形增加；

4）振动使土体中孔隙水和气排出，体积减小。

（2）软土震陷判别

地基中软弱黏性土层的震陷判别，可采用下列方法：饱和粉质黏土震陷的危害性和抗震陷措施应根据沉降和横向变形大小等因素综合研究确定，8度（0.30g）和9度时，当塑性指数小于15且符合下式规定的饱和粉质黏土可判为震陷性软土。

$$W_S \geq 0.90W_L \qquad (1-15)$$
$$I_L \geq 0.75 \qquad (1-16)$$

式中 W_S——天然含水量；

　　　W_L——液限含水量，采用液、塑限联合测定法测定；

　　　I_L——液性指数。

对自重湿陷性黄土或黄土状土，研究表明具有震陷性。若孔隙比大于0.8，当含水量在缩限（指固体与半固体的界限）与25%之间时，应该根据需要评估其震陷量。对含水量在25%以上的黄土或黄土状土的震陷量可按一般软土评估。关于软土及黄土的可能震陷目前已有了一些研究成果可以参考。例如，当建筑基础底面以下非软土层厚度符合表1-14中的要求时，可不采取消除软土地基的震陷影响措施。

基础底面以下非软土层厚度　　　　　　　　　　　表1-14

烈　度	基础底面以下非软土层厚度/m
7	$\geq 0.5b$ 且 ≥ 3
8	$\geq b$ 且 ≥ 5
9	$\geq 1.5b$ 且 ≥ 8

注：b 为基础底面宽度（m）。

（3）抗软土震陷措施

为防止地基软土震陷对地面建筑造成危害，首先要做好基础静力设计，并且应综合考虑结构、基础以及地基布置，可适当采取下列措施：

1）上部结构要做到对称、均衡，且具有足够的竖向刚度；合理设置沉降缝，减少房间长高比；避免采用对不均匀沉降敏感的结构类型。

2）采用整体性强、竖向刚度大的基础形式，如箱基、筏基。

3）设置地下室或半地下室，以减小基础底面压应力。

4）确定合适的基础埋置深度。当软弱黏土层有较好的覆盖土层时，多层民用建筑可采取浅埋基础，使基础底面以下存有足够厚度的非软土层。

5）必要时应采用桩基、加密或换土法等地基加固处理措施。当采用加密或换土法时，基础底面以下软土的处理深度不应小于 $1.0b$（b 为基础底面宽度）和 5m（8 度）或 $1.5b$ 和 8m（9 度），且每边外伸处理宽度不宜小于处理深度的 1/3，且不宜小于 2m。

1.2.3　桩基

1. 桩基震害

（1）一般情况

1）地震发生时，造成桩基破坏的直接原因以地基变形（土体位移）居多，而由上部结构地震力引起的桩基破坏占少数。

地震作用下的土体位移主要是滑坡，挡土墙后填土失稳，土层液化，软土震陷，地面堆载影响。

2）钢筋混凝土桩的破坏，以桩头的剪压或弯曲破坏为主，桩身中段断裂的情况较少。

桩头的破坏形态有剪断，钢筋由承台内拔出，桩头与承台相对位移，桩头处承台混凝土碎裂。

（2）非液化土中的桩

非液化土中的桩的破坏部位和形态有如下几种情况：

1）上部结构地震力引起的桩、承台连接处以及桩身顶部的破坏，其破坏形态有桩身顶端的多道环向水平裂缝，桩头因发生压剪破坏而碎裂。

2）桩身在软、硬土层界面处因弯矩或剪力过大而折断。

3）地震时，软土因"触变"使桩侧摩阻力减小，致使桩的轴向承载力不足而发生震陷。

4）地震时，桩基附近的地面堆载、土坡、挡墙等土体失稳，波及建筑物下的桩基，桩身因受到侧向挤压、弯矩增大而折断。

（3）液化土中的桩

1）建筑物周围喷水冒砂，地基土体因其中液化土流失而下沉，导致承台与地基土顶面脱空。此时，桩头往往发生剪切破坏，或者桩基发生不均匀下沉。

2）当地基为多层土时，地震时液化土以及与其他土层间的相对剪切位移很大，使桩身在液化土层范围内或其上、下界面附近因剪力、弯矩作用而断裂。

3）桩因长度不足未能伸入下卧非液化土层内足够深度，甚至悬置于液化土层中，桩基因竖向承载力不足而下沉和倾斜。

4）地面很重，堆载使地基内的液化土层失稳，土体侧移推挤桩身，使之折断，导致桩基下沉、倾斜。

（4）有侧扩的液化土层中的桩

除发生上面第（3）条 1）～4）款所述的各种震害外，更因液化土层侧向流动时土的推力，使桩基在下述部位产生更严重的破坏。

1）桩身在液化土层中部和底部处折断或发生剪切破坏。

2）桩头连接部位发生破坏。

3）桩身折断使桩基和上部结构产生不均匀沉陷。

4）高层建筑因中心水平位移而产生较大的附加弯矩。

2. 建筑桩基设计等级

根据建筑规模、功能特征、对差异变形的适应性、场地地基和建筑物体形的复杂性以及由于桩基问题可能造成建筑物破坏或影响正常使用的程度，应将桩基设计分为甲、乙、丙三个设计等级。桩基设计时，应根据表 1-15 确定设计等级。

建筑桩基设计等级　　　　　　　　　　　　　　表 1-15

设计等级	建筑类型
甲级	1）重要的建筑 2）30 层以上或高度超过 100m 的高层建筑 3）体形复杂且层数相差超过 10 层的高低层（含纯地下室）连体建筑 4）20 层以上框架-核心筒结构及其他对差异沉降有特殊要求的建筑 5）场地和地基条件复杂的 7 层以上的一般建筑及坡地、岸边建筑 6）对相邻既有工程影响较大的建筑
乙级	除甲级、丙级以外的建筑
丙级	场地和地基条件简单、荷载分布均匀的 7 层及 7 层以下的一般建筑

3. 桩基不需要进行验算的范围

承受竖向荷载为主的低承台桩基，当地面下无液化土层，且桩承台周围无淤泥、淤泥质土和地基承载力特征值不大于 100kPa 的填土时，下列建筑很少发生震害，因此，《建筑抗震设计规范》第 4.4.1 条规定：下列建筑可不进行桩基抗震承载力验算：

1）7 度和 8 度时的下列建筑：

① 一般的单层厂房和单层空旷房屋。

② 不超过 8 层且高度在 24m 以下的一般民用框架房屋。

③ 基础荷载与②项相当的多层框架厂房和多层混凝土抗震墙房屋。

2）可不进行上部结构抗震验算的建筑及砌体房屋。

4. 低承台桩基抗震验算

（1）非液化土中低承台桩基

非液化土中低承台桩基的抗震验算，应符合下列规定：

1）单桩的竖向和水平向抗震承载力特征值，可均比非抗震设计时提高 25%。

2）当承台周围的回填土夯实至干密度不小于现行国家标准《建筑地基基础设计规范》（GB 50007—2011）对填土的要求时，可由承台正面填土与桩共同承担水平地震作用；但不应计入承台底面与地基土间的摩擦力。

（2）存在液化土层的低承台桩基

存在液化土层的低承台桩基抗震验算，应符合下列规定：

1) 承台埋深较浅时，不宜计入承台周围土的抗力或刚性地坪对水平地震作用的分担作用。

2) 当桩承台底面上、下分别有厚度不小于 1.5m、1.0m 的非液化土层或非软弱土层时，可按下列二种情况进行桩的抗震验算，并按不利情况设计：

① 桩承受全部地震作用，桩承载力按非液化土取用，液化土的桩周摩阻力及桩水平抗力均应乘以表 1-16 的折减系数。

土层液化影响折减系数

表 1-16

实际标贯锤击数/临界标贯锤击数	深度 d_s/m	折减系数
≤0.60	$d_s \leqslant 10$	0
	$10 < d_s \leqslant 20$	1/3
>0.60~0.80	$d_s \leqslant 10$	1/3
	$10 < d_s \leqslant 20$	2/3
>0.80~1.00	$d_s \leqslant 10$	2/3
	$10 < d_s \leqslant 20$	1

② 地震作用按水平地震影响系数最大值的 10% 采用，桩承载力仍按（1）条 1) 款取用，但应扣除液化土层的全部摩阻力及桩承台下 2m 深度范围内非液化土的桩周摩阻力。

3) 打入式预制桩及其他挤土桩，当平均桩距为 2.5~4 倍桩径且桩数不少于 5×5 时，可计入打桩对土的加密作用及桩身对液化土变形限制的有利影响。当打桩后桩间土的标准贯入锤击数值达到不液化的要求时，单桩承载力可不折减，但对桩尖持力层作强度校核时，桩群外侧的应力扩散角应取为零。打桩后桩间土的标准贯入锤击数宜由试验确定，也可按下式计算：

$$N_1 = N_p + 100\rho(1 - e^{-0.3N_p}) \tag{1-17}$$

式中　N_1——打桩后的标准贯入锤击数；

　　　ρ——打入式预制桩的面积置换率；

　　　N_p——打桩前的标准贯入锤击数。

5. 桩基抗震验算其他规定

1) 处于液化土中的桩基承台周围，宜用密实干土填筑夯实，若用砂土或粉土则应使土层的标准贯入锤击数不小于液化判别标准贯入锤击数临界值。

2) 液化土和震陷软土中桩的配筋范围，应自桩顶至液化深度以下符合全部消除液化沉陷所要求的深度，其纵向钢筋应与桩顶部相同，箍筋应加粗和加密。

3) 在有液化侧向扩展的地段，桩基除应满足本节中的其他规定外，尚应考虑土流动时的侧向作用力，且承受侧向推力的面积应按边桩外缘间的宽度计算。

1.3　地震作用和结构抗震验算

1.3.1　地震作用

1. 一般规定

各类建筑结构的地震作用，应符合下列规定：

1）一般情况下，应至少在建筑结构的两个主轴方向分别计算水平地震作用，各方向的水平地震作用应由该方向抗侧力构件承担。

2）有斜交抗侧力构件的结构，当相交角度大于15°时，应分别计算各抗侧力构件方向的水平地震作用。

3）质量和刚度分布明显不对称的结构，应计入双向水平地震作用下的扭转影响；其他情况，应允许采用调整地震作用效应的方法计入扭转影响。

4）8、9度时的大跨度和长悬臂结构及9度时的高层建筑，应计算竖向地震作用。8、9度时采用隔震设计的建筑结构，应按有关规定计算竖向地震作用。

2. 抗震计算方法

各类建筑结构的抗震计算，应采用下列方法：

1）高度不超过40m、以剪切变形为主且质量和刚度沿高度分布比较均匀的结构，以及近似于单质点体系的结构，可采用底部剪力法等简化方法。

2）除1）款外的建筑结构，宜采用振型分解反应谱法。

3）特别不规则的建筑、甲类建筑和表1-17所列高度范围的高层建筑，应采用时程分析法进行多遇地震下的补充计算；当取3组加速度时程曲线输入时，计算结果宜取时程法的包络值和振型分解反应谱法的较大值；当取7组及7组以上的时程曲线时，计算结果可取时程法的平均值和振型分解反应谱法的较大值。

采用时程分析的房屋高度范围 表1-17

烈度、场地类别	房屋高度范围/m
8度Ⅰ、Ⅱ类场地和7度	>100
8度Ⅲ、Ⅳ类场地	>80
9度	>60

采用时程分析法时，应按建筑场地类别和设计地震分组选用实际强震记录和人工模拟的加速度时程曲线，其中实际强震记录的数量不应少于总数的2/3，多组时程曲线的平均地震影响系数曲线应与振型分解反应谱法所采用的地震影响系数曲线在统计意义上相符，其加速度时程的最大值可按表1-18采用。弹性时程分析时，每条时程曲线计算所得结构底部剪力不应小于振型分解反应谱法计算结果的65%，多条时程曲线计算所得结构底部剪力的平均值不应小于振型分解反应谱法计算结果的80%。

时程分析所用地震加速度时程的最大值（cm/s²） 表1-18

地震影响	6度	7度	8度	9度
多遇地震	18	35 (55)	70 (110)	140
罕遇地震	125	220 (310)	400 (510)	620

注：括号内数值分别用于设计基本地震加速度为0.15g和0.30g的地区。

4）计算罕遇地震下结构的变形，应按建筑抗震变形验算的规定，采用简化的弹塑性分析方法或弹塑性时程分析法。

5）平面投影尺度很大的空间结构，应根据结构形式和支承条件，分别按单点一致、多点、多向单点或多向多点输入进行抗震计算。按多点输入计算时，应考虑地震行波效应和局部场地效应。6度和7度Ⅰ、Ⅱ类场地的支承结构、上部结构和基础的抗震验算可采用简化方法，根据结构跨度、长度不同，其短边构件可乘以附加地震作用效应系数 1.15～1.30；7 度Ⅲ、Ⅳ类场地和 8、9 度时，应采用时程分析方法进行抗震验算。

3. 地震影响系数曲线

1）建筑结构的地震影响系数应根据烈度、场地类别、设计地震分组和结构自振周期以及阻尼比确定。其水平地震影响系数最大值应按表 1-19 采用；特征周期应根据场地类别和设计地震分组按表 1-20 采用，计算罕遇地震作用时，特征周期应增加 0.05s。周期大于 6.0s 的建筑结构所采用的地震影响系数应专门研究。

水平地震影响系数最大值   表 1-19

地震影响	6 度	7 度	8 度	9 度
多遇地震	0.04	0.08 (0.12)	0.16 (0.24)	0.32
罕遇地震	0.28	0.50 (0.72)	0.90 (1.20)	1.40

注：括号中数值分别用于设计基本地震加速度为 0.15g 和 0.30g 的地区。

特征周期值（s）   表 1-20

设计地震分组	场地类别				
	I_0	I_1	Ⅱ	Ⅲ	Ⅳ
第一组	0.20	0.25	0.35	0.45	0.65
第二组	0.25	0.30	0.40	0.55	0.75
第三组	0.30	0.35	0.45	0.65	0.90

2）建筑结构地震影响系数曲线（图 1-5）的阻尼调整和形状参数应符合下列要求：

① 除有专门规定外，建筑结构的阻尼比应取 0.05，地震影响系数曲线的阻尼调整系数应按 1.00 采用，形状参数应符合下列规定：

a. 直线上升段，周期小于 0.10s 的区段。

b. 水平段，自 0.10s 至特征周期区段，应取最大值（α_{max}）。

c. 曲线下降段，自特征周期至 5 倍特征周期区段，衰减指数取 0.90。

d. 直线下降段，自 5 倍特征周期至 6s 区段，下降斜率调整系数应取 0.02。

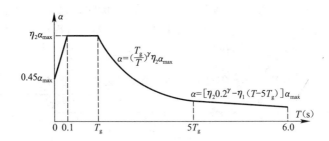

图 1-5 地震影响系数曲线

α—地震影响系数；α_{max}—地震影响系数最大值；

η_1—直线下降段的下降斜率调整系数；γ—衰减指数；

T_g—特征周期；η_2—阻尼调整系数；T—结构自振周期

② 当建筑结构的阻尼比按有关规定不等于 0.05 时，地震影响系数曲线的阻尼调整系数和形状参数应符合下列规定：

a. 曲线下降段的衰减指数应按下式确定：

$$\gamma = 0.9 + \frac{0.05 - \zeta}{0.3 + 6\zeta} \qquad (1\text{-}18)$$

式中　γ——曲线下降段的衰减指数；

　　　ζ——阻尼比。

b. 直线下降段的下降斜率调整系数应按下式确定：

$$\eta_1 = 0.02 + \frac{0.05 - \zeta}{4 + 32\zeta} \qquad (1\text{-}19)$$

式中　η_1——直线下降段的下降斜率调整系数，小于 0 时取 0。

c. 阻尼调整系数应按下式确定：

$$\eta_2 = 1 + \frac{0.05 - \zeta}{0.08 + 1.6\zeta} \qquad (1\text{-}20)$$

式中　η_2——阻尼调整系数，当小于 0.55 时，应取 0.55。

4. 重力荷载代表值

计算地震作用时，建筑的重力荷载代表值应取结构和构配件自重标准值和各可变荷载组合值之和。各可变荷载的组合值系数，应按表 1-21 采用。地震时，结构上的可变荷载往往达不到标准值水平，计算重力荷载代表值时可以将其折减。由于重力荷载代表值是按荷载标准值确定的，因此按式（1-21）计算出的地震作用也是标准值，即：

$$G_E = G_k + \sum \psi_i Q_{ki} \qquad (1\text{-}21)$$

式中　G_E——体系质点重力荷载代表值；

　　　G_k——结构或构件的永久荷载标准值；

　　　Q_{ki}——结构或构件第 i 个可变荷载标准值；

　　　ψ_i——第 i 个可变荷载的组合值系数，按表 1-21 采用。

组合值系数 ψ_i 　　　　　　　　　　　　　　　　　　表 1-21

可变荷载种类		组合值系数
雪荷载		0.50
屋面积灰荷载		0.50
屋面活荷载		不计入
按实际情况计算的楼面活荷载		1.00
按等效均布荷载计算的楼面活荷载	藏书库、档案库	0.80
	其他民用建筑	0.50
起重机悬吊物重力	硬钩吊车	0.30
	软钩吊车	不计入

注：硬钩吊车的吊重较大时，组合值系数应按实际情况采用。

5. 水平地震作用计算

（1）底部剪力法

底部剪力法是一种近似方法，具有一定的适用条件，通常采用手算。

底部剪力法的思路是：首先计算出作用于结构总的地震作用，即底部的剪力，然后将总的地震作用按照一定规律分配到各个质点上，从而得到各个质点的水平地震作用。最后

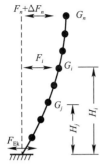

图 1-6 结构水平地震作用计算

按结构力学方法计算出各层地震剪力及位移。主要优点是不需要进行烦琐的频率和振型分析计算。

采用底部剪力法时，各楼层可仅取一个自由度，结构的水平地震作用标准值，应按下列公式确定（图 1-6）：

$$F_{Ek} = \alpha_1 G_{eq} \tag{1-22}$$

$$F_i = \frac{G_i H_i}{\sum_{j=1}^{n} G_j H_j} F_{Ek}(1-\delta_n) \quad (i=1,2,\cdots,n) \tag{1-23}$$

$$\Delta F_n = \delta_n F_{Ek} \tag{1-24}$$

式中　F_{Ek}——结构总水平地震作用标准值；

α_1——相应于结构基本自振周期的水平地震影响系数值，多层砌体房屋、底部框架砌体房屋，宜取水平地震影响系数最大值；

G_{eq}——结构等效总重力荷载，单质点应取总重力荷载代表值，多质点可取总重力荷载代表值的 85%；

F_i——质点 i 的水平地震作用标准值；

G_i、G_j——分别为集中于质点 i、j 的重力荷载代表值；

H_i、H_j——分别为质点 i、j 的计算高度；

δ_n——顶部附加地震作用系数，多层钢筋混凝土和钢结构房屋可按表 1-22 采用，其他房屋可采用 0.0；

ΔF_n——顶部附加水平地震作用。

顶部附加地震作用系数　　　　　　　　　　表 1-22

T_g/s	$T_1 > 1.4T_g$	$T_1 \leqslant 1.4T_g$
$T_g \leqslant 0.35$	$0.08T_1 + 0.07$	
$0.35 < T_g \leqslant 0.55$	$0.08T_1 + 0.01$	0.0
$T_g > 0.55$	$0.08T_1 - 0.02$	

注：T_1 为结构基本自振周期。

（2）振型分解法

1）采用振型分解反应谱法时，不进行扭转耦联计算的结构，应按下列规定计算其地震作用和作用效应：

① 结构 j 振型 i 质点的水平地震作用标准值，应按下列公式确定：

$$F_{ji} = \alpha_j \gamma_j X_{ji} G_i \quad (i=1,2,\cdots,n; j=1,2,\cdots,m) \tag{1-25}$$

$$\gamma_j = \sum_{i=1}^{n} X_{ji} G_i \Big/ \sum_{i=1}^{n} X_{ji}^2 G_i \tag{1-26}$$

式中　F_{ji}——j 振型 i 质点的水平地震作用标准值；

α_j——相应于 j 振型自振周期的地震影响系数；

X_{ji}——j 振型 i 质点的水平相对位移；

γ_j——j 振型的参与系数。

② 水平地震作用效应（弯矩、剪力、轴向力和变形），当相邻振型的周期比小于 0.85 时，可按下式确定：

$$S_{Ek} = \sqrt{\Sigma S_j^2} \tag{1-27}$$

式中　S_{Ek}——水平地震作用标准值的效应；

　　　S_j——j 振型水平地震作用标准值的效应，可只取前 2～3 个振型，当基本自振周期大于 1.5s 或房屋高宽比大于 5 时，振型个数应适当增加。

2）水平地震作用下，建筑结构的扭转耦联地震效应符合下列要求：

① 规则结构不进行扭转耦联计算时，平行于地震作用方向的两个边榀各构件，其地震作用效应应乘以增大系数。一般情况下，短边可按 1.15 采用，长边可按 1.05 采用；当扭转刚度较小时，周边各构件宜按不小于 1.30 采用。角部构件宜同时乘以两个方向各自的增大系数。

② 按扭转耦联振型分解法计算时，各楼层可取两个正交的水平位移和一个转角共三个自由度，并应按下列公式计算结构的地震作用和作用效应。确有依据时，尚可采用简化计算方法确定地震作用效应。

a. j 振型 i 层的水平地震作用标准值，应按下列公式确定：

$$F_{xji} = \alpha_j \gamma_{tj} X_{ji} G_i$$
$$F_{yji} = \alpha_j \gamma_{tj} Y_{ji} G_i \quad (i = 1, 2, \cdots, n; j = 1, 2, \cdots, m)$$
$$F_{tji} = \alpha_j \gamma_{tj} r_i^2 \varphi_{ji} G_i \tag{1-28}$$

式中　F_{xji}、F_{yji}、F_{tji}——分别为 j 振型 i 层的 x 方向、y 方向和转角方向的地震作用标准值；

　　　X_{ji}、Y_{ji}——分别为 j 振型 i 层质心在 x、y 方向的水平相对位移；

　　　φ_{ji}——j 振型 i 层的相对扭转角；

　　　r_i——i 层转动半径，可取 i 层绕质心的转动惯量除以该层质量的商的正二次方根；

　　　γ_{tj}——计入扭转的 j 振型的参与系数，可按下列公式确定：

当仅取 x 方向地震作用时：

$$\gamma_{tj} = \sum_{i=1}^{n} X_{ji} G_i \Big/ \sum_{i=1}^{n} (X_{ji}^2 + Y_{ji}^2 + \varphi_{ji}^2 r_i^2) G_i \tag{1-29}$$

当仅取 y 方向地震作用时：

$$\gamma_{tj} = \sum_{i=1}^{n} Y_{ji} G_i \Big/ \sum_{i=1}^{n} (X_{ji}^2 + Y_{ji}^2 + \varphi_{ji}^2 r_i^2) G_i \tag{1-30}$$

当取与 x 方向斜交的地震作用时：

$$\gamma_{tj} = \gamma_{xj} \cos\theta + \gamma_{yj} \sin\theta \tag{1-31}$$

式中　γ_{xj}、γ_{yj}——分别由式（1-29）、式（1-30）求得的参与系数；

　　　θ——地震作用方向与 x 方向的夹角。

b. 单向水平地震作用下的扭转耦联效应，可按下列公式确定：

$$S_{Ek} = \sqrt{\sum_{j=1}^{m} \sum_{k=1}^{m} \rho_{jk} S_j S_k} \tag{1-32}$$

$$\rho_{jk} = \frac{8\sqrt{\zeta_j \zeta_k}(\zeta_j + \lambda_T \zeta_k)\lambda_T^{1.5}}{(1 - \lambda_T^2)^2 + 4\zeta_j \zeta_k (1 + \lambda_T^2)\lambda_T + 4(\zeta_j^2 + \zeta_k^2)\lambda_T^2} \tag{1-33}$$

式中　S_{Ek}——地震作用标准值的扭转效应；

S_j、S_k——分别为 j、k 振型地震作用标准值的效应，可取前 9～15 个振型；

ζ_j、ζ_k——分别为 j、k 振型的阻尼比；

ρ_{jk}——j 振型与 k 振型的耦联系数；

λ_T——k 振型与 j 振型的自振周期比。

c. 双向水平地震作用下的扭转耦联效应，可按下列公式中的较大值确定：

$$S_{Ek} = \sqrt{S_x^2 + (0.85S_y)^2} \tag{1-34}$$

或

$$S_{Ek} = \sqrt{S_y^2 + (0.85S_x)^2} \tag{1-35}$$

式中 S_x、S_y——分别为 x 向、y 向单向水平地震作用按式（1-32）计算的扭转效应。

（3）水平地震作用下地震内力的调整

1）突出屋面附属结构地震内力的调整。震害表明，突出屋面的屋顶间（电梯机房、水箱间）、女儿墙、烟囱等，它们的震害比下面的主体结构严重。这是由于突出屋面的这些结构的质量和刚度突然减小，地震反应随之增大的缘故，在地震工程中把这种现象称为"边端效应"。因此，《建筑抗震设计规范》5.2.4 条规定：采用底部剪力法时，突出屋面的屋顶间、女儿墙、烟囱等的地震作用效应，宜乘以增大系数 3，此增大部分不应往下传递，但与该突出部分相连的构件应予计入；采用振型分解法时，突出屋面部分可作为一个质点。

2）长周期结构地震内力的调整。由于地震影响系数在长周期区段下降较快，对于基本周期大于 3.5s 的结构按公式算得的水平地震作用可能太小。而对长周期结构，地震地面运动速度和位移可能对结构的破坏具有更大的影响，但是《建筑抗震设计规范》所采用的振型分解反应谱法尚无法对此作出估计。出于对结构安全的考虑，增加了对各楼层水平地震剪力最小值的要求。因此，《建筑抗震设计规范》5.2.5 条规定：抗震验算时，结构任一楼层的水平地震剪力应符合下式要求：

$$V_{EKi} > \lambda \sum_{j=1}^{n} G_j \tag{1-36}$$

式中 V_{EKi}——第 i 层对应于水平地震作用标准值的楼层剪力；

λ——剪力系数，不应小于表 1-23 规定的楼层最小地震剪力系数值，对竖向不规则结构的薄弱层，尚应乘以 1.15 的增大系数；

G_j——第 j 层的重力荷载代表值。

楼层最小地震剪力系数值　　　　　　　　　　　　　　表 1-23

类别	6 度	7 度	8 度	9 度
扭转效应明显或基本周期小于 3.50s 的结构	0.008	0.016 (0.024)	0.032 (0.048)	0.064
基本周期大于 5.00s 的结构	0.006	0.012 (0.018)	0.024 (0.036)	0.048

注：1. 基本周期介于 3.50s 和 5.00s 之间的结构，按插入法取值；
　　2. 括号内数值分别用于设计基本地震加速度为 0.15g 和 0.30g 的地区。

结构的楼层水平地震剪力，应按下列原则分配：

① 现浇和装配整体式混凝土楼、屋盖等刚性楼、屋盖建筑，宜按抗侧力构件等效刚度的比例分配。

② 木楼盖、木屋盖等柔性楼、屋盖建筑，宜按抗侧力构件从属面积上重力荷载代表值的比例分配。

③ 普通的预制装配式混凝土楼、屋盖等半刚性楼、屋盖的建筑，可取上述两种分配结果的平均值。

④ 计入空间作用、楼盖变形、墙体弹塑性变形和扭转的影响时，可按各有关规定对上述分配结果作适当调整。

3）考虑地基与结构相互作用影响地震内力的调整。理论分析表明，由于地基与结构相互作用的影响，按刚性地基分析的水平地震作用在一定范围内有明显的折减，但考虑到我国地震作用取值与国外相比还较小，故仅在必要时才考虑对水平地震作用予以折减。因此《建筑抗震设计规范》5.2.7 条规定：结构抗震计算，一般情况下可不考虑地基与结构相互作用的影响；8 度和 9 度时建造在 Ⅲ、Ⅳ 类场地，采用箱基、刚性较好的筏基和桩箱联合基础的钢筋混凝土高层建筑，当结构基本自振周期处于特征周期的 1.2 倍至 5 倍范围时，若计入地基与结构相互作用的影响，对刚性地基假定计算的水平地震剪力可按下列规定折减，其层间变形可按折减后的楼层剪力计算。

① 高宽比小于 3 的结构，各楼层水平地震剪力的折减系数，可按下式计算：

$$\psi = \left(\frac{T_1}{T_1 + \Delta T} \right)^{0.9} \tag{1-37}$$

式中　ψ——计入地基与结构动力相互作用后的地震剪力折减系数；

T_1——按刚性地基假定确定的结构基本自振周期（s）；

ΔT——计入地基与结构动力相互作用的附加周期（s），可按表 1-24 采用。

附加周期（s）　　　　　　　　　　　　　　　表 1-24

烈度	场地类别	
	Ⅲ类	Ⅳ类
8	0.08	0.20
9	0.10	0.25

② 研究表明，对高宽比较大的高层建筑，考虑地基与结构相互作用后水平地震作用折减系数并非各楼层均为同一常数，由于高振型的影响，结构上部几层水平地震作用一般不宜折减。大量计算分析表明，折减系数沿结构高度的变化较符合抛物线型分布。

因此，高宽比不小于 3 的结构，底部的地震剪力按上述规定折减，顶部不折减，中间各层按线性插入值折减。

折减后各楼层的水平地震剪力，不应小于按式（1-36）算得的结果。

6. 竖向地震作用计算

根据大量强震记录统计分析，竖向地震反应谱曲线的变化规律与水平地震反应谱曲线的变化规律基本相同，竖向地震动加速度峰值约为水平地震动加速度峰值的 1/2～2/3，因此，可近似取竖向地震影响系数最大值为水平地震影响系数最大值的 65%。此外，高层建筑及高耸结构的竖向振型规律与水平地震作用的底部剪力法要求的振型特点基本一致，且高层建筑及高耸结构竖向基本周期较短，一般为 0.1～0.2s，处于竖向地震影响系数曲线的水平段，因此，竖向地震影响系数可取最大值。

1）9 度时的高层建筑，其竖向地震作用标准值应按下列公式确定（图 1-7）；楼层的竖向地震作用效应可按各构件承受的重力荷载代表值的比例分配，并宜乘以增大系数 1.5。

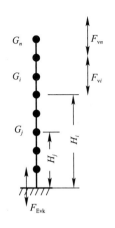

图 1-7 结构竖向地震作用计算

$$F_{Evk} = \alpha_{vmax} G_{eq} \qquad (1\text{-}38)$$

$$F_{vi} = \frac{G_i H_i}{\sum G_j H_j} F_{Evk} \qquad (1\text{-}39)$$

式中　F_{Evk}——结构总竖向地震作用标准值；

　　　F_{vi}——质点 i 的竖向地震作用标准值；

　　　α_{vmax}——竖向地震影响系数的最大值，可取水平地震影响系数最大值的 65%；

　　　G_{eq}——结构等效总重力荷载，可取其重力荷载代表值的 75%。

2）跨度小于 120m，长度小于 300m 且规则的平板型网架屋盖和跨度大于 24m 的屋架、屋盖横梁及托架的竖向地震作用标准值，宜取其重力荷载代表值和竖向地震作用系数的乘积，竖向地震作用系数可按表 1-25 采用；悬臂长度大于 40m 的长悬臂结构和不属于上述条件的大跨结构的竖向地震作用标准值，8 度和 9 度时可分别取该结构、构件重力荷载代表值的 10% 和 20%，设计基本地震加速度为 0.30g 时，可取该结构、构件重力荷载代表值的 15%。

竖向地震作用系数　　　　　表 1-25

结构类型	烈度	场地类别		
		I	II	III、IV
平板型网架、钢屋架	8 度	可不计算（0.10）	0.08（0.12）	0.10（0.15）
	9 度	0.15	0.15	0.20
钢筋混凝土屋架	8 度	0.10（0.15）	0.13（0.19）	0.13（0.19）
	9 度	0.20	0.25	0.25

注：括号中数值用于设计基本地震加速度为 0.30g 的地区。

1.3.2 结构抗震验算

1. 建筑截面抗震验算

（1）一般规定

结构的截面抗震验算，应符合下列规定：

1）6 度时的建筑（不规则建筑及建造于 IV 类场地上较高的高层建筑除外），以及生土房屋和木结构房屋等，应符合有关的抗震措施要求，但应允许不进行截面抗震验算。

2）6 度时不规则建筑、建造于 IV 类场地上较高的高层建筑，7 度和 7 度以上的建筑结构（生土房屋和木结构房屋等除外），应进行多遇地震作用下的截面抗震验算。

3）采用隔震设计的建筑结构，其抗震验算应符合有关规定。

（2）地震作用效应和荷载组合

结构构件的地震作用效应和其他荷载效应的基本组合，应按下式计算：

$$S = \gamma_G S_{GE} + \gamma_{Eh} S_{Ehk} + \gamma_{Ev} S_{Evk} + \psi_w \gamma_w S_{wk} \qquad (1\text{-}40)$$

式中　S——结构构件内力组合的设计值，包括组合的弯矩、轴向力和剪力设计值等；

　　　γ_G——重力荷载分项系数，一般情况应采用 1.2，当重力荷载效应对构件承载能力有利时，不应大于 1.0；

γ_{Eh}、γ_{Ev}——分别为水平、竖向地震作用分项系数，应按表 1-26 采用；

γ_w——风荷载分项系数，应采用 1.4；

S_{GE}——重力荷载代表值的效应，但有吊车时，尚应包括悬吊物重力标准值的效应；

S_{Ehk}——水平地震作用标准值的效应，尚应乘以相应的增大系数或调整系数；

S_{Evk}——竖向地震作用标准值的效应，尚应乘以相应的增大系数或调整系数；

S_{wk}——风荷载标准值的效应；

ψ_w——风荷载组合值系数，一般结构取 0.0，风荷载起控制作用的建筑应采用 0.2。

地震作用分项系数　　　　　　　　　　　　　表 1-26

地震作用	γ_{Eh}	γ_{Ev}
仅计算水平地震作用	1.3	0.0
仅计算竖向地震作用	0.0	1.3
同时计算水平与竖向地震作用（水平地震为主）	1.3	0.5
同时计算水平与竖向地震作用（竖向地震为主）	0.5	1.3

（3）截面抗震验算

结构构件的截面抗震验算，应采用下列设计表达式：

$$S \leqslant \frac{R}{\gamma_{RE}} \qquad (1\text{-}41)$$

式中　γ_{RE}——承载力抗震调整系数，除另有规定外，应按表 1-27 采用；

　　　R——结构构件承载力设计值。

当仅计算竖向地震作用时，各类结构构件承载力抗震调整系数均应采用 1.0。

承载力抗震调整系数　　　　　　　　　　　　表 1-27

材料	结构构件	受力状态	γ_{RE}
钢	柱，梁，支撑，节点板件，螺栓，焊缝	强度	0.75
	柱，支撑	稳定	0.80
砌体	两端均有构造柱、芯柱的抗震墙	受剪	0.90
	其他抗震墙	受剪	1.00
混凝土	梁	受弯	0.75
	轴压比小于 0.15 的柱	偏压	0.75
	轴压比不小于 0.15 的柱	偏压	0.80
	抗震墙	偏压	0.85
	各类构件	受剪、偏拉	0.85

2. 建筑抗震变形验算

（1）多遇地震下结构的弹性变形验算

表 1-28 所列各类结构应进行多遇地震作用下的抗震变形验算，其楼层内最大的弹性层间位移应符合下式要求：

$$\Delta u_e \leqslant [\theta_e]h \qquad (1\text{-}42)$$

式中　Δu_e——多遇地震作用标准值产生的楼层内最大的弹性层间位移；计算时，除以弯曲变形为主的高层建筑外，可不扣除结构整体弯曲变形；应计入扭转变形，各作用分项系数均应采用1.0；钢筋混凝土结构构件的截面刚度可采用弹性刚度；

$[\theta_e]$——弹性层间位移角限值，宜按表1-28采用；

h——计算楼层层高。

弹性层间位移角限值　　　　　　　　　　　　　　表1-28

结构类型	$[\theta_e]$
钢筋混凝土框架	1/550
钢筋混凝土框架-抗震墙、板柱-抗震墙、框架-核心筒	1/800
钢筋混凝土抗震墙、筒中筒	1/1000
钢筋混凝土框支层	1/1000
多、高层钢结构	1/250

（2）罕遇地震下结构的弹塑性变形验算

在罕遇地震作用下，地面运动加速度峰值是多遇地震的4～6倍。因此，在多遇地震烈度下处于弹性阶段的结构，在罕遇地震烈度下将进入弹塑性阶段，结构接近或达到屈服，此时，结构已没有太多的强度储备，为抵抗地震的持续作用，要求结构有较好的延性，通过发展塑性变形来消耗地震输入的能量。如果结构的变形能力不足，势必发生倒塌，因此，按建筑抗震第二阶段设计要求，应进行表1-28所列各类结构在罕遇地震作用下的弹塑性变形验算。

1）验算范围。结构在罕遇地震作用下薄弱层的弹塑性变形验算，应符合下列要求：

① 下列结构应进行弹塑性变形验算：

a. 8度Ⅲ、Ⅳ类场地和9度时，高大的单层钢筋混凝土柱厂房的横向排架；

b. 7～9度时楼层屈服强度系数小于0.5的钢筋混凝土框架结构和框排架结构；

c. 高度大于150m的结构；

d. 甲类建筑和9度时乙类建筑中的钢筋混凝土结构和钢结构；

e. 采用隔震和消能减震设计的结构。

② 下列结构宜进行弹塑性变形验算：

a. 表1-17所列高度范围且属于竖向不规则类型的高层建筑结构。

b. 7度Ⅲ、Ⅳ类场地和8度时乙类建筑中的钢筋混凝土结构和钢结构。

c. 板柱-抗震墙结构和底部框架砌体房屋。

d. 高度不大于150m的其他高层钢结构。

e. 不规则的地下建筑结构及地下空间综合体。

注：楼层屈服强度系数为按钢筋混凝土构件实际配筋和材料强度标准值计算的楼层受剪承载力和按罕遇地震作用标准值计算的楼层弹性地震剪力的比值；对排架柱，指按实际配筋面积、材料强度标准值和轴向力计算的正截面受弯承载力与按罕遇地震作用标准值计算的弹性地震弯矩的比值。

2）计算方法

① 结构薄弱层（部位）弹塑性层间位移的简化计算，宜符合下列要求：

a. 结构薄弱层（部位）的位置可按下列情况确定：

（a）楼层屈服强度系数沿高度分布均匀的结构，可取底层；

（b）楼层屈服强度系数沿高度分布不均匀的结构，可取该系数最小的楼层（部位）和相对较小的楼层，一般不超过 2～3 处；

（c）单层厂房，可取上柱。

b. 弹塑性层间位移可按下列公式计算：

$$\Delta u_{\mathrm{p}} = \eta_{\mathrm{p}} \Delta u_{\mathrm{e}} \qquad (1\text{-}43)$$

或

$$\Delta u_{\mathrm{p}} = \mu \Delta u_{\mathrm{y}} = \frac{\eta_{\mathrm{p}}}{\xi_{\mathrm{y}}} \Delta u_{\mathrm{y}} \qquad (1\text{-}44)$$

式中　Δu_{p}——弹塑性层间位移；

　　　Δu_{y}——层间屈服位移；

　　　μ——楼层延性系数；

　　　Δu_{e}——罕遇地震作用下按弹性分析的层间位移；

　　　η_{p}——弹塑性层间位移增大系数，当薄弱层（部位）的屈服强度系数不小于相邻层（部位）该系数平均值的 0.8 时，可按表 1-29 采用。当不大于该平均值的 0.5 时，可按表内相应数值的 1.5 倍采用；其他情况可采用内插法取值；

　　　ξ_{y}——楼层屈服强度系数。

弹塑性层间位移增大系数　　　　　　　　　　表 1-29

结构类型	总层数 n 或部位	ξ_{y}		
		0.50	0.40	0.30
多层均匀框架结构	2～4	1.30	1.40	1.60
	5～7	1.50	1.65	1.80
	8～12	1.80	2.00	2.20
单层厂房	上柱	1.30	1.60	2.00

② 结构薄弱层（部位）弹塑性层间位移应符合下式要求：

$$\Delta u_{\mathrm{p}} \leqslant [\theta_{\mathrm{p}}] h \qquad (1\text{-}45)$$

式中　$[\theta_{\mathrm{p}}]$——弹塑性层间位移角限值，可按表 1-30 采用；对钢筋混凝土框架结构，当轴压比小于 0.40 时，可提高 10%；当柱子全高的箍筋构造比规定的体积配箍率大 30% 时，可提高 20%，但累计不超过 25%；

　　　h——薄弱层楼层高度或单层厂房上柱高度。

弹塑性层间位移角限值　　　　　　　　　　表 1-30

结构类型	$[\theta_{\mathrm{p}}]$
单层钢筋混凝土柱排架	1/30
钢筋混凝土框架	1/50
底部框架砌体房屋中的框架抗震墙	1/100
钢筋混凝土框架-抗震墙、板柱-抗震墙、框架-核心筒	1/100
钢筋混凝土抗震墙、筒中筒	1/120
多、高层钢结构	1/50

2 多层和高层钢筋混凝土房屋

2.1 一般规定

2.1.1 高层建筑震害规律

1. 地基方面

1) 砂土液化引起地基不均匀沉陷，导致上部结构破坏或整体倾斜。

2) 在具有深厚软弱冲积土层的场地上，周期较长的高层建筑的破坏率显著增高。

3) 当高层建筑的基本周期与场地自振周期相近时，震害程度将因共振效应而加重。

2. 房屋体形方面

1) L 形等复杂平面房屋，破坏率显著增高。

2) 有大底盘的高层建筑，裙房顶面与主楼相接处面积突然减小的楼层，破坏程度加重。

3) 房屋高宽比值较大且上面各层刚度很大的高层建筑，底层框架柱因地震倾覆力矩引起的巨大压力而发生剪压破坏。

4) 防震缝处多因缝的宽度太小而发生碰撞，导致碰撞处破坏。

3. 结构体系方面

1) 相对于框架体系震害程度较重的情况而言，采用框-墙体系的房屋，破坏程度较轻，特别有利于保护填充墙和建筑装修免遭破坏。

2) 采用"填墙框架"体系的房屋，在钢筋混凝土框架平面内嵌砌砖填充墙时，柱上端易发生剪切破坏；外墙框架柱在窗洞处因受窗裙墙的约束而发生短柱型剪切破坏。

3) 采用钢筋混凝土板柱体系的房屋，或因楼板弯曲、冲切破坏，或因楼层侧移过大，导致柱顶、柱脚破坏，各层楼板坠落，重叠在地面。

4) 采用"框托墙"体系的房屋，相对柔弱的底层，破坏程度十分严重；采用"填墙框架"体系的房屋，当底层为开敞式的，框架间未砌砖墙，底层同样遭到严重破坏。

4. 刚度分布方面

1) 采用 L 形、三角形等不对称平面的建筑，地震时因发生扭转振动而使震害加重。

2) 矩形平面建筑，电梯间竖筒等抗侧力构件的布置存在偏心时，同样因发生扭转振动而使震害加重。

5. 构件形式方面

1) 钢筋混凝土多肢剪力墙的窗裙墙（连梁）常发生斜向裂缝或交叉裂缝。

2) 在框架结构中，绝大多数情况下，柱的破坏程度重于梁和板。

3) 钢筋混凝土框架，若在同一楼层中出现长、短柱并存的情况，短柱破坏严重。

4) 配置螺旋箍筋的钢筋混凝土柱，即使层间侧移角达到很大数值（$\Delta u/h \approx 1/7$）时，核心混凝土仍保持完好，柱仍具有较大的竖向承载能力；形成对照的是，配置方形箍筋的钢筋混凝土柱，箍筋绷开，核心混凝土破碎脱落。

2.1.2 房屋体量

1. 房屋高度

（1）控制房屋高度

混凝土属脆性材料，在混凝土中设置钢筋后浇制成的钢筋混凝土结构，构件的延性得到大幅度提高。然而，钢筋混凝土构件的延性，在不同的受力状态和破坏形态下，存在着较大差异。构件受拉或弯拉破坏时，具有较大的延性；构件受压、弯压或受剪破坏时，延性则较小。尽管我们本着"四强、四弱"耐震设计准则对结构进行抗震优化设计，但仍难避免结构构件不发生因受剪或受压损伤而使承载力下降。因此，对于采用钢筋混凝土结构的房屋，高度更应该有所控制。

（2）房屋高度限值

钢筋混凝土高层建筑结构的最大适用高度应区分为 A 级和 B 级。A 级高度钢筋混凝土乙类和丙类高层建筑的最大适用高度应符合表 2-1 的规定，B 级高度钢筋混凝土乙类和丙类高层建筑的最大适用高度应符合表 2-2 的规定。

平面和竖向均不规则的高层建筑结构，其最大适用高度宜适当降低。

A 级高度现浇钢筋混凝土房屋的最大适用高度（m）　　表 2-1

结构体系		抗震设防烈度				
		6 度	7 度	8 度		9 度
				0.20g	0.30g	
框架		60	50	40	35	24
框架-剪力墙		130	120	100	80	50
剪力墙	全部落地剪力墙	140	120	100	80	60
	部分框支剪力墙	120	100	80	50	不应采用
筒体	框架-核心筒	150	130	100	90	70
	筒中筒	180	150	120	100	80
板柱-剪力墙		80	70	55	40	不应采用

注：1. 房屋高度指室外地面到主要屋面板板顶的高度（不包括局部突出屋顶部分）。
　　2. 框架-核心筒结构指周边稀柱框架与核心筒组成的结构。
　　3. 部分框支剪力墙结构指地面以上有部分框支剪力墙的剪力墙结构，不包括仅个别框支墙的情况。
　　4. 表中框架，不包括异形柱框架。
　　5. 板柱-剪力墙结构指板柱、框架和剪力墙组成抗侧力体系的结构。
　　6. 甲类建筑 6、7、8 度时宜按本地区抗震设防烈度提高一度后确定其适用的最大高度，9 度时应专门研究；乙类建筑可按本地区抗震设防烈度确定其适用的最大高度。
　　7. 当房屋面积超过本表数值时，应进行专门研究和论证，结构设计应有可靠依据并采取有效的加强措施。
　　8. 平面和竖向均不规则的高层建筑，其最大适用高度应适当降低。
　　9. 表中不含短肢剪力墙较多的剪力墙结构。

B 级高度钢筋混凝土高层建筑的最大适用高度（m）　　表 2-2

结构体系	非抗震设计	抗震设防烈度			
		6 度	7 度	8 度	
				0.20g	0.30g
框架-剪力墙	170	160	140	120	100

续表

结构体系		非抗震设计	抗震设防烈度			
			6 度	7 度	8 度	
					0.20g	0.30g
剪力墙	全部落地剪力墙	180	170	150	130	110
	部分框支剪力墙	150	140	120	100	80
筒体	框架-核心筒	220	210	180	140	120
	筒中筒	300	280	230	170	150

注：1. 部分框支剪力墙结构指地面以上有部分框支剪力墙的剪力墙结构。
　　2. 甲类建筑，6 度、7 度时宜按本地区设防烈度提高一度后符合本表的要求，8 度时应专门研究。
　　3. 当房屋高度超过表中数值时，结构设计应有可靠依据，并采取有效的加强措施。

2. 房屋高宽比

1）限制房屋高宽比，是对房屋的结构刚度、整体稳定、承载能力和经济合理性的宏观控制。

2）即使房屋高度不变，地震倾覆力矩在结构竖构件中引起的压力和拉力，也会随着房屋高宽比的加大而增加，结构侧移也随之增大。因此，对于钢筋混凝土结构，在控制房屋高度的同时，房屋的高宽比也应该得到控制。

钢筋混凝土高层建筑结构的高宽比不宜超过表 2-3 的规定。

钢筋混凝土高层建筑结构的最大高宽比　　表 2-3

结构体系	非抗震设计	抗震设防烈度		
		6、7 度	8 度	9 度
框架	5	4	3	—
板柱-剪力墙	6	5	4	—
框架-剪力墙、剪力墙	7	6	5	4
框架-核心筒	8	7	6	4
筒中筒	8	8	7	5

3. 房屋长宽比

钢筋混凝土高层建筑要考虑长宽比要求。所谓长宽比就是结构长度与宽度（窄边长）的比值。长宽比是对结构刚度、整体稳定、承载能力和经济合理性的宏观控制。

框架-抗震墙、板柱-抗震墙结构以及框支层中，抗震墙之间无大洞口的楼、屋盖的长宽比，不宜超过表 2-4 的规定；超过时，应计入楼盖平面内变形的影响。

抗震墙之间楼屋盖的长宽比　　表 2-4

楼、屋盖类型		设防烈度			
		6 度	7 度	8 度	9 度
框架-抗震墙结构	现浇或叠合楼、屋盖	4	4	3	2
	装配整体式楼、屋盖	3	3	2	不宜采用
板柱-抗震墙结构的现浇楼、屋盖		3	3	2	—
框支层的现浇楼、屋盖		2.5	2.5	2	—

2.1.3 结构布置

1. 结构平面布置

1) 在高层建筑的一个独立结构单元内,结构平面形状宜简单、规则,质量、刚度和承载力分布宜均匀。不应采用严重不规则的平面布置。

2) 高层建筑宜选用风作用效应较小的平面形状。

3) 抗震设计的混凝土高层建筑,其平面布置宜符合下列规定:

① 平面宜简单、规则、对称,减少偏心。

② 平面长度不宜过长(图 2-1),L/B 宜符合表 2-5 的要求。

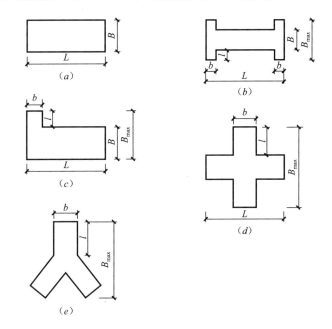

图 2-1 建筑平面

平面尺寸及突出部位尺寸的比值限值 表 2-5

设防烈度	L/B	l/B_{max}	l/b
6、7 度	≤6.00	≤0.35	≤2.00
8、9 度	≤5.00	≤0.30	≤1.50

③ 平面突出部分的长度 l 不宜过大、宽度 b 不宜过小(图 2-1),l/B_{max}、l/b 宜符合表 2-5 的要求。

④ 建筑平面不宜采用角部重叠或细腰形平面布置。

4) 抗震设计时,B 级高度钢筋混凝土高层建筑、混合结构高层建筑及复杂高层建筑结构,其平面布置应简单、规则,减少偏心。

5) 结构平面布置应减少扭转的影响。在考虑偶然偏心影响的规定水平地震力作用下,楼层竖向构件最大的水平位移和层间位移,A 级高度高层建筑不宜大于该楼层平均值的 1.2 倍,不应大于该楼层平均值的 1.5 倍;B 级高度高层建筑、超过 A 级高度的混合结构及复杂高层建筑不宜大于该楼层平均值的 1.2 倍，不应大于该楼层平均值的 1.4 倍。结构扭转为主的第一自振周期 T_t 与平动为主的第一自振周期 T_1 之比，A 级高度高层建筑不应大于 0.90，B 级高度高层建筑、超过 A 级高度的混合结构及复杂高层建筑不应大于 0.85。

当楼层的最大层间位移角不大于表 2-6 中限值的 40% 时，该楼层竖向构件的最大水平位移和层间位移与该楼层平均值的比值可适当放松，但不应大于 1.6。

楼层层间最大位移与层高之比的限值　　　　　　表 2-6

结构体系	$\Delta u/h$ 限值
框架	1/550
框架-剪力墙、框架-核心筒、板柱-剪力墙	1/800
筒中筒、剪力墙	1/1000
除框架结构外的转换层	1/1000

6）当楼板平面比较狭长、有较大的凹入或开洞时，应在设计中考虑其对结构产生的不利影响。有效楼板宽度不宜小于该层楼面宽度的 50%；楼板开洞总面积不宜超过楼面面积的 30%；在扣除凹入或开洞后，楼板在任一方向的最小净宽度不宜小于 5m，且开洞后每一边的楼板净宽度不应小于 2m。

7）丬字形、井字形等外伸长度较大的建筑，当中央部分楼板有较大削弱时，应加强楼板以及连接部位墙体的构造措施，必要时可在外伸段凹槽处设置连接梁或连接板。

8）楼板开大洞削弱后，宜采取下列措施：

① 加厚洞口附近楼板，提高楼板的配筋率，采用双层双向配筋；

② 洞口边缘设置边梁、暗梁；

③ 在楼板洞口角部集中配置斜向钢筋。

9）抗震设计时，高层建筑宜调整平面形状和结构布置，避免设置防震缝。体形复杂、平立面不规则的建筑，应根据不规则程度、地基基础条件和技术经济等因素的比较分析，确定是否设置防震缝。

10）设置防震缝时，应符合下列规定：

① 防震缝宽度应符合下列规定：

a. 框架结构房屋，高度不超过 15m 时不应小于 100mm；超过 15m 时，6 度、7 度、8 度和 9 度分别每增加高度 5m、4m、3m 和 2m，宜加宽 20mm；

b. 框架-剪力墙结构房屋不应小于 a 项规定数值的 70%，剪力墙结构房屋不应小于 a 项规定数值的 50%，且二者均不宜小于 100mm。

② 防震缝两侧结构体系不同时，防震缝宽度应按不利的结构类型确定。

③ 防震缝两侧的房屋高度不同时，防震缝宽度可按较低的房屋高度确定。

④ 8 度、9 度抗震设计的框架结构房屋，防震缝两侧结构层高相差较大时，防震缝两侧框架柱的箍筋应沿房屋全高加密，并可根据需要沿房屋全高在缝两侧各设置不少于两道垂直于防震缝的抗撞墙。

⑤ 当相邻结构的基础存在较大沉降差时，宜增大防震缝的宽度。

⑥ 防震缝宜沿房屋全高设置，地下室、基础可不设防震缝，但在与上部防震缝对应处应加强构造和连接。

⑦ 结构单元之间或主楼与裙房之间不宜采用牛腿托梁的做法设置防震缝，否则应采取可靠措施。

11）抗震设计时，伸缩缝、沉降缝的宽度均应符合10）条关于防震缝宽度的要求。

12）高层建筑结构伸缩缝的最大间距宜符合表2-7的规定。

伸缩缝的最大间距 表2-7

结构体系	施工方法	最大间距/m
框架结构	现浇	55
剪力墙结构	现浇	45

注：1. 框架-剪力墙的伸缩缝间距可根据结构的具体布置情况取表中框架结构与剪力墙结构之间的数值。
　　2. 当屋面无保温或隔热措施、混凝土的收缩较大或室内结构因施工外露时间较长时，伸缩缝间距应适当减小。
　　3. 位于气候干燥地区、夏季炎热且暴雨频繁地区的结构，伸缩缝的间距宜适当减小。

13）当采用有效的构造措施和施工措施减小温度和混凝土收缩对结构的影响时，可适当放宽伸缩缝的间距。这些措施可包括但不限于下列方面：

① 顶层、底层、山墙和纵墙端开间等受温度变化影响较大的部位提高配筋率；

② 顶层加强保温隔热措施，外墙设置外保温层；

③ 每30～40m间距留出施工后浇带，带宽800～1000mm，钢筋采用搭接接头，后浇带混凝土宜在45d后浇筑；

④ 采用收缩小的水泥、减少水泥用量、在混凝土中加入适宜的外加剂；

⑤ 提高每层楼板的构造配筋率或采用部分预应力结构。

2. 结构竖向布置

1）高层建筑的竖向体形宜规则、均匀，避免有过大的外挑和收进。结构的侧向刚度宜下大上小，逐渐均匀变化。

2）抗震设计时，高层建筑相邻楼层的侧向刚度变化应符合下列规定：

① 对框架结构，楼层与其相邻上层的侧向刚度比 γ_1 可按式（2-1）计算，且本层与相邻上层的比值不宜小于0.7，与相邻上部三层刚度平均值的比值不宜小于0.8。

$$\gamma_1 = \frac{V_i \Delta_{i+1}}{V_{i+1} \Delta_i} \tag{2-1}$$

式中　γ_1——楼层侧向刚度比；

V_i、V_{i+1}——第 i 层和第 $i+1$ 层的地震剪力标准值（kN）；

Δ_i、Δ_{i+1}——第 i 层和第 $i+1$ 层在地震作用标准值作用下的层间位移（m）。

② 对框架-剪力墙、板柱-剪力墙结构、剪力墙结构、框架-核心筒结构、筒中筒结构，楼层与其相邻上层的侧向刚度比 γ_2 可按式（2-2）计算，且本层与相邻上层的比值不宜小于0.9；当本层层高大于相邻上层层高的1.5倍时，该比值不宜小于1.1；对结构底部嵌固层，该比值不宜小于1.5。

$$\gamma_2 = \frac{V_i \Delta_{i+1}}{V_{i+1} \Delta_i} \frac{h_i}{h_{i+1}} \tag{2-2}$$

式中　γ_2——考虑层高修正的楼层侧向刚度比。

3）A级高度高层建筑的楼层抗侧力结构的层间受剪承载力不宜小于其相邻上一层受剪承载力的80%，不应小于其相邻上一层受剪承载力的65%；B级高度高层建筑的楼层抗侧力结构的层间受剪承载力不应小于其相邻上一层受剪承载力的75%。

注：楼层抗侧力结构的层间受剪承载力是指在所考虑的水平地震作用方向上，该层全部柱、剪力墙、斜撑的受剪承载力之和。

4）抗震设计时，结构竖向抗侧力构件宜上、下连续贯通。

5）抗震设计时，当结构上部楼层收进部位到室外地面的高度 H_1 与房屋高度 H 之比大于0.2时，上部楼层收进后的水平尺寸 B_1 不宜小于下部楼层水平尺寸 B 的75%（图2-2a、图2-2b）；当上部结构楼层相对于下部楼层外挑时，上部楼层水平尺寸 B_1 不宜大于下部楼层的水平尺寸 B 的1.1倍，且水平外挑尺寸 a 不宜大于4m（图2-2c、图2-2d）。

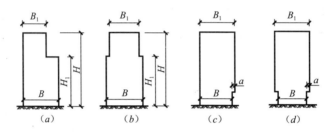

图2-2 结构竖向收进和外挑

6）楼层质量沿高度宜均匀分布，楼层质量不宜大于相邻下部楼层质量的1.5倍。

7）不宜采用同一楼层刚度和承载力变化同时不满足2）和3）规定的高层建筑结构。

8）侧向刚度变化、承载力变化、竖向抗侧力构件连续性不符合2）、3）、4）要求的楼层，其对应于地震作用标准值的剪力应乘以1.25的增大系数。

9）结构顶层取消部分墙、柱形成空旷房间时，宜进行弹性或弹塑性时程分析补充计算并采取有效的构造措施。

3. 楼盖结构

1）房屋高度超过50m时，框架-剪力墙结构、筒体结构及复杂高层建筑结构应采用现浇楼盖结构，剪力墙结构和框架结构宜采用现浇楼盖结构。

2）房屋高度不超过50m时，8度、9度抗震设计时宜采用现浇楼盖结构；6度、7度抗震设计时可采用装配整体式楼盖，且应符合下列要求：

① 无现浇叠合层的预制板，板端搁置在梁上的长度不宜小于50mm。

② 预制板板端宜预留胡子筋，其长度不宜小于100mm。

③ 预制空心板孔端应有堵头，堵头深度不宜小于60mm，并应采用强度等级不低于C20的混凝土浇灌密实。

④ 楼盖的预制板板缝上缘宽度不宜小于40mm，板缝大于40mm时应在板缝内配置钢筋，并宜贯通整个结构单元。现浇板缝、板缝梁的混凝土强度等级宜高于预制板的混凝土强度等级。

⑤ 楼盖每层宜设置钢筋混凝土现浇层。现浇层厚度不应小于50mm，并应双向配置直径不小于6mm、间距不大于200mm的钢筋网，钢筋应锚固在梁或剪力墙内。

3）房屋的顶层、结构转换层、大底盘多塔楼结构的底盘顶层、平面复杂或开洞过大的楼层、作为上部结构嵌固部位的地下室楼层应采用现浇楼盖结构。一般楼层现浇楼板厚度不应小于80mm，当板内预埋暗管时不宜小于100mm；顶层楼板厚度不宜小于120mm，宜双层双向配筋；转换层楼板应符合《高层建筑混凝土结构技术规程》（JGJ 3—2010）第 10 章的有关规定；普通地下室顶板厚度不宜小于 160mm；作为上部结构嵌固部位的地下室楼层的顶楼盖应采用梁板结构，楼板厚度不宜小于 180mm，应采用双层双向配筋，且每层每个方向的配筋率不宜小于 0.25%。

4）现浇预应力混凝土楼板厚度可按跨度的 1/45～1/50 采用，且不宜小于 150mm。

5）现浇预应力混凝土板设计中应采取措施防止或减小主体结构对楼板施加预应力的阻碍作用。

2.1.4 抗震结构材料要求

1. 混凝土

1）钢筋混凝土结构的混凝土强度等级不应低于 C20；采用强度级别 400MPa 及以上的钢筋时，混凝土强度等级不应低于 C25。

2）框支梁、框支柱、一级抗震等级的框架梁和柱、错层处框架柱及节点混凝土强度等级不应低于 C30。

3）剪力墙混凝土强度等级不宜超过 C60；其他构件，9 度时不宜超过 C60，8 度时不宜超过 C70。

2. 钢筋

1）纵向受力普通钢筋宜采用 HRB400、HRB500、HRBF400、HRBF500 钢筋，也可采用 HPB300、HRB335、HRBF335、RRB400 钢筋。

2）梁、柱中的纵向受力普通钢筋应采用 HRB400、HRB500、HRBF400、HRBF500 钢筋。

3）梁、柱、支撑以及剪力墙边缘构件中，其受力钢筋宜采用热轧带肋钢筋；当采用现行国家标准《钢筋混凝土用钢 第 2 部分：热轧带肋钢筋》（GB 1499.2—2007/XG1—2009）中牌号带"E"的热轧带肋钢筋时，其强度和弹性模量应按《混凝土结构设计规范》（GB 50010—2010）第 4.2 节有关热轧带肋钢筋的规定采用。

4）箍筋宜采用 HRB400、HRBF400、HPB300、HRB500、HRBF500 钢筋，也可采用 HRB335、HRBF335 钢筋。

5）箍筋用于抗剪、抗扭及抗冲切计算时，钢筋强度设计值大于 360N/mm² 时应取 360N/mm²。

6）按一、二、三级抗震等级设计的框架和斜撑构件，其纵向普通受力钢筋应符合下列要求：

① 钢筋的抗拉强度实测值与屈服强度实测值的比值不应小于 1.25。

② 钢筋的屈服强度实测值与屈服强度标准值的比值不应大于 1.30。

③ 钢筋最大拉力下的总伸长率实测值不应小于 9%。

2.1.5 抗震等级

抗震设计时，高层建筑钢筋混凝土房屋应根据抗震设防类别、烈度、结构类型和房屋高度采用不同的抗震等级，并应符合相应的计算和构造措施要求。A 级高度现浇钢筋混凝土房屋的抗震等级应按表 2-8 确定。

A 级高度现浇钢筋混凝土房屋的抗震等级　　　　表 2-8

结构类型		设防烈度									
		6 度		7 度			8 度			9 度	
框架结构	高度 H/m	≤24	>24	≤24	>24		≤24	>24		≤24	
	框架	四	三	三	二		二	一		一	
	大跨度框架	三	三	二	二	二	一	一	一	一	
框架-剪力墙结构	高度 H/m	≤60	>60	≤24	25～60	>60	≤24	25～60	>60	≤24	25～50
	框架	四	三	四	三	二	三	二	一	二	一
	剪力墙	三	三	三	二	二	二	一	一	一	一
剪力墙结构	高度 H/m	≤80	>80	≤24	25～80	>80	≤24	25～80	>80	≤24	25～60
	剪力墙	四	三	四	三	二	三	二	一	二	一
部分框支剪力墙结构	高度 H/m	≤80	>80	≤24	25～80	>80	≤24	25～80			
	剪力墙 一般部位	四	三	四	三	二	三	二			
	剪力墙 加强部位	三	二	三	二	一	二	一			
	框支层框架	二	二	二	二	二	一	一			
框架-核心筒结构	框架	三	三	二	二	二	一	一	一	一	
	核心筒	二	二	二	二	二	一	一	一	一	
筒中筒结构	外筒	三	三	二	二	二	一	一	一	一	
	内筒	三	三	二	二	二	一	一	一	一	
板柱-剪力墙结构	高度/m	≤35	>35	≤35	>35		≤35	>35			
	框架、板柱的柱及柱上板带	三	二	二	二		二	一			
	剪力墙	二	二	二	二		二	一			

注：1. 建筑场地为 I 类时，除 6 度外应允许按表内降低一度所对应的抗震等级采取抗震构造措施，但相应的计算要求不应降低。
　　2. 接近或等于高度分界时，应允许结合房屋不规则程度及场地、地基条件确定抗震等级。
　　3. 大跨度框架指跨度不小于 18m 的框架。
　　4. 高度不超过 60m 的框架-核心筒结构按框架-抗震墙的要求设计时，应按表中框架-抗震墙结构的规定确定其抗震等级。
　　5. 底部带转换层的筒体结构，其转换框架的抗震等级应按表中部分框支剪力墙结构的规定采用。

抗震设计时，B 级高度丙类建筑钢筋混凝土结构的抗震等级应按表 2-9 确定。

B 级高度的高层建筑结构抗震等级　　　　表 2-9

结构类型		烈度		
		6 度	7 度	8 度
框架-剪力墙	框架	二	一	一
	剪力墙	二	一	特一
剪力墙		二	一	一
部分框支剪力墙	非底部加强部位剪力墙	二	一	一
	底部加强部位剪力墙	一	一	特一
	框支框架	一	特一	特一
框架-核心筒	框架	二	一	一
	筒体	二	一	特一
筒中筒	外筒	二	一	特一
	内筒	二	一	特一

注：底部带转换层的筒体结构，其转换框架和底部加强部位筒体的抗震等级应按表中部分框支剪力墙结构的规定采用。

2.2 框 架 结 构

2.2.1 框架梁的构造要求

1. 框架梁的截面尺寸

框架梁的截面尺寸宜符合表 2-10 的要求。

框架梁截面尺寸要求　　　　　　　　　　　　　　表 2-10

图例	尺寸要求
普通梁	框架梁截面宽度不宜小于 200mm
	框架梁截面高宽比不宜大于 4
	框架梁净跨与截面高度之比不宜小于 4
扁梁	$b_b \leqslant 2b_c$　　　　　　(2-3) $b_b \leqslant b_c + h_b$　　　　　(2-4) $h_b \geqslant 16d$　　　　　　(2-5) 式中　b_c——柱截面宽度，圆形截面取柱直径的 0.8 倍； 　　　b_b、h_b——分别为梁截面宽度和高度； 　　　d——柱纵筋直径。 注：扁梁不宜用于一级框架结构

（1）截面宽度

一般而言，框架梁的截面宽度均小于柱的截面宽度，使梁-柱节点域受到约束的有效体积有所减小，降低了梁-柱节点的受剪承载力。若梁轴线与柱轴线存在较大偏心，节点两侧又无垂直方向的直交梁，那么，这种不利影响将更加严重。

因此，为了保证框架梁对梁-柱节点的必要约束作用，框架梁的截面宽度不宜过小，一般不宜小于 200mm，而且梁宽最好不小于同方向柱宽的 1/2。此外，为使梁纵筋在节点内具有良好的锚固条件，梁宽宜比柱宽小 50mm。当边框架的梁必须与柱边齐平时，应使梁纵筋位于柱竖筋的内侧。

（2）截面高度

框架梁的截面高度 h_b 一般取梁计算跨度 L_b 的 1/10～1/18，不宜过大。因为，在地震引起的反复荷载作用下，框架梁会产生较大的塑性变形，因而要求框架梁能够具备较大的塑性转动能力。但当梁的截面高度过大，梁高与净跨度的比值大于 1/4 时，与普通梁相比较，塑性转动能力降低，并有可能出现剪切破坏。所以，为使框架梁具有良好的抗震性能，有必要控制梁的跨高比。

2. 纵向钢筋用量

（1）最小配筋率

框架梁受拉区的纵向钢筋配筋率过小，梁受弯屈服后，受拉钢筋的塑性伸长将会很大，从而使结构侧移量大增。此外，受拉配筋率过小，还会使框架梁因抗弯潜力小而不具备足够的抗震可靠度。

纵向受拉钢筋的最小配筋百分率 ρ_{min}（%），非抗震设计时，不应小于 0.20 和 45 f_t/f_y 二者的较大值；抗震设计时，不应小于表 2-11 规定的数值。

框架梁纵向受拉钢筋最小配筋百分率 $\rho_{\min}$（%）　　　表 2-11

抗震等级	梁中位置	
	支座（取较大值）	跨中（取较大值）
一级	0.40 和 80 f_t/f_y	0.30 和 65 f_t/f_y
二级	0.30 和 65 f_t/f_y	0.25 和 55 f_t/f_y
三、四级	0.25 和 55 f_t/f_y	0.20 和 45 f_t/f_y

（2）通长钢筋

在结构静力设计中，由于作用于构件上的荷载是确定的，构件中各杆件的内力分布规律比较明确，结构分析所确定的反弯点位置与实际情况无较大出入。所以，梁跨中受压区的纵向构造钢筋不会发生受拉情况，仅需发挥架立钢筋的作用，因而采用较小直径钢筋即可满足要求。

在结构抗震设计中，情况则不同。在实际地震作用和重力荷载共同作用下，框架梁的反弯点，有可能偏离计算确定的反弯点位置，原来截面受压区有可能出现受拉，直径较小的架立钢筋难于胜任。所以，《建筑抗震设计规范》对于框架梁顶面和底面的通长钢筋数量，作出如下具体规定：

1）沿梁全长顶面、底面的配筋，一、二级不应少于 $2\phi14$，且分别不应少于梁顶面、底面两端纵向配筋中较大截面面积的 1/4；

2）三、四级不应少于 $2\phi12$。

《高层建筑混凝土结构技术规程》（JGJ 3—2010）第 6.3.3 条也规定：

1）沿梁全长顶面和底面应至少各配置两根纵向配筋，一、二级抗震设计时钢筋直径不应小于 14mm，且分别不应小于梁两端顶面和底面纵向配筋中较大截面面积的 1/4。

2）三、四级抗震设计和非抗震设计时钢筋直径不应小于 12mm。

（3）最大配筋

设计框架梁时，为了保证在地震作用下框架梁具有足够的曲率延性，梁的塑性铰区段内纵向受拉钢筋的配筋率不能过大。试验结果表明，梁的变形能力主要取决于梁端的塑性转动量，而梁的塑性转动量与截面混凝土受压区相对高度有关。当相对受压区高度控制在 0.25～0.35（相对于截面有效高度）时，梁的位移延性系数可达 4.0～3.0。

因此，抗震设计时，梁端纵向受拉钢筋的配筋率不宜大于 2.5%，不应大于 2.75%；当梁端受拉钢筋的配筋率大于 2.5% 时，受压钢筋配筋率不应小于受拉钢筋配筋率的一半。

3. 箍筋

（1）梁端震害

1）梁端斜裂缝。梁端斜裂缝是由于梁端箍筋间距过大或直径过细，斜截面受剪承载力不足以及反复荷载作用下混凝土抗剪强度降低等所导致的。

2）梁端竖向裂缝。梁端竖向裂缝是由于水平地震反复作用，梁端出现正负弯矩，当梁端上下纵筋数量配置不足时则开裂。

3）纵筋锚固破坏。当梁的纵筋在节点内锚固长度不足或锚固构造不当，或节点区混凝土碎裂时，钢筋将会出现滑移，甚至从混凝土中拔出。

框架梁箍筋构造应符合表 2-12 要求。

框架梁箍筋构造做法　　　　　　　　　　表 **2-12**

项目	构造做法
双肢箍 三肢箍	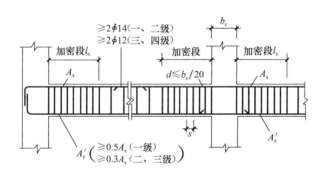
四肢箍	
六肢箍	

（2）框架梁端部箍筋加密区的构造（图 2-3）

图 2-3　框架梁箍筋构造

框架梁端部箍筋加密区的构造要求见表 2-13。

框架梁端部箍筋加密区的构造要求　　　　　　　　　　表 **2-13**

抗震等级	加密区长度/mm	箍筋最大间距/mm	箍筋最小直径/mm
一级	$2h_b$ 和 500 中的较大值	纵筋直径的 6 倍，h_b 的 1/4 和 100 中的最小值	10
二级		纵筋直径的 8 倍，h_b 的 1/4 和 100 中的最小值	8
三级	$1.5h_b$ 和 500 中的较大值	纵筋直径的 8 倍，h_b 的 1/4 和 150 中的最小值	8
四级		纵筋直径的 8 倍，h_b 的 1/4 和 150 中的最小值	6

注：1. 当梁端纵向受拉钢筋配筋率大于 2% 时，表中箍筋最小直径应增大 2mm。
　　2. 一、二级抗震等级的框架梁，当梁端箍筋加密区的箍筋直径大于 12mm、数量不少于 4 肢且肢距不大于 150mm 时，最大间距应允许适当放宽，但不得大于 150mm。
　　3. 梁端设置的第一个箍筋距框架节点边缘不应大于 50mm。
　　4. h_b 为梁高。
　　5. 截面高度大于 800mm 的梁，箍筋直径不宜小于 8mm。

（3）框架梁端部箍筋加密区箍筋肢距的要求

框架梁端部箍筋加密区箍筋肢距的要求见表 2-14。

框架梁端部箍筋加密区箍筋肢距的要求　　　　表 2-14

抗震等级	箍筋最大肢距/mm
一级	不宜大于 200 和 20 倍箍筋直径的较大值，且≤300
二、三级	不宜大于 250 和 20 倍箍筋直径的较大值，且≤300
四级	不宜大于 300

（4）框架梁构造做法

1）框架梁箍筋构造。框架中间层中间节点处，框架梁的上部纵向钢筋应贯穿中间节点。贯穿中柱的每根梁纵向钢筋直径，对于 9 度设防烈度的各类框架和一级抗震等级的框架结构，不宜大于矩形截面柱在该方向截面尺寸的 1/25，或纵向钢筋所在位置圆形截面柱弦长的 1/25；二、三级抗震等级，对框架结构不应大于矩形截面柱在该方向截面尺寸的 1/20，或纵向钢筋所在位置圆形截面柱弦长的 1/20。对其他结构类型中的框架不宜大于矩形截面柱在该方向截面尺寸的 1/20，或纵向钢筋所在位置圆形截面柱弦长的 1/20。

2）框架梁竖向加腋构造（图 2-4）。

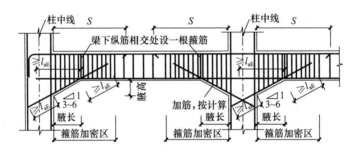

图 2-4　框架梁竖向加腋构造做法

S—梁支座上筋截断位置

3）框架梁水平加腋构造（图 2-5）。核心区截面有效验算宽度（图 2-6），应按下列规定采用。

① 核心区截面有效验算宽度，当验算方向的梁截面宽度不小于该侧柱截面宽度的 1/2 时，可采用该侧柱截面宽度；当小于柱截面宽度的 1/2 时，可采用下列二者的较小值：

$$b_j = b_b + 0.5h_c \tag{2-6}$$

$$b_j = b_c \tag{2-7}$$

式中　b_j——节点核芯区的截面有效验算宽度；

　　　b_b——梁截面宽度；

　　　h_c——验算方向的柱截面高度；

　　　b_c——验算方向的柱截面宽度。

② 当梁、柱的中线不重合且偏心距不大于柱宽的 1/4 时，核心区的截面有效验算宽度可采用上款和下式计算结果的较小值。

$$b_j = 0.5(b_b + b_c) + 0.25h_c - e \tag{2-8}$$

式中　e——梁与柱中线偏心距。

当梁、柱的偏心距 e 大于柱宽 b_c 的 1/4 时，宜在梁支座处设置水平加腋（图 2-7），加腋部分高度同梁高，水平尺寸满足下式：

$$b_x/l_x \leqslant 1/2 \qquad (2\text{-}9)$$

$$b_x/b_b \leqslant 2/3 \qquad (2\text{-}10)$$

$$b_x + b_b + x \geqslant b_c/2 \qquad (2\text{-}11)$$

此时核心区截面的有效宽度 b_j 按下式取用：

当 $x = 0$ 时，

$$b_j \leqslant b_b + b_x \qquad (2\text{-}12)$$

当 $x \neq 0$ 时，

$$b_j = b_b + b_x + x \qquad (2\text{-}13)$$

$$b_j = b_b + 2x \qquad (2\text{-}14)$$

取两式中较大值且应满足：

$$b_j \leqslant b_b + 0.5h_c \qquad (2\text{-}15)$$

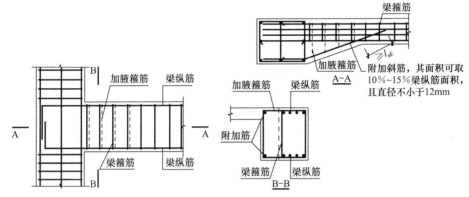

图 2-5　梁水平加腋构造

注：有水平加腋梁的箍筋，除加腋范围内加密外，加腋以外也应满足框架梁端箍筋加密的要求。

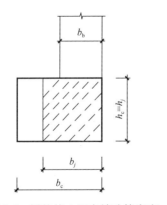 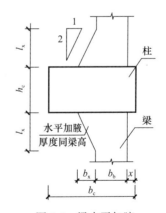

图 2-6　梁柱核心区有效验算宽度　　　　图 2-7　梁水平加腋

4）框架扁梁构造。大于柱宽的扁梁不宜用于一级框架结构。扁梁中线宜与柱中线重合，扁梁应双向布置。扁梁上部钢筋锚入柱内宜大于其全部截面面积的 60%。扁梁的截面尺寸应符合下列要求：

$$b_b \leqslant 2b_c; \quad b_b \leqslant b_c + h_b; \quad h_b \geqslant 16d \qquad (2\text{-}16)$$

式中　b_c——柱截面宽度，圆形截面取柱直径的 0.8 倍；

　　　b_b、h_b——分别为梁截面宽度和高度；

d——柱纵筋直径。

框架扁梁构造做法如图 2-8 所示，扁梁箍筋在梁、柱节点处构造做法如图 2-9 所示。扁梁在梁、柱节点处加抗剪筋做法如图 2-10 所示。

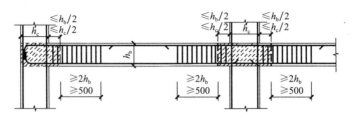

图 2-8　框架扁梁构造做法

注：扁梁应注意按有关规范验算挠度及裂缝宽度。

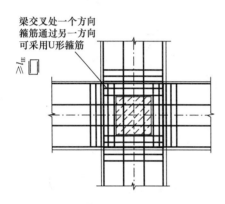

图 2-9　扁梁箍筋在梁、柱节点处构造做法

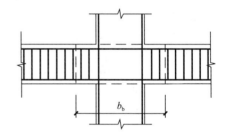

图 2-10　扁梁在梁、柱节点处加抗剪筋做法

注：扁梁应注意按有关规范验算挠度及裂缝宽度。

（5）框架梁的箍筋配筋要求

1）抗震设计时，框架梁的箍筋尚应符合下列构造要求：

① 沿梁全长箍筋的面积配筋率应符合下列规定：

$$一级 \qquad \rho_{sv} \geqslant 0.30 \, f_t/f_{yv} \qquad (2\text{-}17)$$

$$二级 \qquad \rho_{sv} \geqslant 0.28 \, f_t/f_{yv} \qquad (2\text{-}18)$$

$$三、四级 \qquad \rho_{sv} \geqslant 0.26 \, f_t/f_{yv} \qquad (2\text{-}19)$$

式中　ρ_{sv}——框架梁沿梁全长箍筋的面积配筋率。

② 在箍筋加密区范围内的箍筋肢距应符合表 2-14 的要求。

③ 箍筋应有 135° 弯钩，弯钩端头直段长度不应小于 10 倍的箍筋直径和 75mm 的较大值。

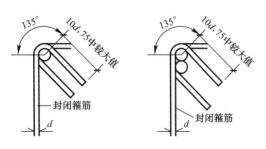

图 2-11　梁、柱箍筋弯钩

框架梁、柱箍筋弯钩示意图如图 2-11 所

示，框架梁拉筋弯钩示意图如图 2-12 所示。

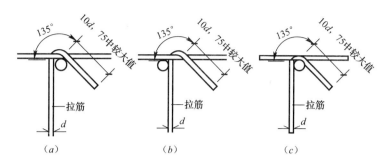

图 2-12 拉筋弯钩
（a）拉筋钩住纵向钢筋及封闭箍筋；（b）拉筋紧靠纵向钢筋并钩住封闭箍筋；
（c）拉筋钩住与箍筋有可靠拉结的纵向钢筋

④ 在纵向钢筋搭接长度范围内的箍筋间距，钢筋受拉时不应大于搭接钢筋较小直径的 5 倍，且不应大于 100mm；钢筋受压时不应大于搭接钢筋较小直径的 10 倍，且不应大于 200mm。

⑤ 框架梁非加密区箍筋最大间距不宜大于加密区箍筋间距的 2 倍。

2）框架梁的纵向钢筋不应与箍筋、拉筋及预埋件等焊接。

3）框架梁上开洞时，洞口位置宜位于梁跨中 1/3 区段，洞口高度不应大于梁高的 40%；开洞较大时应进行承载力验算。梁上洞口周边应配置附加纵向钢筋和箍筋（图 2-13），并应符合计算及构造要求。

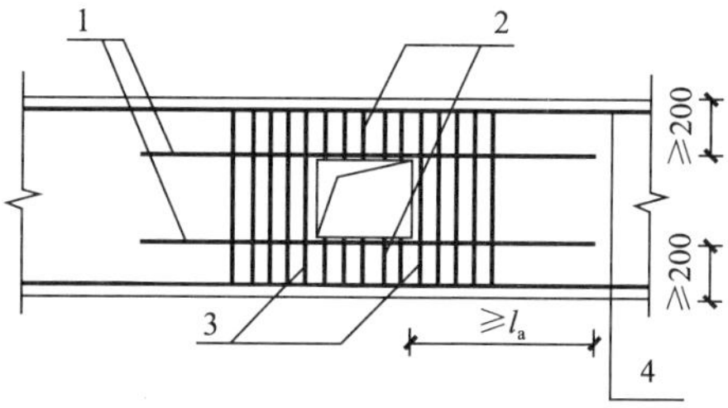

图 2-13 梁上洞口周边配筋构造
1—洞口上、下附加纵向钢筋；
2—洞口上、下附加箍筋；
3—洞口两侧附加箍筋；4—梁纵向钢筋；
l_a—受拉钢筋的锚固长度

2.2.2 框架柱的构造要求

1. 框架柱的截面尺寸

框架柱的截面尺寸宜符合表 2-15 的要求。

框架柱截面尺寸要求 表 2-15

柱截面形式	抗震等级及房屋层数	最小截面尺寸/mm
矩形柱	抗震等级为四级或房屋层数不超过 2 层	边长≥300
	抗震等级为一、二、三级且房屋层数超过 2 层	边长≥400
圆形柱	抗震等级为四级或房屋层数不超过 2 层	直径≥350
	抗震等级为一、二、三级且房屋层数超过 2 层	直径≥450

注：1. 矩形柱长边与短边之比不宜大于 3。
2. 柱的剪跨比宜大于 2。
3. 错层处框架柱的截面高度不应小于 600mm。

（1）最小和最大边长

为使框架具有必要的最低承载能力，《建筑抗震设计规范》第 6.3.5 条规定：柱截面的宽度，四级或不超过 2 层时不宜小于 300mm，一、二、三级且超过 2 层时不宜小于

400mm。为使框架柱避免发生剪切破坏。同时还规定：柱的剪跨比（受剪跨高比）即柱的反弯点高度 H_i 与柱截面高度 h_c 的比值 H_i/h_c 宜大于 2。此外，考虑到地震可能沿横向或纵向作用于框架，对框架体系中的框架，柱的截面宜采用正方形。

（2）柱截面面积粗估

框架柱的截面面积 A_c，可根据所支承的楼层重力荷载产生的轴向压力设计值 N（荷载分项系数可取 1.25），及混凝土轴心抗压强度设计值 f_c，按表 2-16 中所列的计算式进行估算，然后，再确定柱截面的边长。

粗估框架柱截面面积 A_c 的计算式　　　　　表 2-16

框架抗震等级	外　柱	内　柱
一级	$1.40N/0.70f_c$	$1.30N/0.70f_c$
二级	$1.30N/0.80f_c$	$1.20N/0.80f_c$
三级	$1.20N/0.90f_c$	$1.10N/0.90f_c$

2. 柱轴压比限值

1）柱轴压比限值见表 2-17。

柱轴压比限值　　　　　表 2-17

结构类型	抗震等级			
	一级	二级	三级	四级
框架结构	0.65	0.75	0.85	0.90
框架-剪力墙、板柱-剪力墙、框架-核心筒及筒中筒	0.75	0.85	0.90	0.95
部分框支剪力墙	0.60	0.70	—	—

注：1. 轴压比指柱组合的轴压力设计值与柱的全截面面积和混凝土轴心抗压强度设计值乘积之比值；对《建筑抗震设计规范》规定不进行地震作用计算的结构，可取无地震作用组合的轴力设计值计算。
　　2. 表内限值适用于剪跨比大于 2，混凝土强度等级不高于 C60 的柱；剪跨比不大于 2 的柱，轴压比限值应降低 0.05；剪跨比小于 1.5 的柱，轴压比限值应专门研究并采取特殊构造措施。
　　3. 沿柱全高采用井字复合箍且箍筋肢距不大于 200mm、间距不大于 100mm、直径不小于 12mm，或沿柱全高采用复合螺旋箍、螺旋间距不大于 100mm、箍筋肢距不大于 200mm、直径不小于 12mm，或沿柱全高采用连续复合矩形螺旋箍、螺旋净距不大于 80mm、箍筋肢距不大于 200mm、直径不小于 10mm，轴压比限值均可增加 0.10；上述三种箍筋的最小配箍特征值均应按增大的轴压比查表 2-22 确定。
　　4. 在柱的截面中部附加芯柱，其中另加的纵向钢筋的总面积不少于柱截面面积的 0.8%，轴压比限值可增加 0.05；此项措施与注 3 的措施共同采用时，轴压比限值可增加 0.15，但箍筋的体积配箍率仍可按轴压比增加 0.10 的要求确定。
　　5. 柱轴压比不应大于 1.05。
　　6. 当混凝土强度等级为 C65～C70 时，轴压比限值应比表中数值降低 0.05；当混凝土强度等级为 C75～C80 时，轴压比限值应比表中数值降低 0.10。
　　7. 注 3、注 4 的措施，也适用于框支柱。
　　8. 加强层及其相邻层的框架柱，箍筋应全柱段加密配置，轴压比限值应按其他楼层框架柱的数值减小 0.05 采用。
　　9. 建造于 Ⅳ 类场地且较高的高层建筑，柱的轴压比限值应适当减小。

2）剪力墙墙肢轴压比限值见表 2-18。

剪力墙墙肢轴压比限值　　　　　表 2-18

抗震等级及烈度	一级（9度）	一级（7、8）度	二、三级
轴压比 $\dfrac{N}{f_cA}$	0.40	0.50	0.60

注：墙肢轴压比为重力荷载代表值作用下墙肢承受的轴压力设计值（不与地震作用组合）与墙肢的全截面面积和混凝土轴心抗压强度设计值乘积之比值。

3. 箍筋

（1）柱端震害

历次地震中，柱的破坏多发生在楼层的上、下端，而且还发生过因柱端严重破坏而导致框架倒塌的震例。楼层柱端的震害，以柱上端的破坏最为普遍，而且破坏程度严重，往往因柱端混凝土酥碎、散落，竖向钢筋压曲，造成梁端沉落。除底层外，楼层柱下端的震害比较少见，而且破坏程度相对较轻，一般仅是钢筋外围混凝土保护层剥落。

造成这种差别的一个主要原因可能是楼层柱上、下端配箍率的不同。以往建造的钢筋混凝土框架，楼层柱上端所配箍筋的间距和直径与柱身一样，并未按照抗震经验进行加密，混凝土因未得到必要的约束而发生剪压破坏。然而，在楼层柱的下端，因为柱的竖向钢筋在此搭接，箍筋加密了，混凝土受到较好约束，剪压承载力得到较大提高，因而破坏率较小、破坏程度较轻。柱上、下端震害状况的对比，有力地说明加密箍筋的效果和必要性。

（2）框架柱箍筋构造要求

框架柱端部（含节点核心区）箍筋加密的构造，见表 2-19。框架柱非加密区箍筋最大间距不宜大于加密区箍筋间距的 2 倍并应满足抗剪要求，一、二级框架柱不应大于 10 倍纵向钢筋直径，三、四级框架柱不应大于 15 倍纵向钢筋直径。与连体结构相连框架柱在连接体高度范围及其上、下层箍筋应全柱段加密配置。

框架柱端部（含节点核心区）箍筋加密区的构造   表 2-19

抗震等级	箍筋最大间距/mm	箍筋最小直径/mm
一级	柱纵筋直径的 6 倍和 100 中的较小值	10
二级	柱纵筋直径的 8 倍和 100 中的较小值	8
三级	柱纵筋直径的 8 倍和 150（柱根 100）中的较小值	8
四级	柱纵筋直径的 8 倍和 150（柱根 100）中的较小值	6（柱根 8）

注：1. 柱根系指底层柱下端的箍筋加密区范围。
    2. 框支柱及剪跨比不大于 2 的框架柱，箍筋间距不应大于 100mm。
    3. 一级抗震等级框架柱箍筋直径大于 12mm 且箍筋肢距小于或等于 150mm 及二级抗震等级框架柱箍筋直径大于或等于 10mm 且箍筋肢距小于或等于 200mm 时，除底层柱根外，箍筋最大间距允许采用 150mm；三级抗震等级框架柱的截面尺寸小于或等于 400mm 时，箍筋最小直径允许采用 6mm；四级抗震等级框架柱剪跨比小于或等于 2 或柱中全部纵向钢筋的配筋率大于 3%时，箍筋直径不应小于 8mm。
    4. 柱纵筋直径取柱纵筋的最小直径。

（3）框架柱端部箍筋加密区箍筋肢距的要求

框架柱端部箍筋加密区箍筋肢距的要求见表 2-20。

框架柱端部箍筋加密区箍筋肢距   表 2-20

抗震等级	箍筋最大肢距/mm
一级	不宜大于 200
二、三级	不宜大于 250 和 20 倍箍筋直径的较大值
四级	不宜大于 300

（4）框架柱端部箍筋加密区范围

框架柱端部箍筋加密区范围应符合表 2-21 的要求。框架柱箍筋每隔一根纵向钢筋宜在两个方向有箍筋或拉筋约束，当采用拉筋且箍筋与纵向钢筋有绑扎时，拉筋宜紧靠纵向钢筋并钩住箍筋；当拉筋间距符合箍筋肢距的要求，纵筋与箍筋有可靠拉结时，拉筋也可紧靠箍筋并钩住纵筋。箍筋可采用非焊接封闭复合箍筋，箍筋末端应做成 135°弯钩（图 2-14），弯钩端头平直段长度不应小于箍筋直径的 10 倍且不应小于 75mm；应鼓励采用焊接封闭箍筋、连续螺旋箍筋或连续复合螺旋箍筋。在纵向钢筋搭接长度范围内的箍筋间距不应大于搭接钢筋较小直径的 5 倍，且不应大于 100mm。

框架柱端部箍筋加密区范围

表 2-21

序号	加密区
1	底层柱上端和其他层柱两端，取截面长边尺寸（圆柱直径），柱净高的 1/6 和 500mm 中的最大值
2	底层柱根部以上 1/3 柱净高范围
3	当有刚性地面时，尚应在刚性地面上、下各 500mm 范围内加密箍筋
4	框支柱、剪跨比不大于 2 的框架柱和因设置填充墙等形成的柱净高与柱截面高度之比不大于 4 的柱全高范围
5	一、二级抗震等级的角柱应沿全高范围
6	需要提高变形能力的柱的全高范围

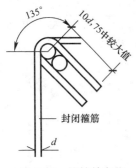

图 2-14 柱箍筋弯钩

关于柱身箍筋的加密范围、最大间距和最小直径，应符合表 2-21 的规定。

（5）加密箍筋的效果

震害和试验结果表明，框架柱的严重破坏部位主要集中于柱端一小段。为了增强柱端塑性铰区段的抗震能力，最有效的方法是加密箍筋，其效果是：

1）提高受剪承载力；

2）由于箍筋的约束，混凝土的极限压应变值增大，抗压强度提高；

3）改善混凝土的延性；

4）作为纵向钢筋的侧向支承，阻止竖筋压曲，使竖筋能充分发挥抗压强度。

（6）箍筋间距和肢距

1）柱端箍筋加密区段内的箍筋最大间距和最小直径，应按表 2-19、表 2-20 的规定取用。

2）柱身箍筋加密区段内的箍筋（包括拉筋）肢距不宜大于 200mm（一级）、250mm（二、三级）或 300mm（四级），且至少每隔一根纵向钢筋宜在两个方向有箍筋或拉筋约束；当采用拉筋复合箍时，拉筋宜紧靠纵向钢筋，并同时勾住竖筋和封闭箍筋。

（7）加密区段的配筋率

1）框架柱箍筋加密区箍筋的体积配箍率。柱箍筋的体积配箍率按下式计算：

$$\rho_v = V_{sv}/(A_{cor}s) \tag{2-20}$$

柱箍筋加密区箍筋的体积配箍率应符合下列规定：

$$\rho_v \geqslant \lambda_v f_c/f_{yv} \tag{2-21}$$

式中　ρ_v——柱箍筋加密区的体积配箍率；

V_{sv}——箍筋间距 S 范围内按规范规定方法计算的箍筋及拉筋截面之和；

A_{cor}——箍筋内表面范围内的混凝土核心面积；

s——箍筋间距；

f_c——混凝土轴心抗压强度设计值；当强度等级低于 C35 时，按 C35 取值；

f_{yv}——箍筋抗拉强度设计值；

λ_v——柱箍筋加密区箍筋的最小配箍特征值，按表 2-22 采用。

柱箍筋加密区的箍筋最小配箍特征值 λ_v 　　　　　表 2-22

抗震等级	箍筋形式	柱轴压比								
		≤0.30	0.40	0.50	0.60	0.70	0.80	0.90	1.00	1.05
一级	普通箍、复合箍	0.10	0.11	0.13	0.15	0.17	0.20	0.23	—	—
	螺旋箍、复合或连续复合矩形螺旋箍	0.08	0.09	0.11	0.13	0.15	0.18	0.21		
二级	普通箍、复合箍	0.08	0.09	0.11	0.13	0.15	0.17	0.19	0.22	0.24
	螺旋箍、复合或连续复合矩形螺旋箍	0.06	0.07	0.09	0.11	0.13	0.15	0.17	0.20	0.22
三、四级	普通箍、复合箍	0.06	0.07	0.09	0.11	0.13	0.15	0.17	0.20	0.22
	螺旋箍、复合或连续复合矩形螺旋箍	0.05	0.06	0.07	0.09	0.11	0.13	0.15	0.18	0.20

注：1. 普通箍指单个矩形箍和单个圆形箍，螺旋箍指单个螺旋箍筋，复合箍指由矩形、多边形、圆形箍或拉筋组成的箍筋，复合螺旋箍指由螺旋箍与矩形、多边形、圆形箍或拉筋组成的箍筋，连续复合矩形螺旋箍指全部螺旋箍为同一根钢筋加工而成的箍筋。

2. 在计算复合螺旋箍的体积配箍率时，其中非螺旋箍筋的体积应乘以系数 0.8。

3. 框支柱宜采用复合螺旋箍或井字复合箍，其最小配箍特征值应比表中数值增加 0.02，且体积配箍率不应小于 1.5%。

4. 剪跨比不大于 2 的柱宜采用复合螺旋箍或井字复合箍，其体积配箍率不应小于 1.2%，9 度设防烈度一级抗震等级时，不应小于 1.5%。

5. 混凝土强度等级高于 C60 时，箍筋宜采用复合箍、复合螺旋箍或连续复合矩形螺旋箍；当轴压比不大于 0.6 时，其加密区的最小配箍特征值宜按表中数值增加 0.02；当轴压比大于 0.6 时，宜按表中数值增加 0.03。

2）柱箍筋加密区箍筋的最小体积配箍率。柱箍筋加密区箍筋的体积配箍率，一级不应小于 0.8%，二级不应小于 0.6%，三、四级不应小于 0.4%。

（8）框架柱箍筋构造做法

框架柱箍筋构造见表 2-23。

框架柱箍筋构造 　　　　　表 2-23

项目	构造图例
非焊接复合箍筋	
焊接封闭箍筋	双面焊5d或单面焊10d（d为箍筋直径）　　闪光对焊
连续圆形螺旋箍筋	螺旋箍开始及结束处应有水平段，长度不小于一圈半，圆柱时，每1~2m加一道定位箍筋

续表

项目	构造图例
连续矩形螺旋箍筋	
连续复合矩形螺旋箍	应满足浇灌孔的要求

4. 矩形截面框架柱箍筋摆放

矩形截面框架柱箍筋的摆放如图所示（图 2-15）。

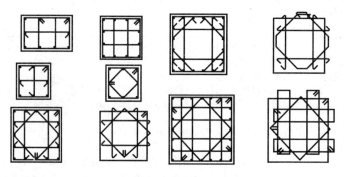

图 2-15　矩形截面框架柱箍筋摆放

5. 框架柱纵筋构造要求

1）框架柱和框支柱中全部纵向受力钢筋的最小总配筋百分率详见表 2-24。

柱截面全部纵向钢筋的最小总配筋率（％） 表 2-24

类别	钢筋屈服强度标准值 $f_{yk}/(N/mm^2)$	抗震等级			
		一级	二级	三级	四级
中柱、边柱	500	0.90 (1.00)	0.70 (0.80)	0.60 (0.70)	0.50 (0.60)
	400	0.95 (1.05)	0.75 (0.85)	0.65 (0.75)	0.55 (0.65)
	335	1.00 (1.10)	0.80 (0.90)	0.70 (0.80)	0.60 (0.70)
角柱	500	1.10	0.90	0.80	0.70
	400	1.15	0.95	0.85	0.75
	335	1.20	1.00	0.90	0.80
框支柱	500	1.10	0.90	—	—
	400	1.15	0.95	—	—
	335	1.20	1.00	—	—

注：1. 表中括号内数值用于纯框架结构柱。

2. 当混凝土强度等级为 C60 以上时，应按表中数值增加 0.1 采用。

3. 对建造于Ⅳ类场地上较高的高层建筑，最小配筋百分率应增加 0.1。

4. 柱纵向钢筋的最小配筋率除按上表采用外，同时每一侧的配筋率不应小于 0.2%。

5. 边柱、角柱及剪力墙端柱在小偏心受拉时，柱内纵筋总截面面积应比计算值增加 25%。

2）当地下室顶板作为上部结构的嵌固部位时，地下室顶板对应于地上框架柱的梁柱节点除应满足抗震计算要求外，尚应符合下列规定之一：

① 地下一层柱截面每侧纵向钢筋不应少于地上一层柱对应纵向钢筋的 1.1 倍，且地下一层柱上端和节点左右梁端实配的抗震受弯承载力之和应大于地上一层柱下端实配的抗震受弯承载力的 1.3 倍。

② 地下一层梁刚度较大时，柱截面每侧的纵向钢筋面积，应大于地上一层对应柱每侧纵向钢筋面积的 1.1 倍；同时梁端顶面和底面的纵向钢筋面积均应比计算增大 10% 以上。

3）柱的纵向钢筋宜对称布置。截面尺寸大于 400mm 的柱，纵向钢筋的间距不宜大于 200mm，钢筋净距不小于 50mm。

4）框支柱及一、二级抗震等级的框架柱、三级抗震等级框架柱的底层宜采用机械连接或焊接，三级抗震等级的其他部位及四级抗震等级的框架柱，可采用绑扎搭接。

5）现浇框架柱纵筋应插入基础内，插筋下端宜做成直钩放在基础底板钢筋网上。当柱为轴心受压、小偏心受压且基础高度大于或等于 1200mm 及柱为大偏心受压且基础高度大于或等于 1400mm 时，可仅将四角筋伸至底板钢筋网上，其余钢筋锚入基础顶面以下 l_{aE} 即可。

6）柱的纵筋不得与箍筋、拉筋或预埋件等焊接。

7）核芯柱的配筋构造如图所示（图 2-16）。

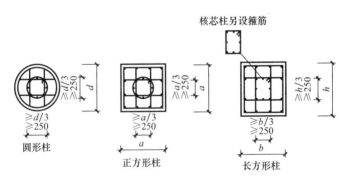

图 2-16 核芯柱的配筋构造

6. 构造详图

1）一～四级抗震等级现浇框架梁、柱纵筋构造如图所示（图 2-17～图 2-20）。

2）一～四级抗震等级现浇框架梁、柱箍筋构造如图所示（图 2-21～图 2-24）。

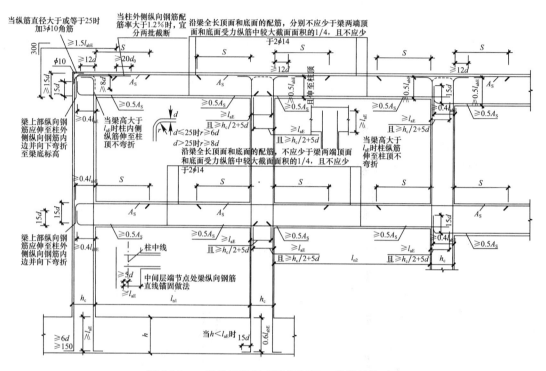

图 2-17　一级抗震等级现浇框架梁、柱纵筋构造

h_c—柱高；d—纵筋直径；h—基础梁高或基础底板厚；

d_0—柱外侧纵向钢筋直径；l_{abE}—纵向受拉钢筋的抗震基本锚固长度；

ϕ—仅表示钢筋直径；A_s—梁端截面顶部纵向受力钢筋的面积；l_{aE}—纵拉钢筋的基本锚固长度

注：1. S 值为 $(1/3\sim1/4)\,l_n$，l_n：端节点取端跨净跨；中间节点取两侧较大的净跨。

2. 顶层端节点，梁、柱纵向钢筋的搭接接头可沿顶层端节点外侧及梁端顶部布置，搭接长度不应小于 $1.5l_{abE}$。其中，伸入梁内的柱外侧钢筋截面面积不宜小于其外侧全部面积的 65%；梁宽范围以外的柱外侧钢筋宜沿节点顶部伸至柱内边锚固。当柱外侧纵向钢筋位于柱顶第一层时，钢筋伸至柱内边后宜向下弯折不小于 $8d$ 后截断，d 为柱纵向钢筋的直径；当柱外侧纵向钢筋位于柱顶第二层时，可不向下弯折。当现浇板厚度不小于 100mm 时，梁范围以外的柱外侧纵向钢筋也可伸入现浇板内，其长度与伸入梁内的柱纵向钢筋相同。

3. 当柱外侧纵向钢筋配筋率大于 1.2% 时，伸入梁内的柱纵向钢筋应满足上述规定且宜分两批截断，截断点之间的距离不宜小于 $20d_0$，d_0 为柱外侧纵向钢筋的直径。梁上部纵向钢筋应伸至节点外侧并向下弯至梁下边缘高度位置截断。

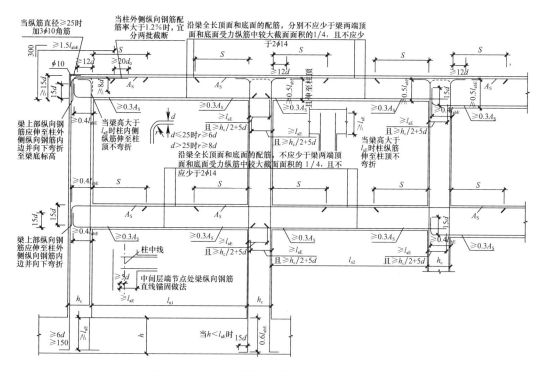

图 2-18 二级抗震等级现浇框架梁、柱纵筋构造

h_c—柱高；d—纵筋直径；h—基础梁高或基础底板厚；

d_0—柱外侧纵向钢筋直径；l_{abE}—纵向受拉钢筋的抗震基本锚固长度；

ϕ—仅表示钢筋直径；A_s—梁端截面顶部纵向受力钢筋的面积；l_{aE}—受拉钢筋的基本锚固长度

注：1. S 值为 $(1/3～1/4)\, l_n$，l_n：端节点取端跨净跨；中间节点取两侧较大的净跨。

2. 顶层端节点，梁、柱纵向钢筋的搭接接头可沿顶层端节点外侧及梁端顶部布置，搭接长度不应小于 $1.5l_{abE}$。其中，伸入梁内的柱外侧钢筋截面面积不宜小于其外侧全部面积的 65%；梁宽范围以外的柱外侧钢筋宜沿节点顶部伸至柱内边锚固。当柱外侧纵向钢筋位于柱顶第一层时，钢筋伸至柱内边后宜向下弯折不小于 $8d$ 后截断，d 为柱纵向钢筋的直径；当柱外侧纵向钢筋位于柱顶第二层时，可不向下弯折。当现浇板厚度不小于 100mm 时，梁宽范围以外的柱外侧纵向钢筋也可伸入现浇板内，其长度与伸入梁内的柱纵向钢筋相同。

3. 当柱外侧纵向钢筋配筋率大于 1.2% 时，伸入梁内的柱纵向钢筋应满足上述规定且宜分两批截断，截断点之间的距离不宜小于 $20d_0$，d_0 为柱外侧纵向钢筋的直径。梁上部纵向钢筋应伸至节点外侧并向下弯至梁下边缘高度位置截断。

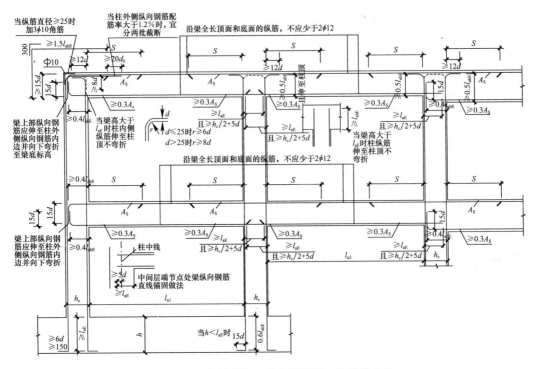

图 2-19 三级抗震等级现浇框架梁、柱纵筋构造

h_c—柱高；d—纵筋直径；h—基础梁高或基础底板厚；

d_0—柱外侧纵向钢筋直径；l_{abE}—纵向受拉钢筋的抗震基本锚固长度；

ϕ—仅表示钢筋直径；A_s—梁端截面顶部纵向受力钢筋的面积；l_{aE}—受拉钢筋的基本锚固长度

注：1. S 值为（1/3～1/4）l_n，l_n：端节点取端跨净跨；中间节点取两侧较大的净跨。

2. 顶层端节点，梁、柱纵向钢筋的搭接接头可沿顶层端节点外侧及梁端顶部布置，搭接长度不应小于 1.5l_{abE}。其中，伸入梁内的柱外侧钢筋截面面积不宜小于其外侧全部面积的 65%；梁宽范围以外的柱外侧钢筋宜沿节点顶部伸至柱内边锚固。当柱外侧纵向钢筋位于柱顶第一层时，钢筋伸至柱内边后宜向下弯折不小于 8d 后截断，d 为柱纵向钢筋的直径；当柱外侧纵向钢筋位于柱顶第二层时，可不向下弯折。当现浇板厚度不小于 100mm 时，梁宽范围以外的柱外侧纵向钢筋也可伸入现浇板内，其长度与伸入梁内的柱纵向钢筋相同。

3. 当柱外侧纵向钢筋配筋率大于 1.2% 时，伸入梁内的柱纵向钢筋应满足上述规定且宜分两批截断，截断点之间的距离不宜小于 20d_0，d_0 为柱外侧纵向钢筋的直径。梁上部纵向钢筋应伸至节点外侧并向下弯至梁下边缘高度位置截断。

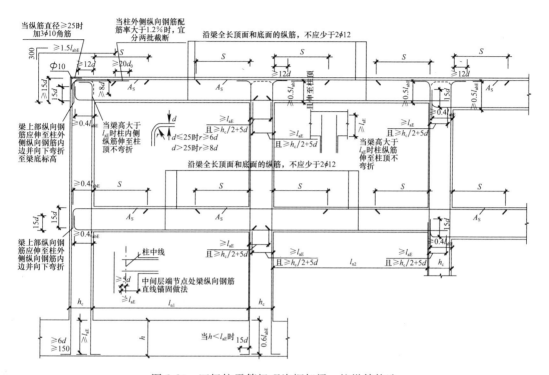

图 2-20　四级抗震等级现浇框架梁、柱纵筋构造

h_c—柱高；d—纵筋直径；h—基础梁高或基础底板厚；

d_0—柱外侧纵向钢筋直径；l_{abE}—纵向受拉钢筋的抗震基本锚固长度；

ϕ—仅表示钢筋直径；A_s—梁端截面顶部纵向受力钢筋的面积；l_{aE}—受拉钢筋的基本锚固长度

注：1. S 值为（$1/3\sim1/4$）l_n，l_n：端节点取端跨净跨；中间节点取两侧较大的净跨。

　　2. 顶层端节点，梁、柱纵向钢筋的搭接接头可沿顶层端节点外侧及梁端顶部布置，搭接长度不应小于
　　　　$1.5l_{abE}$。其中，伸入梁内的柱外侧钢筋截面面积不宜小于其外侧全部面积的 65%；梁宽范围以外的柱外
　　　　侧钢筋宜沿节点顶部伸至柱内边锚固。当柱外侧纵向钢筋位于柱顶第一层时，钢筋伸至柱内边后宜向下
　　　　弯折不小于 $8d$ 后截断，d 为柱纵向钢筋的直径；当柱外侧纵向钢筋位于柱顶第二层时，可不向下弯折。
　　　　当现浇板厚度不小于 100mm 时，梁宽范围以外的柱外侧纵向钢筋也可伸入现浇板内，其长度与伸入梁内
　　　　的柱纵向钢筋相同。

　　3. 当柱外侧纵向钢筋配筋率大于 1.2% 时，伸入梁内的柱纵向钢筋应满足上述规定且宜分两批截断，截断点
　　　　之间的距离不宜小于 $20d_0$，d_0 为柱外侧纵向钢筋的直径。梁上部纵向钢筋应伸至节点外侧并向下弯至梁
　　　　下边缘高度位置截断。

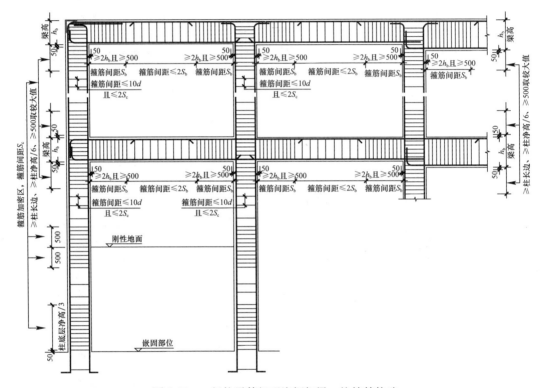

图 2-21　一级抗震等级现浇框架梁、柱箍筋构造

d—纵向钢筋直径；S_b—框架梁端箍筋加密区箍筋间距；S_c—框架柱上下箍筋加密区箍筋间距；h_b—梁高

注：1. 箍筋宜采用 HRB400、HRBF400、HPB300、HRB500、HRBF500 钢筋，也可采用 HRB335、HRBF335 钢筋。

2. 柱箍筋加密区的体积配箍率应符合相关规定。

3. 柱箍筋加密范围除满足框架柱端部箍筋加密区范围的要求外，尚包含以下情况：

　　1）带加强层高层建筑结构，加强层及其上、下相邻一层的框架柱沿全柱段加密。

　　2）错层结构，错层处的框架柱应全柱段加密。

　　3）塔楼中与裙房相连的外围柱，柱箍筋宜在裙楼屋面上、下层的范围内全高加密。

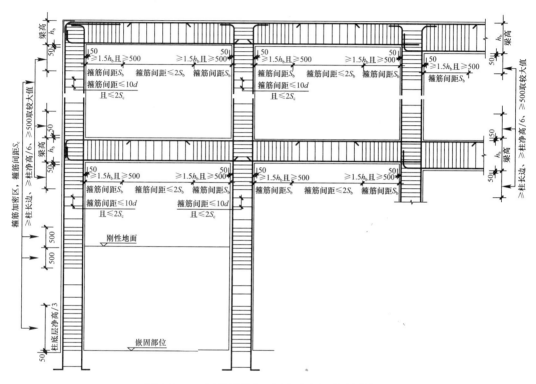

图 2-22　二级抗震等级现浇框架梁、柱箍筋构造

d—纵向钢筋直径；S_b—框架梁端箍筋加密区箍筋间距；S_c—框架柱上下箍筋加密区箍筋间距；h_b—梁高

注：1. 箍筋宜采用 HRB400、HRBF400、HPB300、HRB500、HRBF500 钢筋，也可采用 HRB335、HRBF335 钢筋。

2. 柱箍筋加密区的体积配箍率应符合相关规定。

3. 柱箍筋加密范围除满足框架柱端部箍筋加密区范围的要求外，尚包含以下情况：

1）带加强层高层建筑结构，加强层及其上、下相邻一层的框架柱沿全柱段加密。

2）错层结构，错层处的框架柱应全柱段加密。

3）塔楼中与裙房相连的外围柱，柱箍筋宜在裙楼屋面上、下层的范围内全高加密。

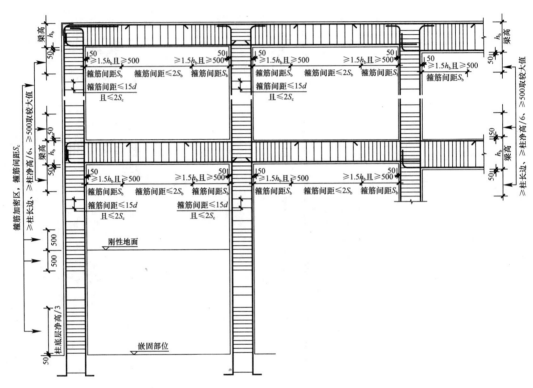

图 2-23　三级抗震等级现浇框架梁、柱箍筋构造

d—纵向钢筋直径；S_b—框架梁端箍筋加密区箍筋间距；S_c—框架柱上下箍筋加密区箍筋间距；h_b—梁高

注：1. 箍筋宜采用 HRB400、HRBF400、HPB300、HRB500、HRBF500 钢筋，也可采用 HRB335、HRBF335 钢筋。

2. 柱箍筋加密区的体积配箍率应符合相关规定。

3. 柱箍筋加密范围除满足框架柱端部箍筋加密区范围的要求外，尚包含以下情况：

　　1）带加强层高层建筑结构，加强层及其上、下相邻一层的框架柱沿全柱段加密。

　　2）错层结构，错层处的框架柱应全柱段加密。

　　3）塔楼中与裙房相连的外围柱，柱箍筋宜在裙楼屋面上、下层的范围内全高加密。

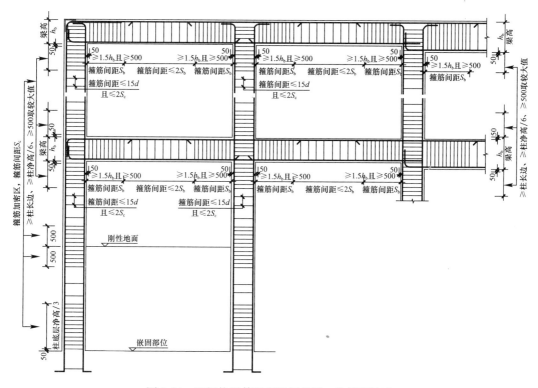

图 2-24 四级抗震等级现浇框架梁、柱箍筋构造

d—纵向钢筋直径；S_b—框架梁端箍筋加密区箍筋间距；S_c—框架柱上下箍筋加密区箍筋间距；h_b—梁高

注：1. 箍筋宜采用 HRB400、HRBF400、HPB300、HRB500、HRBF500 钢筋，也可采用 HRB335、HRBF335 钢筋。

2. 柱箍筋加密区的体积配箍率应符合相关规定。

3. 柱箍筋加密范围除满足框架柱端部箍筋加密区范围的要求外，尚包含以下情况：

1）带加强层高层建筑结构，加强层及其上、下相邻一层的框架柱沿全柱段加密。

2）错层结构，错层处的框架柱应全柱段加密。

3）塔楼中与裙房相连的外围柱，柱箍筋宜在裙楼屋面上、下层的范围内全高加密。

2.2.3 梁、柱纵向钢筋的锚固

抗震设计时，框架梁、柱纵向钢筋在节点区的锚固如图所示（图 2-25）。

1. 纵向受拉普通钢筋的锚固长度

1）当充分利用钢筋的抗拉强度时，纵向受拉普通钢筋的基本锚固长度按下式计算：

$$l_{ab} = \alpha \frac{f_y}{f_t} d \qquad (2-22)$$

式中　d——锚固钢筋的直径；

α——锚固钢筋的外形系数，见表 2-25；

f_y——普通钢筋抗拉强度设计值；

f_t——混凝土轴心抗拉强度设计值，当混凝土强度等级高于 C60 时，按 C60 取值。

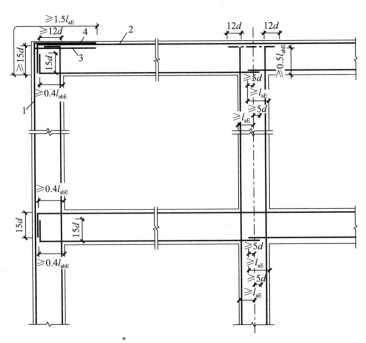

图 2-25　抗震设计时框架梁、柱纵向钢筋在节点区的锚固

1—柱外侧纵向钢筋；2—梁上部纵向钢筋；3—伸入梁内的柱外侧纵向钢筋；

4—不能伸入梁内的柱外侧纵向钢筋，可伸入板内

锚固钢筋的外形系数 α　　　　　　　　　　表 2-25

钢筋类型	光面钢筋	带肋钢筋
α	0.16	0.14

注：光面钢筋末端应做成 180°弯钩，弯后平直段长度不应小于 3d，但作受压钢筋时可不做弯钩。

纵向受拉普通钢筋的基本锚固长度 l_{ab} 见表 2-26。

纵向受拉普通钢筋的基本锚固长度 l_{ab}　　　　　　表 2-26

混凝土强度等级		C20	C25	C30	C35	C40	C45	C50	C55	≥C60
钢筋级别	HPB300（ϕ）	39d	34d	30d	28d	25d	24d	23d	22d	21d
	HRB335（Φ）	38d	33d	29d	27d	25d	23d	22d	21d	21d
	HRB400（Φ）	—	40d	35d	32d	29d	28d	27d	26d	25d
	HRB500（Φ）	—	48d	43d	39d	36d	34d	32d	31d	30d

2）受拉钢筋的锚固长度由受拉钢筋的基本锚固长度 l_{ab} 与锚固长度修正系数 ζ_a 相乘而得，即：

$$l_a = \zeta_a l_{ab} \tag{2-23}$$

锚固长度修正系数 ζ_a 见表 2-27。

锚固长度修正系数 ζ_a　　　　　　　　　表 2-27

钢筋的锚固条件	ζ_a
1. 带肋钢筋的公称直径大于 25mm 时	1.10
2. 环氧树脂图层带肋钢筋	1.25

钢筋的锚固条件		ζ_a
3. 施工过程中易受扰动的钢筋		1.10
4.	锚固区保护层厚度为 $3d$ 时	0.80
	锚固区保护层厚度为 $5d$ 时	0.70
	锚固区保护层厚度介于 $3d$ 和 $5d$ 之间时	按 0.80 和 0.70 内插取值

注：1. 任何情况下，受拉钢筋的锚固长度 l_a 不应小于 200mm。
    2. 一般情况下（即不存在表中的钢筋锚固条件时） $\zeta_a = 1.00$。
    3. 当表中钢筋的锚固条件多于一项时可按连乘计算，但 ζ_a 不应小于 0.60。

3）受拉钢筋的抗震锚固长度 l_{aE} 由受拉钢筋的锚固长度 l_a 与受拉钢筋的抗震锚固长度修正系数 ζ_{aE} 相乘而得，即：

$$l_{aE} = \zeta_{aE} l_a \tag{2-24}$$

4）受拉钢筋的抗震基本锚固长度 l_{abE} 由受拉钢筋的基本锚固长度 l_{ab} 与钢筋的抗震锚固长度修正系数 ζ_{aE} 相乘而得，即：

$$l_{abE} = \zeta_{aE} l_{ab} \tag{2-25}$$

受拉钢筋的抗震锚固长度修正系数见表 2-28。

受拉钢筋的抗震锚固长度修正系数 ζ_{aE}　　　　表 2-28

抗震等级	一、二级	三级	四级
ζ_{aE}	1.15	1.05	1.00

纵向受拉普通钢筋的抗震基本锚固长度 l_{abE} 见表 2-29。

纵向受拉普通钢筋的抗震基本锚固长度 l_{abE}　　　　表 2-29

混凝土强度等级		C20	C25	C30	C35	C40	C45	C50	C55	≥C60
一、二级抗震等级	HPB300（φ）	$45d$	$39d$	$35d$	$32d$	$29d$	$28d$	$26d$	$25d$	$24d$
	HRB335（φ）	$44d$	$38d$	$33d$	$31d$	$29d$	$26d$	$25d$	$24d$	$24d$
	HRB400（φ）	—	$46d$	$40d$	$37d$	$33d$	$32d$	$31d$	$30d$	$29d$
	HRB500（φ）	—	$55d$	$49d$	$45d$	$41d$	$39d$	$37d$	$36d$	$35d$
三级抗震等级	HPB300（φ）	$41d$	$36d$	$32d$	$29d$	$26d$	$25d$	$24d$	$26d$	$22d$
	HRB335（φ）	$40d$	$35d$	$31d$	$28d$	$26d$	$24d$	$23d$	$22d$	$22d$
	HRB400（φ）	—	$42d$	$37d$	$34d$	$30d$	$29d$	$28d$	$27d$	$26d$
	HRB500（φ）	—	$50d$	$45d$	$41d$	$38d$	$36d$	$34d$	$33d$	$32d$

注：四级抗震等级时 $l_{abE} = l_{ab}$。

2. 纵向受拉普通钢筋弯钩或机械锚固

纵向受拉普通钢筋末端采用钢筋弯钩或机械锚固措施时，包括弯钩或锚固端头在内的锚固长度（投影长度）可取基本锚固长度 l_{ab} 的 60%。钢筋弯钩和机械锚固的形式和技术要求应符合表 2-30 的规定（图 2-26）。

钢筋弯钩和机械锚固的形式和技术要求　　　　表 2-30

锚固形式	技术要求
90°弯钩	末端 90°弯钩，弯钩内径 $4d$，弯后直段长度 $12d$

续表

锚固形式	技术要求
135°弯钩	末端135°弯钩，弯钩内径4d，弯后直段长度5d
一侧贴焊锚筋	末端一侧贴焊长5d同直径钢筋
两侧贴焊锚筋	末端两侧贴焊长3d同直径钢筋
焊端锚板	末端与厚度d的锚板穿孔塞焊
螺栓锚头	末端旋入螺栓锚头

注：1. 焊缝和螺纹长度应满足承载力要求。
　　2. 螺栓锚头和焊接锚板的承压净面积应不小于锚固钢筋面积的4倍。
　　3. 螺栓锚头的规格应符合相关标准的要求。
　　4. 螺栓锚头和焊接锚板的钢筋间距不宜小于4d，否则应考虑群锚效应的不利影响。
　　5. 截面角部的弯钩和一侧贴焊锚筋的布筋方向宜截面内侧偏置。

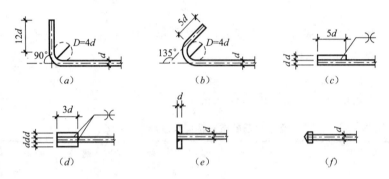

图 2-26　钢筋弯钩和机械锚固的形式及技术要求

（a）90°弯钩；（b）135°弯钩；（c）一侧贴焊锚筋；

（d）两侧贴焊锚筋；（e）穿孔塞焊锚板；（f）螺栓锚头

3. 纵向受力钢筋在框架节点区的锚固

1）梁上部纵向钢筋深入节点的锚固。

① 当采用直线锚固形式时，锚固长度不应小于l_a，且应伸过柱中心线，伸过的长度不宜小于5d，d为梁上部纵向钢筋的直径。

② 当柱截面尺寸不满足直线锚固要求时，梁上部纵向钢筋可采用钢筋端部加机械锚头的锚固方式。梁上部纵向钢筋宜伸至柱外侧纵向钢筋内边，包括机械锚头在内的水平投影锚固长度不应小于$0.4l_{ab}$（图 2-27a）。

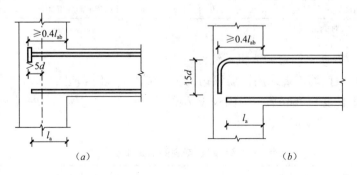

图 2-27　梁上部纵向钢筋在中间层端节点内的锚固

（a）钢筋端部加锚头锚固；（b）钢筋末端90°弯折锚固

③ 梁上部纵向钢筋也可采用 90°弯折锚固的方式，此时梁上部纵向钢筋应伸至柱外侧纵向钢筋内边并向节点内弯折，其包含弯弧在内的水平投影长度不应小于 $0.4l_{ab}$，弯折钢筋在弯折平面内包含弯弧段的投影长度不应小于 $15d$（图 2-27b）。

2）框架梁下部纵向钢筋深入端节点的锚固。

① 当计算中充分利用该钢筋的抗拉强度时，钢筋的锚固方式及长度应与上部钢筋的规定相同。

② 当计算中充分利用钢筋的抗拉强度时，钢筋可采用直线方式锚固在节点或支座内，锚固长度不应小于钢筋的受拉锚固长度 l_a（图 2-28）。

3）柱纵向钢筋在顶层中节点的锚固。

① 柱纵向钢筋应伸至柱顶，且自梁底算起的锚固长度不应小于 l_a。

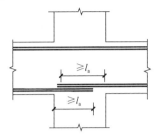

图 2-28 下部纵向钢筋在节点中直线锚固

② 当截面尺寸不满足直线锚固要求时，可采用 90°弯折锚固措施。此时，包括弯弧在内的钢筋垂直投影锚固长度不应小于 $0.5l_{ab}$，在弯折平面内包含弯弧段的水平投影长度不宜小于 $12d$（图 2-29a）。

③ 当截面尺寸不足时，也可采用带锚头的机械锚固措施。此时，包含锚头在内的竖向锚固长度不应小于 $0.5l_{ab}$（图 2-29b）。

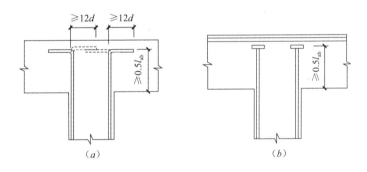

图 2-29 顶层节点中柱纵向钢筋在节点内的锚固
（a）柱纵向钢筋 90°弯折锚固；（b）柱纵向钢筋端头加锚板锚固

④ 当柱顶有现浇楼板且板厚不小于 100mm 时，柱纵向钢筋也可向外弯折，弯折后的水平投影长度不宜小于 $12d$。

4. 混凝土结构中的纵向受压钢筋的锚固

当计算中充分利用钢筋的抗压强度时，混凝土结构中纵向受压钢筋的锚固长度应不小于受拉锚固长度的 0.7 倍。受压钢筋不应采用末端弯钩和一侧贴焊锚筋的锚固措施。

5. 锚固钢筋的其他要求

当锚固钢筋保护层厚度不大于 $5d$ 时，锚固长度范围内应配置横向构造钢筋，其直径不应小于 $d/4$；对梁、柱、斜撑等构件间距不应大于 $5d$，对板、墙等平面构件间距不大于 $10d$，且均不应大于 100mm，此处 d 为锚固钢筋的直径。

2.2.4 梁、柱纵向钢筋的连接

钢筋连接可采用绑扎搭接、机械连接或焊接。机械连接接头及焊接接头的类型及质量应符合国家现行有关标准的规定。混凝土结构中受力钢筋的连接接头宜设置在受力较小处。在同一根受力钢筋上宜少设接头。在结构的重要构件和关键传力部位，纵向受力钢筋不宜设置连接接头。

轴心受拉及小偏心受拉杆件的纵向受力钢筋不得采用绑扎搭接；其他构件中的钢筋采用绑扎搭接时，受拉钢筋直径不宜大于 25mm，受压钢筋直径不宜大于 28mm。

1. 绑扎连接

1）构件中纵向钢筋的搭接长度。

① 纵向受拉钢筋绑扎搭接的搭接长度 l_l，应根据位于同一连接区段内的钢筋搭接接头面积百分率按下式计算，且不应小于 300mm。

$$l_l = \zeta_l l_a \tag{2-26}$$

式中 ζ_l——纵向受拉钢筋搭接长度修正系数，见表 2-31。

纵向受拉钢筋搭接长度修正系数 ζ_l　　　　　　　　　表 2-31

纵向钢筋搭接接头面积百分率/%	≤25	50	100
ζ_l	1.20	1.40	1.60

注：纵向钢筋搭接接头面积百分率为表的中间值时，修正系数可采用内插取值。

② 纵向受压钢筋当采用搭接连接时，其受压搭接长度不应小于纵向受拉钢筋搭接长度的 70%，且不应小于 200mm。

③ 纵向受拉钢筋的抗震搭接长度 l_{lE}，应根据位于同一连接区段内的钢筋搭接接头面积百分率按下式计算：

$$l_{lE} = \zeta_l l_{aE} \tag{2-27}$$

混凝土构件位于同一连接区段内纵向受力钢筋搭接接头面积百分率不宜超过 50%。

2）同一构件中相邻纵向受力钢筋的绑扎搭接接头宜互相错开（图 2-30）。

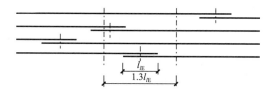

图 2-30 同一连接区段内纵向受拉钢筋的绑扎搭接接头

注：图中所示同一连接区段内的搭接接头钢筋为 2 根，当钢筋直径相同时，钢筋搭接接头面积百分率为 50%。

钢筋绑扎搭接接头连接区段的长度为 1.3 倍搭接长度，凡搭接接头中点位于该连接区段长度内的搭接接头均属于同一连接区段。同一连接区段内纵向受力钢筋搭接接头面积百分率为该区段内有搭接接头的纵向受力钢筋与全部纵向受力钢筋截面面积的比值。当直径不同的钢筋搭接时，按直径较小的钢筋计算。

位于同一连接区段内的受拉钢筋搭接接头面积百分率：对梁类、板类及墙类构件，不宜大于 25%；对柱类构件，不宜大于 50%。当工程中确有必要增大受拉钢筋搭接接头面积百分率时，对梁类构件，不宜大于 50%；对板、墙、柱及预制构件的拼接处，可根据实际情况放宽。

3）并筋采用绑扎搭接连接时，应按每根单筋错开搭接的方式连接。接头面积百分率应按同一连接区段内所有的单根钢筋计算。并筋中钢筋的搭接长度应按单筋分别计算。

4）在梁配筋密集区域可采用并筋形式，直径 28mm 及以下时并筋数量不应超过 3 根；直径 32mm 的钢筋并筋数量宜为 2 根；直径 36mm 及以上的钢筋不应采用并筋。

2. 机械连接

机械连接有锥螺纹接头、直螺纹接头及套筒挤压接头等形式，接头分三个性能等级。

1）纵向受拉钢筋机械连接应符合表 2-32 要求。

纵向受拉钢筋机械连接要求　　　　　　　　　　　　表 2-32

接头等级	Ⅰ 级	Ⅱ 级	Ⅲ 级
抗拉强度	$f_{mst}^0 \geqslant f_{stk}$ 断于钢筋 $f_{mst}^0 \geqslant 1.1 f_{stk}$ 断于接头	$f_{mst}^0 \geqslant f_{stk}$	$f_{mst}^0 \geqslant 1.25 f_{yk}$
性能	残余变形小，并具有高延性及反复拉压性能	残余变形小，并具有高延性及反复拉压性能	残余变形小，并具有一定的延性及反复拉压性能
受拉钢筋高应力部位接头百分率	在梁端、柱端箍筋加密区小于或等于 50%，其他部位不受限制	≤50%	≤25%

注：1. f_{mst}^0——接头实测抗拉强度；

　　f_{stk}——钢筋极限强度标准值；

　　f_{yk}——钢筋屈服强度标准值。

2. 表中 $f_{mst}^0 \geqslant f_{stk}$（断于钢筋）或 $f_{mst}^0 \geqslant 1.1 f_{stk}$（断于接头）的含义是：当接头试件拉断于钢筋且试件抗拉强度不小于钢筋极限强度标准值时，试件合格；当接头试件断于接头（定义的"机械接头长度"范围内）时，试件的实测抗拉强度应满足 $f_{mst}^0 \geqslant 1.1 f_{stk}$。

2）受拉钢筋受力较小部位或受压钢筋，接头百分率可不受限制。

3）混凝土结构中要求充分发挥钢筋强度或对延性要求高的部位应优先采用Ⅱ级接头。当在同一连接区段内必须实施 100% 钢筋的连接时，应采用Ⅰ级接头。当钢筋应力较高但对延性要求不高的部位，可采用Ⅲ级接头。

4）纵向受力钢筋连接的位置宜避开梁端、柱端箍筋加密区；当无法避开时，应采用Ⅰ级或Ⅱ级机械连接接头或焊接，且接头数量不应大于 50%。

5）纵向受力钢筋的机械连接接头宜相互错开。钢筋机械连接区段的长度为 $35d$，d 为连接钢筋的较小直径。凡接头中点位于该连接区段长度内的机械连接接头均属于同一连接区段。

6）钢筋连接件的混凝土保护层宜符合《混凝土结构设计规范》（GB 50010—2010）中受力钢筋混凝土保护层最小厚度的规定，且不得小于 15mm。连接件之间横向净距不宜小于 25mm。

7）纵向受拉钢筋的接头面积百分率不宜大于 50%，纵向受压钢筋的接头百分率可不受限制。

3. 焊接连接

1）细晶粒热轧带肋钢筋以及直径大于 28mm 的带肋钢筋，其焊接应经试验确定；余热处理钢筋不宜焊接。

2）纵向受力钢筋的焊接接头应相互错开。钢筋焊接接头连接区段的长度为 $35d$ 且不小于 500mm，d 为连接钢筋的较小直径，凡接头中点位于该连接区段长度内的焊接接头均属于同一连接区段。

3）纵向受拉钢筋的接头面积百分率不宜大于 50%，纵向受压钢筋的接头百分率可不受限制。

4. 连接适用部位

连接适用部位应符合表 2-33 要求。

连接适用部位 表 2-33

连接方式	适用部位
机械连接	1. 框支梁 2. 框支柱 3. 一级抗震等级的框架梁 4. 一、二级抗震等级的框架柱及剪力墙的边缘构件 5. 三级抗震等级的框架柱底部及剪力墙底部构造加强部位的边缘构件
绑扎连接	1. 二、三、四级抗震等级的框架梁 2. 三级抗震等级的框架柱底部以外的其他部位 3. 四级抗震等级的框架柱 4. 三级抗震等级剪力墙非底部构造加强部位的边缘构件及四级剪力墙的边缘构件

注：1. 表中采用绑扎搭接的部位也可采用机械连接或焊接。
2. 剪力墙底部构造加强部位为底部加强部位及相邻上一层。

5. 钢筋在节点及附近部位的搭接

顶层端节点柱外侧纵向钢筋可弯入梁内作梁上部纵向钢筋；也可将梁上部纵向钢筋与柱外侧纵向钢筋在节点及附近部位搭接，搭接可采用下列方式：

1）搭接接头可沿顶层端节点外侧及梁端顶部布置，搭接长度不应小于 $1.5l_{ab}$。其中，伸入梁内的柱外侧钢筋截面面积不宜小于其全部面积的 65%；梁宽范围以外的柱外侧钢筋宜沿节点顶部伸至柱内边锚固。当柱外侧纵向钢筋位于柱顶第一层时，钢筋伸至柱内边后宜向下弯折不小于 $8d$ 后截断，d 为柱纵向钢筋的直径；当柱外侧纵向钢筋位于柱顶第二层时，可不向下弯折。当现浇板厚度不小于 100mm 时，梁宽范围以外的柱外侧纵向钢筋也可伸入现浇板内，其长度与伸入梁内的柱纵向钢筋相同。

2）当柱外侧纵向钢筋配筋率大于 1.2% 时，伸入梁内的柱纵向钢筋应满足 1）款规定且宜分两批截断，截断点之间的距离不宜小于 $20d$，d 为柱外侧纵向钢筋的直径。梁上部纵向钢筋应伸至节点外侧并向下弯至梁下边缘高度位置截断。

3）纵向钢筋搭接接头也可沿节点柱顶外侧直线布置，此时，搭接长度自柱顶算起不应小于 $1.7l_{ab}$。当梁上部纵向钢筋的配筋率大于 1.2% 时，弯入柱外侧的梁上部纵向钢筋应满足 1）款规定的搭接长度，且宜分两批截断，其截断点之间的距离不宜小于 $20d$，d 为梁上部纵向钢筋的直径。

4）当梁的截面高度较大，梁、柱纵向钢筋相对较小，从梁底算起的直线搭接长度未延伸至柱顶即已满足 $1.5l_{ab}$ 的要求时，应将搭接长度延伸至柱顶并满足搭接长度 $1.7l_{ab}$ 的要求；或者从梁底算起的弯折搭接长度未延伸至柱内侧边缘即已满足 $1.5l_{ab}$ 的要求时，其弯折后包括弯弧在内的水平段的长度不应小于 $15d$，d 为柱纵向钢筋的直径。

现浇框架梁、柱纵向钢筋在节点部位的搭接如图所示（图 2-31）。

6. 施工详图

框架柱纵向钢筋连接构造如图 2-32 所示。

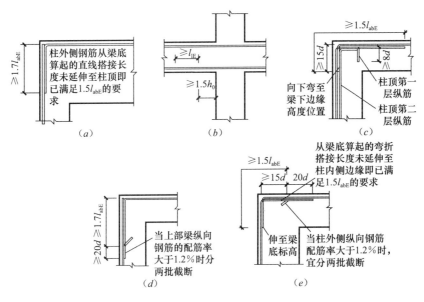

图 2-31　现浇框架梁、柱纵向钢筋在节点部位的搭接

(a) 顶层端节点柱外侧筋与梁端上部筋直线搭接；(b) 中间层中间节点梁筋在节点外搭接；

(c) 顶层端节点柱外侧筋与梁端上部筋弯折搭接；(d) 顶层端节点柱外侧筋与梁端上部筋直线搭接；

(e) 顶层端节点柱外侧筋与梁端上部筋弯折搭接

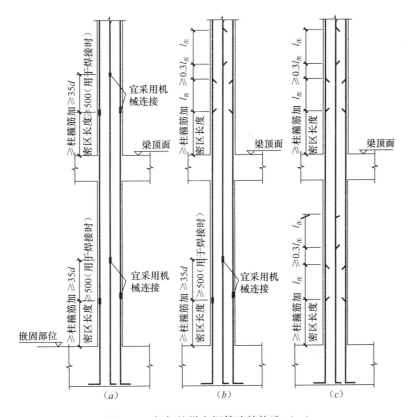

图 2-32　框架柱纵向钢筋连接构造（一）

(a) 一、二级抗震等级；(b) 三级抗震等级；(c) 四级抗震等级

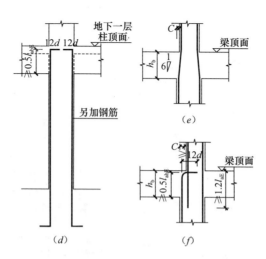

图 2-32　框架柱纵向钢筋连接构造（二）

（d）地下室顶板作为上部结构的嵌固部位时地下一层另加钢筋做法；（e）柱变截面处纵筋构造（一）$C/h_b \leqslant 1/6$；

（f）柱变截面处纵筋构造（二）（$C/h_b > 1/6$）

注：1. 一、二级抗震等级及三级抗震等级的底层，宜采用机械连接接头，也可采用绑扎搭接或焊接接头；三级抗震等级的其他部位和四级抗震等级，可采用绑扎搭接或焊接接头。

2. 柱纵向钢筋连接接头的位置应错开，同一连接区段内的受拉钢筋接头不宜超过全截面钢筋总面积的 50%。

3. 轴心受拉柱及小偏心受拉柱不得采用绑扎搭接接头。

4. 柱纵向受力钢筋搭接长度范围内箍筋直径不应小于搭接钢筋较大直径的 1/4。当钢筋受拉时，箍筋间距不应大于搭接钢筋较小直径的 5 倍，且不应大于 100mm；当钢筋受压时，箍筋间距不应大于搭接钢筋较小直径的 10 倍，且不应大于 200mm；当受压钢筋直径 $d > 25mm$ 时，尚应在搭接接头两个端面外 100mm 范围内各设置两道箍筋。

2.3　剪力墙结构

现浇钢筋混凝土剪力墙（抗震墙）结构体系，由于空间整体性强，结构在水平荷载下的侧向变形小，而且承重能力有很大富裕，地震时墙体即使严重开裂、强度衰减，其承载能力也很少降低到承重所需的临界承载力以下。所以，现浇剪力墙体系具有较高的抗震能力。

2.3.1　剪力墙的截面尺寸

1. 底部加强部位高度

强烈地震作用下，剪力墙底部一定高度范围内可能产生塑性铰，为确保剪力墙底部出现塑性铰后仍具有足够的延性，就要采取措施防止该部位继发脆性的剪切破坏。因此，有必要将可能出现塑性铰的底部区段作成加强部位，强化其抗震构造，提高其受剪承载力和结构延性。

剪力墙底部加强部位的范围按表 2-34 取值。

剪力墙底部加强部位的范围　　　　　　　　　　　　表 2-34

结构类型	底部加强部位的范围
部分框支剪力墙结构的剪力墙	框支层加框支层以上两层的高度及落地剪力墙总高度的 1/10 二者的较大值

续表

结构类型		底部加强部位的范围
其他结构的剪力墙	$H\leqslant24$m	底部一层
	$H>24$m	底部两层的墙体总高度的1/10二者的较大值

注：1. 底部加强部位的高度，应从地下室顶板算起。
   2. 当结构计算的嵌固端位于地下一层的底板或以下时，底部加强部位尚宜向下延伸到计算嵌固端。

2. 剪力墙截面厚度

剪力墙截面最小厚度应符合表 2-35 的规定。

剪力墙截面最小厚度 表 2-35

结构类型	部位		最小厚度（取较大值）/mm	
			一、二级	三、四级
剪力墙结构	底部加强部位	有端柱或翼墙	应≥200、宜≥$H'/16$	应≥160、宜≥$H'/20$
		无端柱或翼墙	应≥220（200）、宜≥$H'/12$	应≥180（160）、宜≥$H'/16$
	一般部位	有端柱或翼墙	应≥160、宜≥$H'/20$	应≥160（140）、宜≥$H'/25$
		无端柱或翼墙	应≥180（160）、宜≥$H'/16$	应≥160、宜≥$H'/20$
框架-剪力墙结构	底部加强部位		应≥200、宜≥$H'/16$	
	一般部位		应≥160、宜≥$H'/20$	
框架-核心筒结构 筒中筒结构	筒体外墙	底部加强部位	应≥200、宜≥$H'/16$	
		一般部位	应≥200、宜≥$H'/20$	
	筒体内墙		应≥160	
错层结构			应≥250	

注：1. H' 为一层高或剪力墙无支长度的较小值（无支长度是指剪力墙平面外支撑墙之间的长度）（图 2-33）。
   2. 筒体底部加强部位及其上一层，当侧向刚度无突变时不宜改变墙体厚度。
   3. 括号内数字用于建筑高度小于或等于24m的多层结构。
   4. 除满足本表要求外，还应按下式验算：

$$b_w \geqslant 3.16L_0\sqrt{\frac{Rf_c}{E_c}} \qquad (2\text{-}28)$$

式中 b_w——墙厚（mm）；
   E_c——混凝土弹性模量（N/mm²）；
   L_0——剪力墙墙肢计算长度（mm）（按《高层建筑混凝土结构技术规程》JGJ 3—2010 附录 D 确定）；
   R——作用于墙顶组合的等效竖向均匀荷载设计值算出的墙肢轴压比（不与地震力组合）；
   f_c——混凝土轴心抗压强度设计值（N/mm²）。

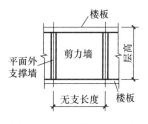

图 2-33 剪力墙无支长度

2.3.2 剪力墙竖向、横向分布钢筋配置构造

1. 构造要求

剪力墙竖向、横向分布钢筋配置构造应符合表 2-36 的要求。

剪力墙竖向、横向分布钢筋配置构造   表 2-36

结构类型	分布筋间距	分布筋直径
剪力墙结构、框架-剪力墙结构	宜≤300mm	不宜大于墙厚的 1/10 且不应小于 8mm，竖向钢筋不宜小于 10mm
部分框支剪力墙结构中落地剪力墙底部加强部位 错层结构中错层处剪力墙 剪力墙中温度、收缩应力较大的部位	宜≤200mm	

注：1. 剪力墙厚度大于 140mm 时，其竖向和横向分布筋不应单排配置，双排分布筋间应布置拉筋，拉筋间距不宜大于 600mm，直径不应小于 6mm，拉筋应交错布置。
2. 剪力墙中竖向和横向分布钢筋应采用双排钢筋。当为多排筋时，水平筋宜均匀放置、竖向筋在保持相同配筋率条件下外排筋直径宜大于内排筋直径。
3. 剪力墙中温度、收缩应力较大的部位指房屋顶层剪力墙、长矩形平面房屋的楼梯间剪力墙、端开间的纵向剪力墙以及端山墙。

剪力墙分布筋构造如图 2-34 所示。

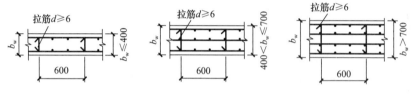

图 2-34　剪力墙分布筋构造
b_w—墙厚

抗震墙竖向、横向分布钢筋的配筋，应符合下列要求：

1）一、二、三级抗震墙的竖向和横向分布钢筋最小配筋率均不应小于 0.25%。四级抗震墙分布钢筋最小配筋率不应小于 0.20%。

注：高度小于 24m 且剪压比很小的四级抗震墙，其竖向分布筋的最小配筋率应允许按 0.15% 采用。

2）部分框支抗震墙结构的落地抗震墙底部加强部位，竖向和横向分布钢筋配筋率均不应小于 0.3%。

2. 分布钢筋的锚固

剪力墙水平分布钢筋的锚固，应符合下列要求：

1）剪力墙水平分布钢筋应伸至墙端，并向内水平弯折 10d 后截断。其中，d 为水平分布钢筋的直径。

2）当剪力墙端部有翼墙或转角墙时，内墙两侧的水平分布钢筋和外墙内侧的水平分布钢筋，应伸至翼墙或转角墙外边，并分别向两侧水平弯折 15d 后截断。

在转角墙处，外墙外侧的水平分布钢筋应在墙端外角处弯入翼墙，并与翼墙外侧水平分布钢筋搭接，搭接长度应不小于 $1.2l_{aE}$。

3）带边框的剪力墙，其水平和竖向分布钢筋宜分别贯穿柱、梁或锚固在柱、梁内。

剪力墙竖向及水平分布筋锚固构造如图所示（图 2-35）。

3. 分布钢筋的连接

剪力墙竖向及水平分布钢筋采用搭接连接时（图 2-36），一、二级剪力墙的底部加强部位，接头位置应错开，同一截面连接的钢筋数量不宜超过总数量的 50%，错开净距不宜小于 500mm；其他情况剪力墙的钢筋可在同一截面连接。分布钢筋的搭接长度，非抗震设计时不应小于 $1.2l_a$，抗震设计时不应小于 $1.2l_{aE}$。

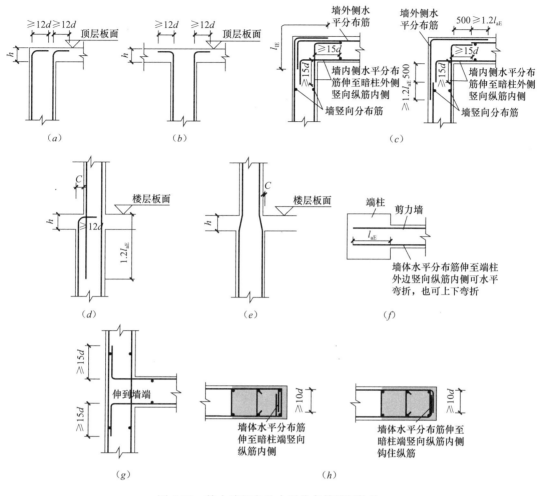

图 2-35 剪力墙竖向及水平分布筋锚固构造

(a) 墙竖向分布筋在墙顶构造（单侧有板）；(b) 墙竖向分布筋在墙顶构造（双侧有板）；

(c) 转角墙节点水平筋锚固；(d) 墙变截面处墙竖向分布筋构造（$C/h>1/6$）；

(e) 墙变截面处墙竖向分布筋构造（$C/h\leqslant1/6$）；(f) 有端柱墙水平筋锚固；

(g) 有翼墙节点墙水平筋锚固；(h) 暗柱节点墙水平锚固

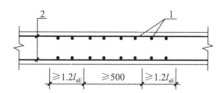

图 2-36 剪力墙分布钢筋的搭接连接

1—竖向分布钢筋；2—水平分布钢筋；非抗震设计时图中 l_{aE} 取 l_a

剪力墙竖向及水平分布筋连接构造如图所示（图 2-37）。

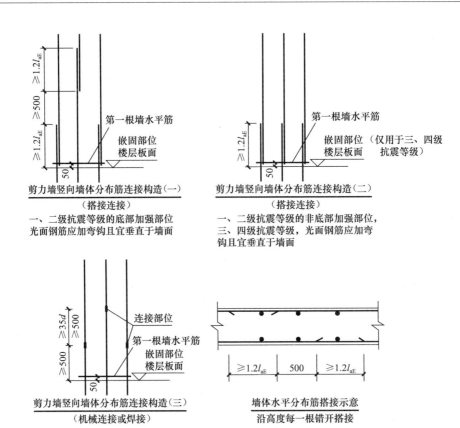

图 2-37　剪力墙竖向及水平分布筋连接构造

注：1. 当不同直径搭接时，搭接长度按较小直径钢筋计算；当不同直径钢筋机械连接时，钢筋错开间距按较小直径钢筋计算。

2. 当相邻钢筋连接要求错开时，同一连接区段内，钢筋连接接头面积不大于50%。

3. 剪力墙竖筋在基础锚固，除定位钢筋外，其余钢筋满足锚固长度即可。

2.3.3　剪力墙边缘构件

1. 剪力墙设置边缘构件的要求

1）剪力墙两端和洞口两侧应设置边缘构件，边缘构件分为构造边缘构件（图 2-38）和约束边缘构件。边缘构件包括暗柱、端柱和翼墙。

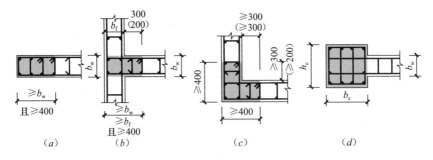

图 2-38　剪力墙构造边缘构件

(a) 暗柱；(b) 有翼墙；(c) 转角墙（L形墙）；(d) 有端柱

注：括号内尺寸用于建筑高度不大于24m的多层结构。

2）抗震等级为一、二、三级的剪力墙结构，当底部加强部位及上一层剪力墙墙肢底截面的轴压比大于表 2-38 的规定值时，应设置约束边缘构件，其轴压比不大于表 2-37 的规定值及其他部位可仅设置构造边缘构件；四级抗震等级的剪力墙可仅设置构造边缘构件。

剪力墙仅设置构造边缘构件的最大轴压比 表 2-37

抗震等级	一级（9 度）	一级（7、8 度）	二、三级
轴压比	0.10	0.20	0.30

构造边缘构件的配筋除应满足受弯承载力要求外，并宜符合表 2-38 的要求。

剪力墙构造边缘构件的配筋要求 表 2-38

抗震等级	底部加强部位			其他部位		
	竖向钢筋最小量（取较大值）	箍筋或拉筋		纵向钢筋最小量（取较大值）	箍筋或拉筋	
		最小直径/mm	沿竖向最大间距/mm		最小直径/mm	沿竖向最大间距/mm
一级	$0.010A_c$，$6\phi16$	8	100	$0.008A_c$，$6\phi14$	8	150
二级	$0.008A_c$，$6\phi14$	8	150	$0.006A_c$，$6\phi12$	8	200
三级	$0.006A_c$，$6\phi12$	6	150	$0.005A_c$，$4\phi12$	6	200
四级	$0.005A_c$，$4\phi12$	6	200	$0.004A_c$，$4\phi12$	6	250

注：1. A_c 为边缘构件（图 2-38 中阴影部分）的截面面积。
2. 其他部位的拉筋，水平间距不应大于纵筋间距的 2 倍；转角处宜采用箍筋。
3. 当端柱承受集中荷载时，其纵向钢筋、箍筋直径和间距应满足柱的相应要求。
4. 连体结构、错层结构的剪力墙，其构造边缘构件的最小配筋应符合：
  1）竖向钢筋最小量应将上表的数值提高 $0.001A_c$。
  2）箍筋的配筋范围宜取图中阴影部分（图 2-37），其配箍特征值 λ_v 不宜小于 0.10。

3）部分框支剪力墙结构中，落地剪力墙的底部加强部位及以上一层的墙肢两端，宜设置翼墙或端柱，并应设置约束边缘构件；不落地的剪力墙，应在底部加强部位及以上一层剪力墙的墙肢两端设置约束边缘构件。

4）主楼与裙房连接体相连，主楼的剪力墙，在裙房屋顶板上、下各一层范围内宜设置约束边缘构件；连体结构中，与连接体相连的剪力墙在连接体高度范围及其上、下层各一层范围内应设置约束边缘构件。

5）墙肢两端未设约束边缘构件时均应设置构造边缘构件。

6）当地下室顶板作为上部结构的嵌固部位时，地下一层剪力墙墙肢端部边缘构件纵向钢筋的截面面积，不应少于地上一层对应墙肢端部边缘构件纵向钢筋的截面面积。

7）边缘构件的纵向钢筋应满足受弯承载力要求。

8）边缘构件中箍筋、拉筋沿水平方向的肢距不宜大于 300mm；不应大于竖向钢筋间距的 2 倍。

9）剪力墙的墙肢长度不大于墙厚的 4 倍时，应按柱的有关要求进行设计；当矩形墙肢的厚度不大于 300mm 时，尚宜全高加密箍筋。

10）在加强部位与一般部位的过渡区（可大体取加强部位以上与加强部位的高度相同的范围），边缘构件的长度需逐步过渡。

2. 剪力墙约束边缘构件

（1）约束边缘构件范围及配筋要求

约束边缘构件沿墙肢的长度、配箍特征值、箍筋和纵向钢筋宜符合表 2-39 的要求

（图 2-39）。

剪力墙约束边缘构件范围 l_c 及配筋要求　　　　　　　　　　表 2-39

项目		一级（9度）		一级（7、8度）		二、三级	
		$\lambda \leqslant 0.20$	$\lambda > 0.20$	$\lambda \leqslant 0.30$	$\lambda > 0.30$	$\lambda \leqslant 0.40$	$\lambda > 0.40$
l_c（暗柱）		$0.20h_w$	$0.25h_w$	$0.15h_w$	$0.20h_w$	$0.15h_w$	$0.20h_w$
l_c（翼墙或端柱）		$0.15h_w$	$0.20h_w$	$0.10h_w$	$0.15h_w$	$0.10h_w$	$0.15h_w$
λ_v		0.12	0.20	0.12	0.20	0.12	0.20
纵向钢筋（取较大值）		$0.012A_c$，$8\phi16$		$0.012A_c$，$8\phi16$		$0.010A_c$，$6\phi16$（三级 $6\phi14$）	
箍筋或拉筋沿竖向间距		100mm		100mm		150mm	

注：1. 剪力墙的翼墙长度小于其 3 倍厚度或端柱截面边长小于 2 倍墙厚时，按无翼墙、无端柱查表。

2. l_c 为约束边缘构件沿墙肢长度，且不小于墙厚和 400mm；有翼墙或端柱时不应小于翼墙厚度或端柱沿墙肢方向截面高度加 300mm。

3. λ_v 为约束边缘构件阴影范围内的配箍特征值，当墙体的水平分布钢筋在墙端有 90°弯折后延伸到另一排分布筋并钩住其竖向主筋，且水平分布钢筋之间设置足够的拉筋形成复合箍筋时，可计入伸入部分约束边缘构件范围内墙水平分布钢筋的截面面积，计入的水平分布钢筋的配箍特征值不应大于总配箍特征值的30%。

4. h_w 为剪力墙墙肢长度。

5. λ 为墙肢轴压比，指在重力荷载代表值作用下，墙的轴压力设计值与墙的全截面面积和混凝土轴心抗压强度设计值乘积之比。

6. A_c 为约束边缘构件（图 2-39）阴影部分的截面面积。

7. 端柱有集中荷载时，配筋构造按柱要求。

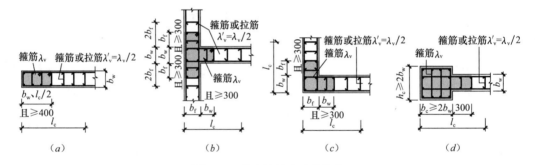

图 2-39　剪力墙约束边缘构件

（a）暗柱；（b）有翼墙；（c）转角墙（L 形墙）；（d）有端柱

（2）配箍率

约束边缘构件体积配箍率应符合表 2-40、表 2-41 的规定。

约束边缘构件体积配箍率 ρ_{vmin}（$\lambda_v = 0.12$）　　　　　　表 2-40

箍筋及拉筋级别	C20	C25	C30	C35	C40	C45	C50	C55	C60
HPB300	0.742	0.742	0.742	0.742	0.849	0.938	1.027	1.124	1.222
HRB335	0.668	0.668	0.668	0.668	0.764	0.844	0.924	1.012	1.100
HRB400	—	0.557	0.557	0.557	0.637	0.703	0.770	0.843	0.917
HRB500	—	0.461	0.461	0.461	0.527	0.582	0.637	0.698	0.759

约束边缘构件体积配箍率 ρ_{vmin}（$\lambda_v = 0.20$）　　　　　　表 2-41

箍筋及拉筋级别	C20	C25	C30	C35	C40	C45	C50	C55	C60
HPB300	1.237	1.237	1.237	1.237	1.415	1.563	1.711	1.874	2.037

箍筋及拉筋级别	C20	C25	C30	C35	C40	C45	C50	C55	C60
HRB335	1.113	1.113	1.113	1.113	1.273	1.407	1.540	1.687	1.833
HRB400	—	0.928	0.928	0.928	1.061	1.172	1.283	1.406	1.528
HRB500	—	0.768	0.768	0.768	0.878	0.970	1.062	1.163	1.264

注：1. 表名中 λ 为墙肢轴压比，λ_v 为约束边缘构件的配箍特征值。

2. 当抗震等级为一级（9度）$\lambda \leqslant 0.2$、一级（8度）$\lambda \leqslant 0.3$、二、三级 $\lambda \leqslant 0.4$ 时，约束边缘构件体积配箍率按表 2-40 采用。

3. 当抗震等级为一级（9度）$\lambda > 0.2$、一级（8度）$\lambda > 0.3$、二、三级 $\lambda > 0.4$ 时，约束边缘构件体积配箍率按表 2-41 采用。

4. 当墙体的水平分布钢筋在墙端有可靠锚固且水平分布钢筋之间设置足够的拉筋形成复合箍筋时，可适当计入伸入部分约束边缘构件范围内墙水平分布钢筋的体积，计入的水平分布钢筋的体积配箍特征值不应大于总体积配箍特征值的 30%。

（3）约束边缘构件箍筋、拉筋的做法（图 2-40～图 2-46）

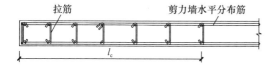

图 2-40　墙水平筋在墙端 90°弯折时箍筋及拉筋做法　图 2-41　两层墙水平筋之间加箍筋及拉筋做法

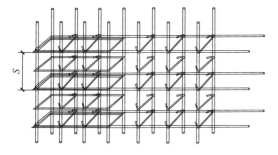

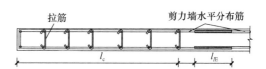

图 2-42　不利用墙的水平分布筋代替约束边缘
构件的部分箍筋做法

（墙水平筋间距 200mm，箍筋间距 100mm）

S—墙水平筋间距

图 2-43　墙水平筋在约束边缘构件以外
搭接时箍筋及拉筋做法

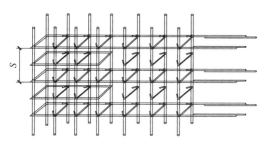

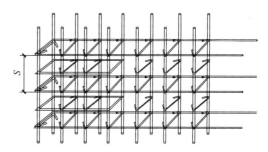

图 2-44　利用墙的水平分布筋代替约束边缘
构件的部分箍筋做法（一）

S—墙水平筋间距

图 2-45　利用墙的水平分布筋代替约束边缘
构件的部分箍筋做法（二）

S—墙水平筋间距

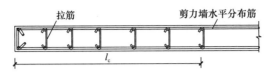

图 2-46 墙水平筋在墙端钩住墙端纵筋时箍筋及拉筋做法

墙体的水平分布钢筋在墙端可靠锚固可采用图 2-44、图 2-45 所示的做法，其中图 2-44 中墙水平筋在墙端连续，在墙约束边缘构件以外连接。图 2-45 中当墙体的水平分布钢筋在墙端有 90°弯折后延伸到另一排分布筋并钩住其竖向主筋。

3. 剪力墙较厚时边缘构件箍筋（拉筋）的做法

剪力墙较厚时边缘构件箍筋（拉筋）的做法示意图如图 2-47 所示。

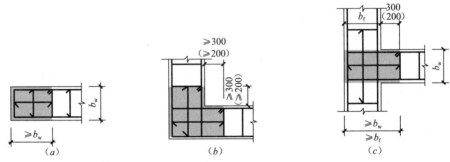

图 2-47 剪力墙较厚时边缘构件构造

（a）暗柱；（b）转角墙（L 形墙）；（c）有翼墙

注：当剪力墙厚度较大时，应注意边缘构件在墙厚方向的箍筋肢距，当不满足要求时，应增加另一方向箍筋或拉筋。

2.3.4 具有较多短肢剪力墙的剪力墙结构

1）短肢剪力墙是指截面厚度不大于 300mm、各肢截面高度与厚度之比的最大值大于 4 但不大于 8 的剪力墙。

2）具有较多短肢剪力墙的剪力墙结构是指在规定的水平地震作用下，短肢剪力墙承担的底部倾覆力矩不小于结构底部总地震倾覆力矩的 30% 的剪力墙结构。

3）具有较多短肢剪力墙的剪力墙结构应设置筒体或一般剪力墙。

4）高层建筑结构不应全部采用短肢剪力墙；抗震设防烈度为 9 度的 A 级高度高层建筑，不宜布置短肢剪力墙，不应采用具有较多短肢剪力墙的剪力墙结构。

5）不宜采用一字形短肢剪力墙，不宜在一字形短肢剪力墙上布置平面外与之相交的单侧楼面梁。

6）短肢剪力墙截面厚度除应符合剪力墙结构的有关规定的要求外，底部加强部位尚不应小于 200mm、其他部位尚不应小于 180mm。

7）短肢剪力墙边缘构件的设置应符合表 2-42、表 2-43 的规定。

具有较多短肢墙的剪力墙结构的最大适用高度 表 2-42

抗震设防烈度	6 度	7 度	8 度		9 度
			0.20g	0.30g	
适用高度/m	130	100	80	60	—

短肢剪力墙全部竖向钢筋的配筋率及轴压比限值　　　　表 2-43

抗震等级		一级	二级	三、四级
全部竖向钢筋的配筋率	底部加强部位	1.20%	1.20%	1.00%
	其他各层	1.00%	1.00%	0.80%
轴压比	一般情况	0.45	0.50	0.55（不含四级）
	一字形截面	0.35	0.40	0.45（不含四级）

2.3.5 剪力墙连梁要求

连梁的跨高比一般都比较小，容易出现剪切斜裂缝。为了防止斜裂缝出现后的脆性破坏，除了要减小其名义剪应力，还应采取加强箍筋等措施。

1. 剪力墙连梁构造要求

剪力墙连梁箍筋的构造应符合表 2-44 的要求。

剪力墙连梁箍筋构造　　　　表 2-44

抗震等级	箍筋最大间距/mm	箍筋最小直径/mm
一级	纵筋直径的 6 倍，连梁高的 1/4 和 100 中的最小值	10
二级	纵筋直径的 8 倍，连梁高的 1/4 和 100 中的最小值	8
三级	纵筋直径的 8 倍，连梁高的 1/4 和 150 中的最小值	8
四级	纵筋直径的 8 倍，连梁高的 1/4 和 150 中的最小值	6

注：1. 当连梁纵向受拉钢筋配筋率大于 2% 时，表中箍筋最小直径应增大 2mm。

　　2. 一、二级抗震等级剪力墙连梁，当连梁箍筋直径大于 12mm、数量不少于 4 肢且肢距不大于 150mm 时，最大间距应允许适当放宽，但不得大于 150mm。

　　3. 连梁端设置的第一个箍筋距墙肢边缘不应大于 50mm。

2. 剪力墙连梁纵向钢筋的配筋率

1）跨高比 $l/h_b \leqslant 1.50$ 的连梁纵向钢筋单侧最小配筋率应符合表 2-45 的要求。

2）跨高比 $l/h_b > 1.50$ 的连梁纵向钢筋单侧最小配筋率应符合表 2-46 的要求。

3）剪力墙连梁顶面及底面单侧纵向钢筋的最大配筋率应符合表 2-47 的要求。

跨高比 $l/h_b \leqslant 1.5$ 的连梁纵向钢筋单侧最小配筋率（%）　　　　表 2-45

跨高比	最小配筋率（取较大值）
$l/h_b \leqslant 0.50$	0.20，45 f_t/f_y
$0.50 < l/h_b \leqslant 1.50$	0.25，55 f_t/f_y

注：剪力墙连梁的最小配筋率，应根据计算满足强剪弱弯的要求。

跨高比 $l/h_b > 1.5$ 的连梁纵向钢筋单侧最小配筋率（%）　　　　表 2-46

抗震等级	最小配筋率（取较大值）
一级	0.40 和 80 f_t/f_y
二级	0.30 和 65 f_t/f_y
三、四级	0.25 和 55 f_t/f_y

剪力墙连梁顶面及底面单侧纵向钢筋的最大配筋率限值（%）　　　　表 2-47

跨高比	最大配筋率
$l/h_b \leqslant 1.00$	0.60

续表

跨高比	最大配筋率
$1.00<l/h_b\leqslant2.00$	1.20
$2.00<l/h_b\leqslant2.5$	1.50

注：1. 剪力墙连梁的最大配筋率，应根据计算满足强剪弱弯的要求。

　　2. 任何情况下，剪力墙连梁的最大配筋率不宜大于2.5%。

　　3. l为连梁净跨。

　　3. 剪力墙连梁的其他要求

　　1）连梁上下边缘单侧纵向钢筋的最小配筋率不应小于0.15%，且配筋不宜少于2Φ12。

　　2）跨高比小于5的连梁应按表2-46～表2-48的有关规定设计，连梁顶面和底面纵筋应通长配置。

　　3）跨高比不小于5的连梁宜按框架梁设计，详见框架结构的有关规定。

　　4）剪力墙连梁配筋构造除满足2.3.5节要求外，尚应满足框架-剪力墙结构剪力墙连梁的构造要求。

　　4. 剪力墙连梁配筋构造

　　剪力墙连梁配筋构造如图2-48、图2-49所示。

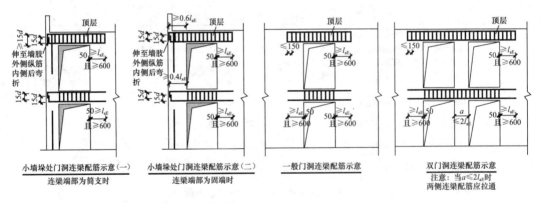

图2-48　剪力墙连梁配筋构造（一）

注：1. 剪力墙开洞形成的跨高比小于5的连梁，应按连梁设计；当跨高比不小于5时，宜按框架梁进行设计。

　　2. 框架-剪力墙结构和板柱剪力墙结构中，剪力墙洞口宜上下对齐，洞边端柱不宜小于300mm。

　　3. 剪力墙结构和部分框支剪力墙中：

　　　　1）剪力墙不宜过长，较长的剪力墙宜设置跨高比较大的连梁，将一道剪力墙分成长度较均匀的若干墙段，各墙段的高度与墙段长度之比不宜小于4，墙段长度不宜大于8m。

　　　　2）墙肢的长度沿结构全高不宜有突变，剪力墙有较大洞口以及一、二、三级剪力墙的底部加强部位，洞口宜上下对齐。

　　4. 各类结构中，楼面主梁不宜支承在剪力墙洞口的连梁上。

　　5. 顶层连梁纵向水平钢筋伸入墙肢的长度范围内应配置箍筋，其间距不应大于150mm，直径与连梁箍筋相同。

　　6. 沿连梁全长箍筋的构造应符合表2-44构造要求。

　　7. 连梁高度范围内的墙肢水平分布筋应在连梁内拉通作为连梁的腰筋。连梁截面高度大于700mm时，其两侧面腰筋的直径不应小于8mm，间距不应大于200mm；跨高比不大于2.5的连梁，其两侧腰筋的总面积配筋率同时不应小于0.3%。

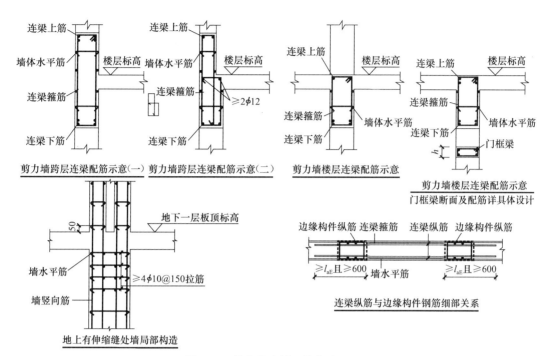

图 2-49 剪力墙连梁配筋构造（二）

5. 墙体开洞

(1) 洞口布置

1) 为了提高抗震墙的变形能力，避免发生剪切破坏，对于一道较长的抗震墙，应该利用洞口或者结合洞口设置弱连梁，将它分割成较均匀的若干墙段，这些墙段可为小开洞墙、多肢墙或单肢墙（图 2-50），并使每个墙段的高长比不小于 2。

所谓弱连梁，是指在地震作用下各层连梁的总约束弯矩不大于该墙段总地震弯矩的 20% 的连梁。考虑到耗能，连梁不宜过弱；然而，连梁又不能太强，以免水平地震作用下某个墙肢出现全截面受拉。抗震墙中的墙肢发生小偏心受拉是比较危险的。

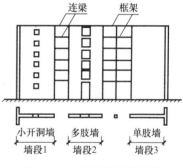

图 2-50 较长抗震墙的分段

2) 因为单肢墙的延性差且仅具有一道抗震防线，所以，在剪力墙体系中，不希望全部采用无约束的单肢墙。抗震等级为一级的抗震墙更不能全部采用单肢墙，应该采用有多道连梁连接的多肢墙，或各层洞口上下对齐的开洞抗震墙。

多肢墙和单肢墙的对比试验结果指出，多肢墙的延性系数要比单肢实体墙大 1 倍左右。

3) 试验研究和震害分析表明，抗震墙的门窗洞口如果布置不规则，将引起应力集中，易使墙体发生剪切破坏；如果各层洞口布置规则，上下对齐，形成的多肢抗震墙，能够依靠各层连梁来耗散地震能量，就可以减轻墙肢的破坏程度。对于一级抗震墙，上下各层洞口应对齐。对于二、三级抗震墙，上下各层洞口宜对齐。

4) 在多肢墙中，窄墙肢水平截面长度不宜小于截面厚度 b_w 的 5 倍。

(2) 错位洞口的暗框架

开小洞口和连梁开洞应符合下列规定：

1）剪力墙开有边长小于 800mm 的小洞口、且在结构整体计算中不考虑其影响时，应在洞口上、下和左、右配置补强钢筋，补强钢筋的直径不应小于 12mm，截面面积应分别不小于被截断的水平分布钢筋和竖向分布钢筋的面积（图 2-51a）。

2）穿过连梁的管道宜预埋套管，洞口上、下的截面有效高度不宜小于梁高的 1/3，且不宜小于 200mm；被洞口削弱的截面应进行承载力验算，洞口处应配置补强纵向钢筋和箍筋（图 2-51b），补强纵向钢筋的直径不应小于 12mm。

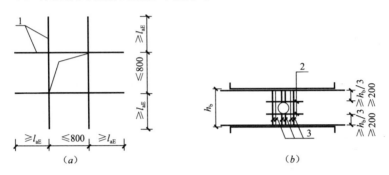

图 2-51 洞口补强配筋示意

（a）剪力墙洞口；（b）连梁洞口

1—墙洞口周边补强钢筋；2—连梁洞口上、下补强纵向箍筋；3—连梁洞口补强箍筋　非抗震设计时图中 l_{aE} 取 l_a

2.3.6 剪力墙结构构造详图

剪力墙边缘构件纵筋连接构造如图所示（图 2-52），剪力墙洞间墙肢配筋构造如图所示（图 2-53），剪力墙结构转角窗处构造做法如图所示（图 2-54）。

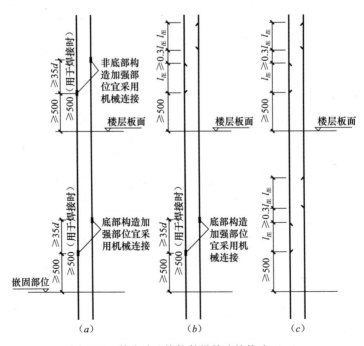

图 2-52 剪力墙边缘构件纵筋连接构造（一）

（a）一、二级抗震等级；（b）三级抗震等级；（c）四级抗震等级

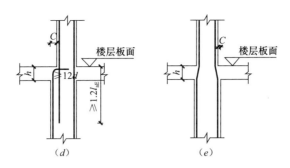

图 2-52　剪力墙边缘构件纵筋连接构造 (二)

（*d*）墙变截面处边缘构件纵筋构造（*C*/*h*＞1/6）；（*e*）墙变截面处边缘构件纵筋构造（*C*/*h*≤1/6）

注：1. 底部构造加强部位为底部加强部位及相邻上一层。

　　2. 边缘构件纵向钢筋连接接头的位置应错开，同一连接区段内钢筋接头不宜超过全截面钢筋总面积的 50%。

　　3. 当受拉钢筋的直径大于 25mm 时，不宜采用绑扎搭接接头。

　　4. 本图用于边缘构件阴影范围内的纵筋构造。

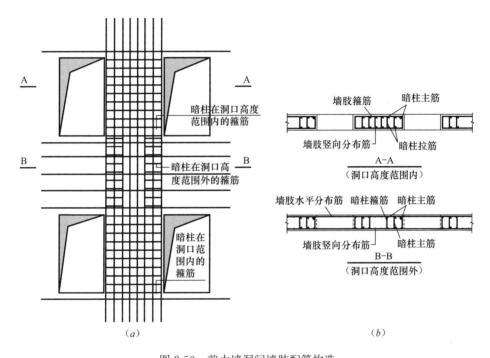

图 2-53　剪力墙洞间墙肢配筋构造

（*a*）墙肢立面示意图（墙肢高度 1000mm＜*h*w≤1500mm）；（*b*）剖面图

注：1. 当墙肢较短时，可参照本图构造。

　　2. 洞口高度范围内墙肢水平分布筋与墙端暗柱箍筋合并为大箍筋及拉筋，其配筋总量不小于墙水平筋及暗柱箍筋的较大值，间距取暗柱箍筋及墙水平筋间距的较小值。

　　3. 洞口范围外墙水平分布筋与墙端暗柱箍筋分别设置，保证暗柱箍筋连续。

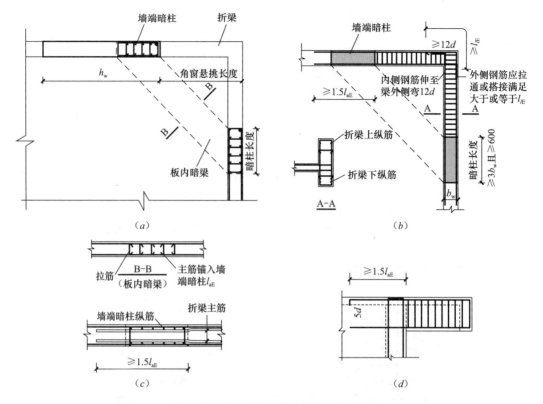

图 2-54 剪力墙结构转角窗处构造做法

(a) 剪力墙角窗处构造做法；(b) 角窗折梁配筋构造；

(c) 折梁纵筋与暗柱钢筋细部关系；(d) 折梁顶层时纵筋纵剖面

注：1. 角窗墙肢厚度不应小于 200mm。

2. 角窗两侧墙肢长度 h_w，当为独立一字形墙肢时，除强度要求外尚应满足 8 倍墙厚及角窗悬挑长度 1.5 倍的较大值。

3. 角窗折梁应加强，并按抗扭构造配置箍筋及腰筋。

4. 角窗折梁上下主筋锚入墙内应大于或等于 $1.5l_{aE}$，顶层时折梁上铁端部另加 $5d$ 向下的直钩。

5. 角窗两侧应沿全高设置与本工程抗震等级相同的约束边缘构件，暗柱长度不宜小于 3 倍墙厚且不小于 600mm。

6. 转角窗房间的楼板宜适当加厚，应采用双向双层配筋，板内宜设置连接两侧墙端暗柱的暗梁，暗梁纵筋锚入墙内 l_{aE}。

2.4 框架-剪力墙结构

框架-剪力墙结构体系，是以框架结构体系为基础，沿纵向、横向和斜向等主轴方向增设一定数量的抗震墙，所组成的双重结构体系。

采用框架-剪力墙体系的房屋，因为结构的抗推刚度大，地震时产生的变形小，其震害程度普遍比采用框架体系的楼房要轻得多。

采用现浇剪力墙体系，由于墙体的承载能力没有用足，从经济角度出发，墙体的实际配筋率一般均比较低，因而延性较差。而框-墙体系中的抗震墙，配筋率都比较高，延性能够满足抗震要求。所以，就变形能力而言，框-墙体系的耐震性能也优于剪力墙体系。

2.4.1 结构布置

1）框架-剪力墙结构中剪力墙的布置宜符合下列规定：

① 剪力墙宜均匀布置在建筑物的周边附近、楼梯间、电梯间、平面形状变化及恒载较大的部位，剪力墙间距不宜过大。

② 平面形状凹凸较大时，宜在凸出部分的端部附近布置剪力墙。

③ 纵、横剪力墙宜组成 L 形、T 形和 [形等形式。

④ 单片剪力墙底部承担的水平剪力不应超过结构底部总水平剪力的 30％。

⑤ 剪力墙宜贯通建筑物的全高，宜避免刚度突变；剪力墙开洞时，洞口宜上下对齐。

⑥ 楼、电梯间等竖井宜尽量与靠近的抗侧力结构结合布置。

⑦ 抗震设计时，剪力墙的布置宜使结构各主轴方向的侧向刚度接近。

2）长矩形平面或平面有一部分较长的建筑中，其剪力墙的布置尚宜符合下列规定：

① 横向剪力墙沿长方向的间距宜满足表 2-48 的要求，当这些剪力墙之间的楼盖有较大开洞时，剪力墙的间距应适当减小。

② 纵向剪力墙不宜集中布置在房屋的两尽端。

剪力墙间距（m）　　　　　　　　　　　　　　　　　　　　表 2-48

楼盖形式	非抗震设计（取较小值）	抗震设防烈度		
		6度、7度（取较小值）	8度（取较小值）	9度（取较小值）
现浇	5.0B，60	4.0B，50	3.0B，40	2.0B，30
装配整体	3.5B，50	3.0B，40	2.5B，30	—

注：1. 表中 B 为剪力墙之间的楼盖宽度（m）。
　　2. 装配整体式楼盖的现浇层应符合相关规定。
　　3. 现浇层厚度大于 60mm 的叠合楼板可作为现浇板考虑。
　　4. 当房屋端部未布置剪力墙时，第一片剪力墙与房屋端部的距离，不宜大于表中剪力墙间距的 1/2。

2.4.2 框架-剪力墙结构一般构造

1）框架-剪力墙结构中，其框架部分柱构造可低于"框架结构柱"的要求，剪力墙洞边的暗柱应符合剪力墙结构对应边缘构件（约束边缘构件或构造边缘构件）的要求。

2）剪力墙的厚度要求见表 2-35。

3）有端柱时，与剪力墙重合的框架梁可以保留，亦可做成宽度与墙厚相同的暗梁，暗梁的截面高度可取墙厚的 2 倍，或与该榀框架梁截面等高，暗梁的配筋可按构造配置且应符合一般框架梁相应抗震等级的最小配筋要求；端柱截面宜与同层框架柱相同，并应满足有关规范对框架柱的要求；剪力墙底部加强部位的端柱和紧靠剪力墙洞口的端柱宜按柱箍筋加密区的要求沿全高加密箍筋。

4）剪力墙的竖向和横向分布钢筋，配筋率见表 2-49，钢筋直径不宜小于 10mm，间距不宜大于 300mm，并应至少双排布置，各排分布钢筋间应设置拉筋，拉筋直径不应小于 6mm，间距不应大于 600mm。

剪力墙竖向及横向分布钢筋的最小配筋率（％）　　　　　　　表 2-49

一级、二级、三级	四级	部分框支剪力墙结构的落地剪力墙底部加强部位
0.25	0.2	0.3

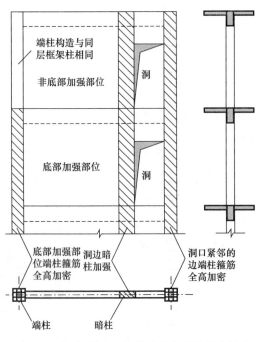

图 2-55　框架-剪力墙结构中剪力墙端柱的构造

5）剪力墙的水平钢筋应全部锚入边框柱内，锚固长度不应小于 l_{aE}。

6）楼面梁与剪力墙平面外连接时，不宜支承在洞口连梁上；沿梁轴线方向宜设置与梁连接的剪力墙，梁的纵筋应锚固在墙内；也可在支承梁的位置设置扶壁柱或暗柱，并应按计算确定其截面尺寸和配筋。

框架-剪力墙结构中剪力墙端柱的构造如图所示（图 2-55）。

2.4.3　楼面梁与剪力墙平面外相交连接做法

当剪力墙或核心筒墙肢与其平面外的楼面梁采用刚性连接时，可沿楼面梁轴线方向设置与梁相连的剪力墙、扶壁柱或在墙内设置暗柱，并应符合下列规定：

1）设置沿楼面梁轴线方向与梁相连的剪力墙时，墙的厚度不宜小于梁的截面宽度。

2）设置扶壁柱时，扶壁柱宽度不应小于梁宽，宜比梁每边宽出 50mm，扶壁柱的截面高度应计入墙厚。

3）墙内设暗柱时，暗柱截面高度可取墙的厚度，暗柱的截面宽度可取梁宽加 2 倍墙厚；不宜大于墙厚的 4 倍。

4）楼面梁的水平钢筋应伸入剪力墙或扶壁柱，伸入长度应符合钢筋锚固要求，钢筋锚固段的水平投影长度，不宜小于 $0.4 l_{abE}$；当锚固段水平投影长度不能满足要求时，可将楼面梁伸出墙面形成梁头，梁的纵筋伸入梁头后弯折锚固，也可采取其他可靠的锚固措施。

5）暗柱或扶壁柱应设置箍筋，箍筋直径间距应符合表 2-50 的规定。

暗柱或扶壁柱箍筋要求　　　　　　　　　　　　　　　表 2-50

抗震等级	一、二、三级	四级
箍筋直径/mm	不应小于 8	不应小于 6
箍筋间距/mm	不应大于 150	不应大于 200

注：箍筋直径均不应小于纵向钢筋直径的 1/4。

6）应通过计算确定暗柱或扶壁柱的竖向钢筋（或型钢），竖向钢筋的总配筋率不宜小于表 2-51 的限值。

暗柱或扶壁柱纵向钢筋最小配筋率（％）　　　　　　　表 2-51

抗震等级	一级	二级	三级	四级
配筋率	0.90	0.70	0.60	0.50

注：采用 400MPa、335MPa 级钢筋时，表中数值宜分别增加 0.05 和 0.10。

楼面梁与剪力墙平面外连接加扶壁柱做法如图所示（图 2-56），混凝土墙支承楼面梁处设暗柱做法如图所示（图 2-57），楼面梁伸出墙面形成梁头做法如图所示（图 2-58）。

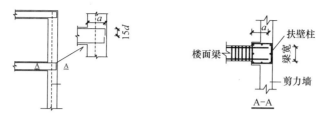

图 2-56 楼面梁与剪力墙平面外连接加扶壁柱做法

a—楼面梁纵筋锚固水平投影长度，$a \geqslant 0.4 l_{abE}$ 并弯折 $15d$

注：扶壁柱箍筋应符合柱箍筋的要求，扶壁柱的抗震等级应与剪力墙或核心筒的抗震等级相同。

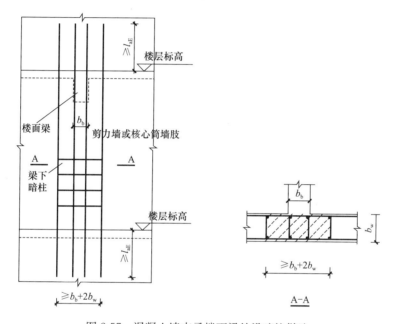

图 2-57 混凝土墙支承楼面梁处设暗柱做法

注：暗柱箍筋加密区的范围及其构造应符合相同抗震等级柱的要求，抗震等级应与剪力墙或核心筒的抗震等级相同。

2.4.4 框架-剪力墙结构剪力墙连梁的构造要求

1）对于一、二级抗震等级的框架-剪力墙结构的剪力墙、剪力墙结构及筒体结构剪力墙的连梁，当跨高比不大于 2.5 且连梁截面不满足 $V_{wb} \leqslant \dfrac{1}{\gamma_{RE}} (0.15 \beta_c f_c b h_0)$ 的要求时，宜根据不同情况选择以下构造措施，采取以下构造措施后连梁截面应满足：

$$V_{wb} \leqslant \frac{1}{\gamma_{RE}}(0.25 \beta_c f_c b h_0) \qquad (2\text{-}29)$$

① 当洞口连梁截面宽度不小于 250mm 时，可采用交叉斜筋加折线筋配筋方案，交叉斜筋连梁单向对角斜筋不宜少

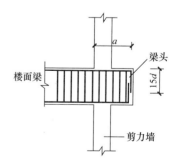

图 2-58 楼面梁伸出墙面形成梁头做法

a—楼面梁纵筋锚固水平投影长度，$a \geqslant 0.4 l_{abE}$

于 2ф12，单组两折线筋的截面面积可取为单向对角斜筋截面面积的一半，且直径不宜小于 12mm，对角斜筋在梁端部位设置不少于 3 根拉结筋，拉结筋的间距应不大于连梁宽度和 200mm 的较小值，直径不应小于 6mm。

② 当洞口连梁截面宽度不小于 400mm 时，可采用集中对角斜筋配筋方案或对角暗撑配筋方案，集中对角斜筋连梁和对角暗撑连梁中每组对角斜筋应至少由 4 根直径不小于 14mm 的钢筋组成，集中对角斜筋连梁应在梁截面内沿水平方向及竖直方向设置双向拉结筋，拉结筋应钩住外侧纵向钢筋，间距应不大于 200mm，直径不应小于 8mm；对角暗撑配筋连梁中暗撑的箍筋外缘沿梁截面宽度方向不宜小于梁宽的一半，另一方向不宜小于梁宽的 1/5，对角暗撑约束箍筋的间距不大于暗撑钢筋直径的 6 倍，当计算间距小于 100mm 时可取 100mm，箍筋肢距不应大于 350mm。

③ 除集中对角斜筋配筋连梁外，其余连梁的水平钢筋及箍筋形成的钢筋网之间应采用拉筋连接，拉筋直径不宜小于 6mm，间距不宜大于 400mm。

2）剪力墙及筒体洞口连梁的纵向钢筋、斜筋及箍筋的构造应符合下列要求：

① 连梁沿上、下边缘单侧纵向钢筋的最小配筋率不应小于 0.15％，且配筋不宜少于 2Φ12。

② 除对角斜筋连梁以外，其余配筋方式连梁的水平构造钢筋及箍筋形成的双层钢筋网应采用拉结筋连系，拉筋直径不宜小于 6mm，间距不宜大于 400mm。

③ 沿连梁全长箍筋的构造应按表 2-44 要求，对角暗撑连梁沿连梁全长箍筋的间距可取表 2-44 要求的 2 倍。

④ 连梁纵向受力钢筋、交叉斜筋伸入墙内的锚固长度不应小于 l_{aE}，且不应小于 600mm；顶层连梁纵向钢筋伸入墙体的长度范围内，应配置间距不大于 150mm 的构造箍筋，箍筋直径应与该连梁的箍筋直径相同。

⑤ 沿墙体表面连梁高度范围内的墙肢水平分布钢筋应在连梁内拉通作为连梁的腰筋。连梁截面高度大于 700mm 时，其两侧面腰筋的直径不应小于 8mm，间距不应大于 200mm；对跨高比不大于 2.5 的连梁，梁两侧的纵向构造钢筋的面积配筋率尚不应小于 0.3％；对角暗撑连梁的水平分布钢筋间距不大于 300mm，梁两侧的纵向构造钢筋的面积配筋率不应小于 0.2％。

2.5 板柱-剪力墙结构

2.5.1 板柱-剪力墙的一般构造

1）双向无梁板板厚：

① 双向无梁板板厚与长跨跨度之比可参照表 2-52。

双向无梁板厚度与长跨的最小比值   表 2-52

非预应力楼板		预应力楼板	
无柱托板	有柱托板	无柱托板	有柱托板
1/30	1/35	1/40	1/45

② 板中配置抗冲切箍筋或弯起钢筋时，板厚应不小于 150mm。

2）板柱-剪力墙结构的剪力墙及柱的抗震构造措施应满足剪力墙结构及框架-剪力墙结构的有关规定，且宜在对应剪力墙或筒体的各楼层处设置暗梁。

3）无梁板可根据承载力和变形要求采用无柱帽（柱托）板或有柱帽（柱托）板形式。柱托板的厚度和长度应按计算确定，其厚度 h_1 不宜小于板厚度 h 的 1/4，当计算柱上板带的支座钢筋考虑托板厚度的影响时，每方向长度不宜小于板跨度的 1/6。

4）剪力墙的厚度不应小于 180mm，且不小于层高或无肢长度的 1/20；房屋高度大于 12m 时，墙厚不应小于 200mm。

5）8 度时宜采用有托板或柱帽的板柱节点，托板或柱帽根部的厚度（包括板厚）不宜小于柱纵筋直径的 16 倍，托板或柱帽的边长不宜小于 4 倍板厚和柱截面对应边长之和。当无柱托板且无梁板抗冲切承载力不足时，可采用型钢剪力架（键），此时板的厚度不应小于 200mm。

6）有楼、电梯间等较大开洞时，洞口周围宜设置框架梁或边梁。

7）房屋的周边应设置边梁形成周边框架，房屋的地下室顶板宜采用梁板结构。

8）板的双向底筋应置于暗梁下纵筋之上。

9）无柱帽柱上板带的板底钢筋，宜在距柱面 2 倍板厚以外连接，采用搭接时钢筋端部宜有垂直于板面的弯钩（图 2-59）。

10）沿两个主轴方向通过柱截面的板底连续钢筋的总截面面积，应符合下式要求：

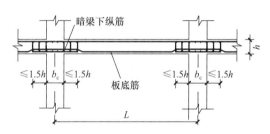

图 2-59 无梁板板底在支座处构造

$$A_s \geqslant N_G / f_y \tag{2-30}$$

式中 A_s——板底连续钢筋总截面面积；

N_G——在本层楼板重力荷载代表值（8 度时尚宜计入竖向地震）作用下的柱轴压力设计值；

f_y——楼板钢筋的抗拉强度设计值。

2.5.2 无梁板开洞要求及构造

1）无梁板开洞宜满足表 2-53 要求（图 2-60）。

<table>
<tr><td colspan="4" align="center">无梁板开洞要求</td><td align="right">表 2-53</td></tr>
<tr><td>洞编号
洞边长</td><td>1</td><td>2</td><td colspan="2">3</td></tr>
<tr><td>a</td><td>$\leqslant A_1/8$ 且 $\leqslant 300$</td><td>$\leqslant A_2/4$</td><td colspan="2">$\leqslant A_2/2$</td></tr>
<tr><td>b</td><td>$\leqslant B_1/8$ 且 $\leqslant 300$</td><td>$\leqslant B_1/4$</td><td colspan="2">$\leqslant B_2/2$</td></tr>
</table>

2）因开洞所切断的钢筋不应大于任何一个板带内钢筋的 1/4，同时在开洞的每边应加上不小于同方向切断钢筋量 1/2 的钢筋。

3）在柱上板带相交区域内，该区域的 1/2×1/2 区格内应尽量不开洞（即图 2-62 中阴影范围），其余部分不宜开洞；如开洞，其尺寸不应大于任一跨内柱上板带宽度的 1/8，

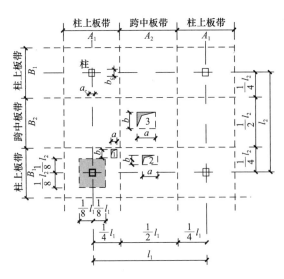

图 2-60 无梁板楼板开洞构造要求

且不大于 300mm，在开洞的每边应加上不小于同方向切断钢筋量 1/2 的钢筋。

4）暗梁范围不应开洞。

5）无梁楼板允许局部开洞口，但应验算满足承载力及刚度要求。当未作专门分析时，在板的不同部位开单个洞的大小应符合本小节的有关要求。若在同一部位开多个洞时，则在同一截面上各个洞宽之和不应大于该部位单个洞的允许宽度。所有洞边均应设置补强钢筋。

6）在板柱结构体系中，当抗震等级为一级时，除暗梁范围不应开洞外，柱上板带相交区域内尽量不开洞，一个柱上板带与一个跨中板带共有区域也不宜开较大的洞。

2.5.3 板柱-剪力墙结构构造详图

平托板与斜柱帽配筋构造如图所示（图 2-61），无柱帽板柱节点抗剪构造（箍筋、弯起筋抗剪）如图所示（图 2-62），无柱帽板柱节点抗剪构造（抗剪栓钉）如图所示（图 2-63）。

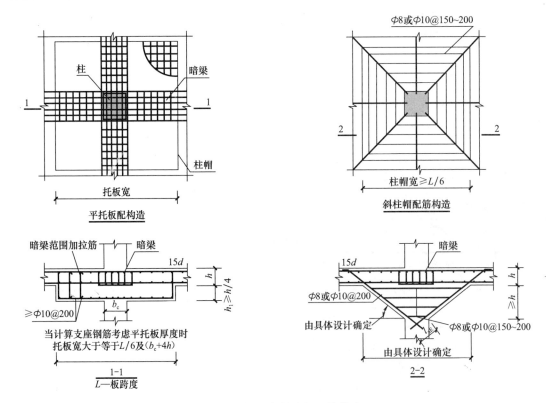

图 2-61 平托板与斜柱帽配筋构造

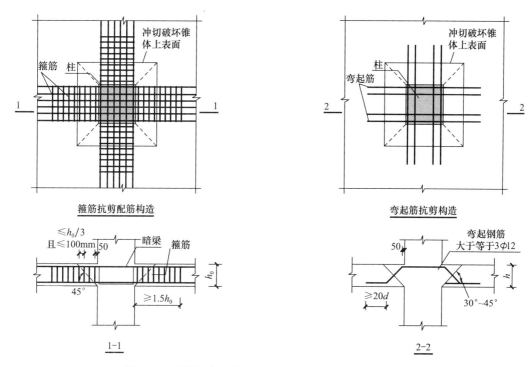

图 2-62 无柱帽板柱节点抗剪构造（箍筋、弯起筋抗剪）

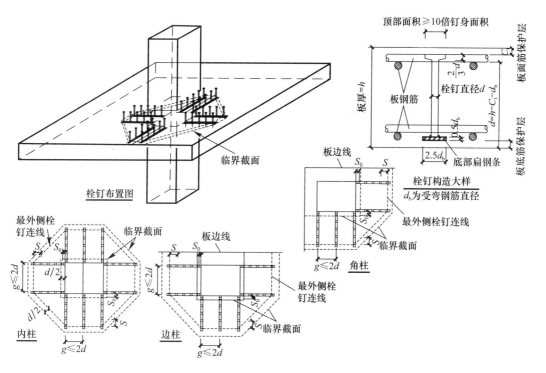

图 2-63 无柱帽板柱节点抗剪构造（抗剪栓钉）

注：1. 板柱节点应进行竖向荷载及水平荷载作用下冲切承载力的验算，应考虑由板柱节点冲切面上的剪力传递不平衡弯矩的作用。

2. $S_0 \leqslant d/2$，$S \leqslant 2d$。

89

2.6 部分框支剪力墙结构

2.6.1 部分框支剪力墙结构的一般规定

1）部分框支剪力墙结构是指：上部楼层的剪力墙不能直接连续贯通落地，需设置转换层，在结构转换层布置转换结构构件的剪力墙结构。

2）部分框支剪力墙结构，在地面以上设置转换层的位置，8度时不宜超过3层，7度时不宜超过5层，6度时可适当提高。

3）带转换层的高层建筑，其剪力墙底部加强部位的高度，应从地下室顶板算起，宜取至转换层以上两层且不小于房屋总高度的1/10。

4）当转换层的位置设置在3层及3层以上时，其框支柱、剪力墙底部加强部位的抗震等级应按表2-8规定的抗震等级提高一级，若原抗震等级为一级则提高至特一级。特一级抗震等级的有关要求应按《高层建筑混凝土结构技术规程》（JGJ 3—2010）中有关规定执行；已为特一级时可不提高。

5）部分框支剪力墙结构的布置应符合下列要求：

① 落地剪力墙和筒体底部墙体应加厚；

② 框支柱周围楼板不应错层布置；

③ 落地剪力墙和筒体的洞口宜布置在墙体中部；

④ 框支梁上一层墙体不宜设置边门洞，也不宜在框支中柱上方设置门洞。

6）部分框支剪力墙结构的剪力墙应在底部加强部位及相邻上一层墙肢两端设置符合约束边缘构件要求的翼墙或端柱，洞口两侧、不落地剪力墙底部加强部位及相邻上一层墙肢两端应设置约束边缘构件。

7）部分框支剪力墙结构中的框支框架承担的地震倾覆力矩应小于结构总地震倾覆力矩的50%。

8）落地剪力墙的间距应符合表2-54要求。

落地剪力墙的间距要求   表2-54

部位＼底部框支层层数	1、2层	3层及3层以上
落地剪力墙之间	不宜大于2B和24m	不宜大于1.5B和20m
框支柱与落地剪力墙之间	不宜大于12m	不宜大于10m

注：B为落地墙之间楼盖的平均宽度。

9）部分框支剪力墙结构的框支层楼板厚度不小于180mm，混凝土强度等级不低于C30，应采用双向双层配筋，每层每个方向配筋率不宜小于0.25%。落地剪力墙和筒体外周围的楼板不宜开洞，框支层楼板边缘和较大洞口周边应设置边梁，其宽度不宜小于板厚度的2倍；纵向钢筋配筋率不应小于1%，钢筋接头宜采用机械连接或焊接，接头面积百分率不大于50%。楼板中钢筋应锚固在边梁或墙体内。

10）与转换层相邻楼层的楼板也应适当加强。

11）框支梁与框支柱不宜有偏心，转换层上部的竖向抗侧力构件（墙、柱）宜直接落在转换层的主结构上。

12）当框支梁上部墙体开有边门洞时，洞边墙体宜设置翼墙、端柱或加厚，并设置约束边缘构件；当洞口靠近梁端且梁的受剪承载力不满足要求时，可采取框支梁加腋或采取增大框支梁上部墙体洞口连梁刚度等措施，也可采用加抗剪型钢的措施（图2-64）。

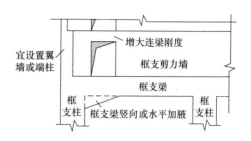

图 2-64　框支梁上墙体有边门洞时洞边墙体的构造措施

2.6.2　框支梁、柱的构造要求

1）框支梁的构造要求见表2-55。

2）框支柱的构造要求见表2-56。

框支梁构造要求　　　　　　　　　　　　　　表 2-55

项目　　抗震等级		一级	二级
混凝土强度等级		≥C30	
尺寸	梁截面宽度 b_b	宜小于或等于相应柱宽、大于或等于2倍上层墙厚、≥400mm	
	梁截面高度 h_b	宜大于或等于计算跨度/8	
纵筋	最小配筋率（上下各）	≥0.50%	≥0.40%
	腰筋	沿梁高间距小于或等于200mm，d≥16mm	
	纵筋接头	宜机械连接或焊接，同一截面接头面积小于或等于50%纵筋总面积，接头部位应避开上部墙体开洞部位及受力较大部位	
箍筋加密区	箍筋直径	应≥10mm	
	箍筋间距	≤100mm	
	箍筋肢距	宜≤200mm 和 20d'的较大值	宜≤250mm 和 20d'的较大值
	范围	距柱边 1.5 倍梁高范围内；梁上部墙体开洞部位，当承托转换次梁时，应沿框支梁全长加密	
	最小面积配箍率	1.20 f_t/f_{yv}	1.10 f_t/f_{yv}

注：1. 当框支梁上部层数较少，荷载较小时，框支梁的高度要求可以适当放宽。
　　2. d—纵向钢筋直径的较小值，d'—箍筋直径。

框支柱构造要求　　　　　　　　　　　　　　表 2-56

项目　　抗震等级		一级			二级		
混凝土强度等级		C30~C60	C65~C70	C75~C80	C30~C60	C65~C70	C75~C80
柱轴压比限值	λ>2.00	0.60	0.55	0.50	0.70	0.65	0.60
	1.50≤λ≤2.00	0.55	0.50	0.45	0.65	0.60	0.55
尺寸	柱截面宽度 b_c	应≥450mm					
	柱截面高度 h_c	宜≥l_0/12					
纵筋	最小总纵筋率	300MPa 级	1.10%		0.90%		
		335MPa 级	1.20%		1.00%		
		400MPa 级	1.15%		0.95%		
		1. Ⅳ类场地且较高建筑，上表数值相应增加 0.10 2. 混凝土等级高于 C60，上表数值相应增加 0.10					
	每侧最小配筋率	应≥0.20%					
	最大总配筋率	宜≤4%，应≤5%					
	纵筋间距	宜≤200mm，应≤80mm					

续表

	抗震等级 项目	一级	二级
箍筋	形式	应采用复合螺旋箍或井字复合箍	
	直径	≥12mm	≥10mm
	沿竖向最间距	全高应取 6d 和 100mm 中的较小值	
	肢距	≤150mm	≤200mm
	配箍特征值	比表 2-22 的数值增加 0.02	
	体积配箍率	应≥1.50%	

注：1. 对 λ≤2.00 的框支柱，宜采用内加核芯柱的构造措施；λ≤1.50 的柱，柱内可设型钢。

2. l_0—框支梁计算跨度，λ—框支柱的剪跨比，d—纵向钢筋直径的较小值。

2.6.3　部分框支剪力墙结构构造详图

框支梁端构造要求、框支层楼板钢筋锚固及开洞构造如图所示（图 2-65），框支梁上部墙开洞构造做法、框支梁剖面如图所示（图 2-66）。

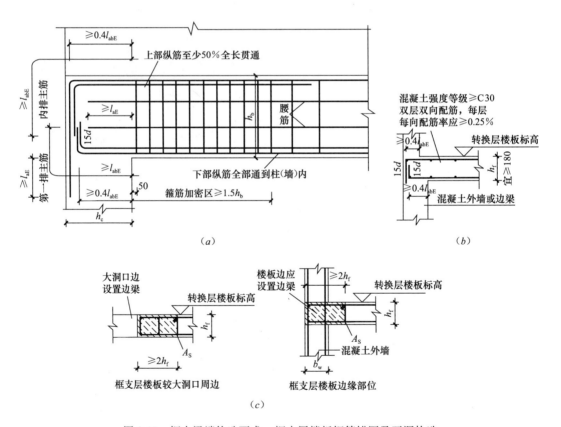

图 2-65　框支梁端构造要求、框支层楼板钢筋锚固及开洞构造

（a）框支梁主筋、腰筋锚固构造；（b）转换层楼板构造；（c）转换层楼板设置边梁构件构造

注：1. A_s≥A_c×1.0%，钢筋接头宜机械连接或焊接，A_c 为图中阴影面积。

2. 落地剪力墙和简体外围的楼板不宜开洞。

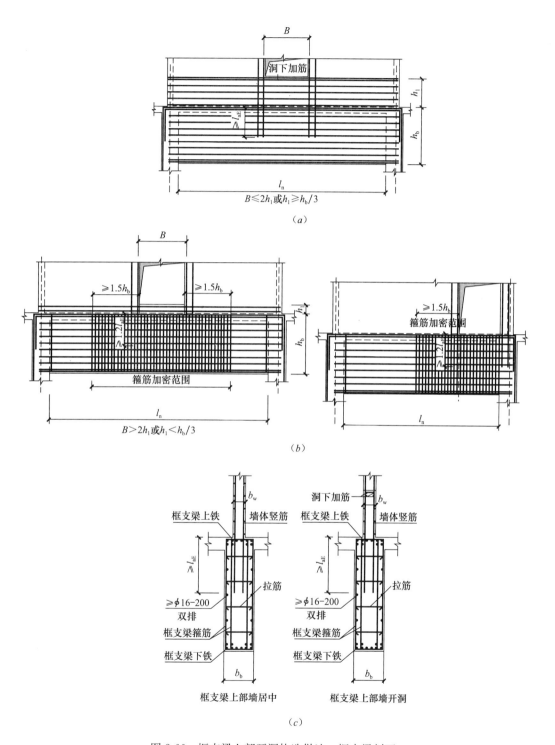

图 2-66 框支梁上部开洞构造做法、框支梁剖面

（a）框支梁上一层墙体有窗洞；（b）框支梁上一层墙体有门洞；（c）框支梁横断面

注：框支梁拉筋直径不宜小于箍筋两个规格且大于等于8mm，水平间距为非加密区箍筋间距的2倍，竖向沿梁高间距小于等于400mm，上下相邻两排拉筋错开设置。

2.7 筒体及错层结构

2.7.1 筒体结构

1. 框架-核心筒结构体系

（1）结构体系的构成

由位于建筑平面中心的具有较大平面尺寸的核心筒体与外圈框架所组成的结构体系，称之为芯筒-框架体系，或称框架-核心筒体系。核心筒体（芯筒）由多片钢筋混凝土剪力墙所围成；外圈框架可以是一排（图 2-67a），也可以是两排（图 2-67b）。

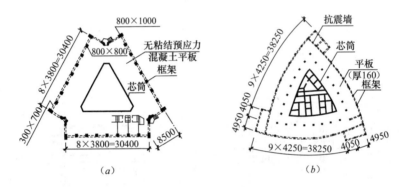

图 2-67 框架-核心筒体系的结构平面

（a）外圈一排框架；（b）外圈两排框架

（2）结构布置

1）设防烈度为 7 度和 8 度时，沿任何方向，芯筒的高宽比值均不宜大于 12；超过时，宜在适当楼层设置由芯筒伸出的刚臂与外圈框架柱相连，形成加劲层，以提高外圈框架配合芯筒抵抗倾覆力矩的作用。刚臂（伸臂大梁或伸臂桁架）应埋入芯筒墙体内并且贯通，刚臂与周边框架柱的连接宜采用铰接或半刚性连接。9 度时不宜设置加劲层。

在芯筒-框架体系中，相对于一层楼高的伸臂桁架而言，外圈框架柱的截面尺寸要小得多，而且所受轴向力又大，不宜承受较大弯矩，因此，伸臂桁架与外柱的连接宜采用铰接。

2）核心筒的外墙与外圈框架柱之间的中距，非抗震设计大于 12m、抗震设计大于 10m 时，宜采取另设内柱等措施。

3）外圈框架的柱距依建筑功能要求而定，没有限值，一般为 6～9m。周边各柱之间必须设置刚接框架梁。

4）框架。核心筒结构中的框架和核心筒的抗震等级按表 2-8 或表 2-9 的规定采用。

5）筒体角部附近不宜开洞。芯筒外圈墙体的厚度不应小于层高的 1/20 及 200mm；一、二级芯筒底部加强部位的墙厚不宜小于层高的 1/16 及 200mm。芯筒各边的墙肢均宜对称、均匀布置。

6）芯筒与框架之间的楼盖宜采用梁板结构，楼层梁不宜集中支承在芯筒的转角处，也不宜支承在芯筒洞口的连梁上。

2. 筒中筒结构体系

（1）结构体系的构成

由墙体围成的筒体称为墙筒，由密柱深梁型框架围成的筒体称为框筒。由外圈框筒和内部框架所组成的结构体系，称为框筒结构体系（图2-68a）；由两圈以上筒体所组成的结构体系，称为筒中筒结构体系（图2-68b）。

钢筋混凝土框筒是由四片密柱深梁型框架所组成。在地震作用下，水平地震剪力主要是由两片腹

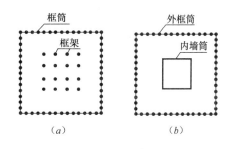

图 2-68　筒体体系
(a) 框筒体系；(b) 筒中筒体系

板框架承担，由于框架的窗裙梁（简称裙梁）的线刚度、受剪承载力和受弯承载力均比框架柱要大，因而属弱柱型框架。遭遇地震时，单一框筒体系中的框筒，在水平地震作用下，容易发生楼层屈服机制，形成柱铰侧移机构，使框筒柱发生较严重的破坏，而框筒中的柱，又是主要的承重杆件，并且承担地震倾覆力矩引起的很大轴向压力，地震时框筒柱的破坏将会危及整个结构的安全。

（2）框筒的设计要点

1）平面尺寸

① 外框筒。为了使框筒的空间整体工作特性得以充分发挥，单个框筒的平面尺寸不能过大。对于水平荷载，垂直于水平荷载方向的框筒边长不应超过45m。此外，采用矩形平面时，长边与短边的比值，一般情况下不宜大于1.5；任何情况下均不应大于2.0。因为长宽比等于2.0的矩形平面框筒，剪力滞后效应严重，翼缘框架中央柱的轴向力已经下降到仅为角柱的1/6～1/9。

② 内墙筒。为使筒中筒体系的内、外筒体能充分协调共同发挥作用，并使外框筒所分担的水平剪力不超过最大楼层水平地震剪力的1/3，避免外框筒的腹板框架发生剪切破坏，对于抗震设防烈度较高的楼房，内墙筒的边长不宜小于外框筒同方向边长的1/3，也不宜小于筒体高度的1/12。

2）高宽比

筒体结构只有在比较细长的情况下，才能类似于箱形截面竖向悬臂梁那样，发挥立体构件整体弯曲的空间作用。因此，外框筒的高度不宜低于60m，高宽比值不宜小于4。如果框筒的高宽比值在3以下，其工作性能就蜕变为四片框梁，翼缘框架参与框筒整体抗弯的作用很小。所以，一般情况下，筒中筒体系用于30层以下的楼房是不经济的，也是不必要的。

① 外框筒。外框筒的高宽比也不能过大。否则，可能出现如下情况：建筑物会因框筒抗推刚度不足而产生过量侧移；框筒柱因巨大倾覆力矩引起的拉应力超过重力荷载引起的压应力而出现轴向受拉；建筑物在阵风作用下所产生的振动加速度，也难于控制在允许限值以内。国外多数工程师认为，位于非地震区的钢结构框筒，其高宽比值不宜超过8。对位于地震区内的钢筋混凝土框筒，高宽比还应控制得小一些。

② 内墙筒。为了保证内墙筒具有足够的抗推刚度，能与外框筒比较协调地共同抵抗水平荷载引起的水平剪力和倾覆力矩，内墙筒的高宽比不宜大于15，一般情况下取12～15。

内筒的高宽比若大于 15 时，应每隔 25 层左右设置一个加劲层，沿内筒筒壁伸出一层楼高的桁架式或梁式刚臂与外筒框架柱相连，并于该楼层沿外框筒周边设置一层楼高的桁架式或梁式环梁。刚臂和环梁，特别是环梁，以采用钢桁架为上策。

当楼房建造于非地震区时，对内筒的平面尺寸、高宽比值等，均无一定要求，在某些情况下，甚至可以不设置内筒而改用框架。

3）跨距

框筒柱距的大小是决定框筒空间整体工作性能的决定性因素。为发挥密柱型框筒的空间整体作用，框筒的柱距不宜大于 4m，也不宜大于层高。当房屋很高时，柱距可适当放宽，但也不宜超过 4.5m。一般而言，当柱距大于 3m 时，框筒的空间整体作用将逐渐减弱，随着柱距加大，框筒将逐步蜕变为四榀普通框架。相应地，筒中筒体系也就蜕变为芯筒-框架体系。

4）框筒柱截面

① 边柱

a. 矩形截面。框筒柱宜采用矩形截面，并将截面的长边沿所在框架平面的方向布置，这一点有别于框架。在普通框架中，因为地震可能来自任何方向，不论是沿房屋横向还是纵向，框架柱都是抵抗楼层剪力和弯矩的主要杆件，所以普通框架中的柱，一般均采取正方形截面。

风或地震等水平荷载作用下的框筒，楼层水平剪力主要是由平行于水平荷载方向的腹板框架中的各根柱来承担，垂直于水平荷载方向的翼缘框架中的各根柱，主要是承担倾覆力矩引起的轴向压力或拉力。也就是说，不论地震来自何方，框筒中的柱，总是仅承担平行于所在框架平面的楼层水平剪力。而楼层抗剪刚度的大小，更多地取决于该方向框架中各柱沿框架平面的宽度。所以，宜采用矩形截面柱，并使长边平行于所在框架平面，这将有利于提高框筒的抗推刚度和受剪承载力。

b. 柱截面长边应平行于所在框架平面。应该指出，前面关于"框筒中的柱，总是仅承担平行于所在框架平面的楼层水平剪力"的说法，是有条件的，是建立在框筒柱截面长边 h 平行于所在框架平面，而且截面长边（即建筑立面的柱宽）h 远大于短边 b 的情况（图 2-69a）。

由于建筑立面要求，限制了柱的窗间宽度，柱截面只能向垂直于所在框架平面的方向扩大，使得楼房下部几层，柱的窗间宽度 h 反而小于柱的截面厚度 b。在这种情况下，翼缘框架柱不但要承担水平剪力，而且剪力值还大于腹板框架柱。因为，在框筒建筑中，各层楼盖均可视为刚盘，在水平荷载作用下，各层楼盖仅产生平移，而不产生水平变形；腹板框架和翼缘框架中的各根柱，层间侧移是相同的，均等于 δ_i（图 2-69），各根柱所承担水平剪力的大小，是与各根柱平行于水平力方向的层间抗推刚度成正比。如果柱的窗间宽度 h 小于截面厚度 b，翼缘框架柱平行于剪力方向的边长 b 大于腹板框架柱平行于剪力方向的边长 h，翼缘框架柱的层间抗推刚度反而比腹板框架柱的抗推刚度要大，翼缘框架柱所承担的垂直于所在框架平面的水平剪力，以及由此产生的柱端弯矩，均比腹板框架柱所承担的平行于所在框架平面的水平剪力和柱端弯矩要大。对于这种情况，框筒的各根柱，既要沿所在框架平面的方向，又要沿垂直于所在框架平面的方向，进行受剪承载力验算，并根据需要配置足够的抗剪箍筋或抗剪斜筋，不够合理，也不经济。

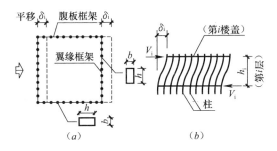

图 2-69 框筒腹板框架和翼缘框架中各柱的层间侧移
(a) 框筒平面；(b) 框筒立面

c. 柱截面形状对框筒受力性能的影响。平面为正方形的框筒，层高和柱距均为 3m，柱和窗裙梁采用不同截面形状和尺寸时，框筒顶点侧移相对比值，以及角柱轴力 N_1 与中柱（翼缘框架）轴力 N_2 的比值（N_1/N_2），列于表 2-57。N_1/N_2 值越大，表明框筒的剪力滞后效应越严重，框筒的空间受力特性受到更多削弱。从表中数字可以看出，采用扁宽梁、柱的框筒，其空间工作性能远远优于方形梁、柱的框筒。

② 角柱

框筒的角柱应采取较大截面，并以采取 L 形截面为优，必要时也可采用角筒。通常，角柱的截面面积要比其他柱大 2 倍以上。除了因为角柱是协调翼缘框架和腹板框架变形的共用杆件外；更主要的是，角柱的轴向应力远大于其他柱的轴向应力，地震时窗裙梁刚度退化使剪力滞后效应加剧后，角柱的应力还会进一步增长。加大角柱截面，对于平衡倾覆力矩将是最有力和最有效的，对于提高角柱抗压可靠度也是必要的，同时可以减小各层楼板的翘曲。

5) 窗裙梁截面

窗裙梁竖向刚度是决定框筒空间作用强弱的关键性因素（见表 2-57 中方案③和方案④的数值对比），尽可能加大窗裙梁的截面高度是必要的。设置窗裙梁的可利用高度范围，是自本楼层的窗顶直至上一楼层的窗台面，窗裙梁截面高度一般取 1.0～1.5m，任何情况下不得小于 0.6m。

方案编号	①	②	③	④
窗裙梁截面	250 × 1000	250 × 1000	250 × 1000	500 × 500
柱截面（框架平面方向）	250 × 1000	750/250（T形）	500 × 500	500 × 500
开洞率	44%	50%	55%	89%
框筒顶点侧移	100	142	232	313
柱轴力比（N_1/N_2）	4.3	4.9	6.0	14.1

梁、柱截面形状对框筒空间受力特性的影响　　　　表 2-57

3. 筒体结构构造要求

（1）一般规定

1）筒体结构是指钢筋混凝土框架-核心筒结构及筒中筒结构。

2）筒中筒结构的高度不宜低于 80m，高宽比不宜小于 3。

3）对于高度不超过 60m 的框架-核心筒结构，可按框架-剪力墙结构设计。

4）当相邻层的柱不贯通时，应设置托柱转换层并应符合相关构造要求。

5）筒体结构的楼盖外角宜设置双层双向钢筋，单层单向配筋率不宜小于 0.3%，钢筋直径不应小于 8mm，间距不应大于 150mm，配筋范围不宜小于外框架（或外筒）至内筒外墙中距的 1/3 且不小于 3m。

6）筒体结构墙加强部位的高度、轴压比限值、边缘构件设置以及截面设计，应符合剪力墙结构的有关规定。框筒柱和框架柱的轴压比限值，可按框架-剪力墙结构的规定采用。

7）核心筒或内筒的外墙不宜在水平方向连续开洞，洞间墙肢截面高度不宜小于 1.2m；当洞间墙肢截面高度与厚度之比小于 4 时，宜按框架柱进行设计。

8）楼层主梁不宜集中支承在核心筒或内筒的转角处，也不宜支承在洞口连梁上；核心筒或内筒支承楼层梁的位置宜设扶壁柱或暗柱。

9）跨高比不大于 2 的框筒梁及内筒连梁宜增配对角斜向钢筋。

10）跨高比不大于 1 的框筒梁及内筒连梁宜采用交叉暗撑，梁截面宽度不宜小于 400mm，全部剪力由暗撑承担，暗撑纵筋不少于 4 根，直径不应小于 14mm。暗撑纵筋采用矩形或螺旋箍筋绑扎成一体，箍筋直径不小于 8mm，箍筋间距不应大于 150mm。

11）框筒梁及内筒连梁配置的对角斜向钢筋及交叉暗撑，纵筋伸入竖向构件的长度不小于 $1.15l_a$。板角配筋构造如图所示（图 2-70）。

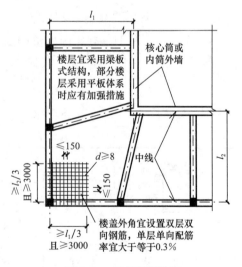

图 2-70 板角配筋构造

注：l_1、$l_2 \leqslant 12m$。

（2）框架-核心筒结构

1）框架-核心筒结构除满足筒体结构的有关规定外，尚应符合下列要求：

① 核心筒宜贯通建筑物全高，其宽度不宜小于筒体总高的 1/12；当筒体结构设置角筒、剪力墙或增强结构整体刚度的构件时，核心筒的宽度可适当减小。

② 核心筒角部附近不宜开洞，当不可避免时，筒角内壁至洞口的距离不应小于 500mm 和开洞墙的截面厚度。

③ 筒体墙应验算稳定，且外墙厚度不应小于 200mm，内墙厚度不应小于 160mm，筒体墙的水平和竖向分布筋不应少于 2 排。

④ 框架-核心筒结构的周边柱间必须设置框架梁。

2）框架-核心筒结构的核心筒应符合下列要求：

① 底部加强部位主要墙体的水平和竖向分布钢筋的配筋率均不宜小于 0.30%。

② 底部加强部位角部墙体的约束边缘构件沿墙肢的长度应取墙肢截面高度的1/4，约束边缘构件范围内应主要采用箍筋。沿约束边缘构件周边采用一个大箍，中间部位采用拉筋，拉筋应钩住大箍筋。

③ 底部加强部位以上全高范围宜按剪力墙结构底部加强部位转角墙的要求设置约束边缘构件。

④ 当框架-双筒结构的双筒间楼板开洞时，其有效楼板宽度不宜小于楼板典型宽度的50%，洞口附近楼板应加厚，采用双层双向配筋，且每层单向配筋率不应小于0.25%。

（3）筒中筒结构

1）筒中筒结构除满足筒体结构的有关规定及框架-核心筒结构关于核心筒的要求外，尚应符合下列要求：

① 筒中筒结构的平面外形宜选用圆形、正方形、椭圆形或矩形。采用矩形时，其长宽比不宜大于2。

② 内筒宜贯通建筑物全高，竖向刚度宜均匀变化。

③ 外框筒柱距可取4m左右，框筒柱的截面长边宜沿筒壁方向布置，必要时可采用T形截面；外框筒梁截面高度可取柱净距的1/4；角柱截面面积可取中柱的1~2倍。

2）外框筒和内筒连梁，箍筋直径不应小于10mm，箍筋间距不应大于100mm且沿梁全长不变；当梁内设置交叉暗撑时，梁箍筋间距不应大于200mm；框筒梁上、下纵向钢筋直径不应小于16mm，腰筋直径不小于10mm，间距不大于200mm；每根暗撑应不少于4根纵向钢筋组成，纵筋直径不应小于14mm（图2-71）。

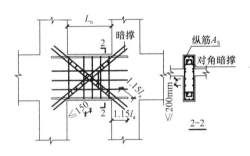

图2-71 跨高比不大于1的框筒梁及连梁交叉暗撑的配置

框架-核心筒结构的核心筒构造如图所示（图2-72）。

4. 筒体结构转换层

1）转换层上下的结构质量中心宜接近重合（不包括裙房），转换层上下层的侧向刚度比不宜大于2。

2）转换层上部的竖向抗侧力构件（墙、柱）宜直接落在转换层的主结构上。

3）厚板转换层结构不宜用于7度及7度以上的高层建筑。

4）转换层楼盖不应有大洞口，在平面内宜接近刚性。

5）转换层楼盖与筒体、抗震墙应有可靠的连接，转换层楼板的抗震验算和构造应符合下列规定：

① 框支层应采用现浇楼板，厚度不宜小于180mm，混凝土强度等级不宜低于C30，应采用双层双向配筋，且每层每个方向的配筋率不应小于0.25%。

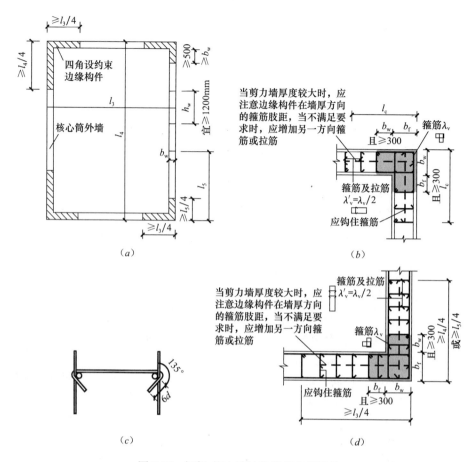

图 2-72 框架-核心筒结构的核心筒构造

(a) 核心筒底部加强部位角部设约束边缘构件；(b) 非底部加强部位核心筒四角约束边缘构件；

(c) 拉筋钩住纵向钢筋及箍筋；(d) 底部加强部位核心筒四角约束边缘构件

注：l_5 为核心筒角部墙肢截面的高度。

② 部分框支抗震墙结构的框支层楼板剪力设计值，应符合下列要求：

$$V_f \leqslant \frac{1}{\gamma_{RE}}(0.1 f_c b_f t_f) \tag{2-31}$$

式中　V_f——由不落地抗震墙传到落地抗震墙处按刚性楼板计算的框支层楼板组合的剪力
设计值，8 度时应乘以增大系数 2，7 度时应乘以增大系数 1.5；验算落地抗
震墙时不考虑此项增大系数；

b_f、t_f——分别为框支层楼板的宽度和厚度；

γ_{RE}——承载力抗震调整系数，可采用 0.85。

③ 部分框支抗震墙结构的框支层楼板与落地抗震墙交接截面的受剪承载力，应按下
列公式验算：

$$V_f \leqslant \frac{1}{\gamma_{RE}}(f_y A_s) \tag{2-32}$$

式中　A_s——穿过落地抗震墙的框支层楼盖（包括梁和板）的全部钢筋的截面面积。

④ 框支层楼板的边缘和较大洞口周边应设置边梁，其宽度不宜小于板厚的 2 倍，纵

向钢筋配筋率不应小于1%，钢筋接头宜采用机械连接或焊接，楼板的钢筋应锚固在边梁内。

⑤ 对建筑平面较长或不规则及各抗震墙内力相差较大的框支层，必要时可采用简化方法验算楼板平面内的受弯、受剪承载力。

6）8度时转换层结构应考虑竖向地震作用。

7）9度时不应采用转换层结构。

2.7.2 错层结构

1. 错层结构

① 楼面错层高度 h_0 大于相邻高侧的梁高 h_1 时（图2-73a）；

② 两侧楼板横向用同一钢筋混凝土梁相连，但楼板间垂直净距 h_2 大于支撑梁宽的1.5倍时；（图2-73b）

③ 当两侧楼板横向用同一根梁相连，虽然 $h_2 < 1.5b$，但纵向梁净距（$h_0 - h_1$）$> b$ 时，此时仍作为错层；当较大错层面积大于该层总面积的30%时，应视为楼层错层（图2-73c）。

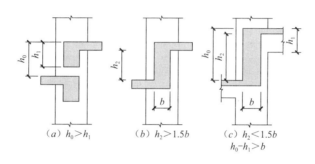

图 2-73　错层结构

(a)、(b) 横向梁；(c) 纵向梁

2. 错层结构的有关规定

① 错层结构属平面布置不规则结构，错层附近竖向抗侧力结构受力复杂，产生应力集中部位，框架结构错层时将产生许多短柱与长柱混合的不规则体系，对抗震十分不利。高层建筑尽可能不采用错层结构，7度和8度抗震设防的错层建筑剪力墙结构时，房屋高度分别不宜大于80m和60m；框剪结构时，不应大于80m和60m。

② 错层结构的两侧宜采用结构布置和侧向刚度都相近的结构体系，楼板错层处宜用同一钢筋混凝土梁将两侧楼板连成整体，此时梁腹水平截面宜满足因错层产生水平剪力的要求，必要时可将梁截面加腋（图2-74）以传递错层的水平剪力。

③ 错层处平面外受力剪力墙的截面厚度，抗震设计时不应小于250mm，并均应设置与之垂直的墙肢或扶壁柱，其抗震等级应提高一级采用。错层处剪力墙的混凝土强度等级不应低于C30，水平和竖向分布钢筋的配筋率，抗震设计时不应小于0.50%。

④ 错层处框架柱的截面高度不应小于600mm，混凝土强度等级不应低于C30，箍筋应全柱段加密，抗震等级应提高一级采用。

⑤ 错层结构计算时，错开的楼层应各自作为一层进行分析。

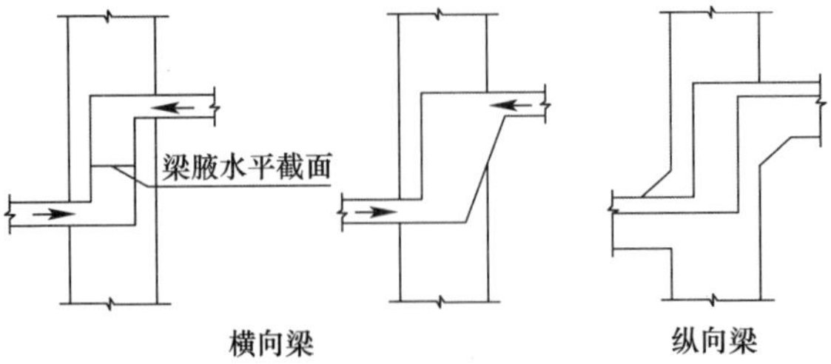

图 2-74　错层结构梁加腋

⑥ 抗震等级应提高一级时，若原抗震等级为一级则提高至特一级。特一级抗震等级的有关要求应按《高层建筑混凝土结构技术规程》（JGJ 3—2010）中有关规定执行。

3 多层砌体房屋和底部框架砌体房屋

砌体房屋是指由烧结普通黏土砖、烧结多孔黏土砖、蒸压砖、混凝土砖或混凝土小型空心砌块等块材,通过砂浆砌筑而成的房屋。砌体结构在我国建筑工程中,特别是在住宅、办公楼、学校、医院商店等建筑中,获得了广泛应用。

3.1 一般规定

3.1.1 砌体房屋的结构形式

1. 一般多层砌体房屋

一般多层砌体房屋,全部竖向承重结构均为砌体(图 3-1a),一般住宅、办公楼、医院等房屋多属这类结构。

2. 底层框架-抗震墙多层砌体房屋

底层框架-抗震墙多层砌体房屋,底层为钢筋混凝土框架承重、上部各层为砌体承重的房屋(图 3-1b),其特点是底层可用作商店、车库,上部可作为住宅或办公楼。

3. 多排柱内框架多层砌体房屋

多排柱内框架多层砌体房屋,内部为钢筋混凝土梁、柱承重,而外围为砌体承重的房屋(图 3-1c),常见于仓库、轻工业厂房等。

一般地讲,多层砌体结构房屋的抗震性能较差。但砌体结构具有取材容易、构造简单、施工方便、造价低廉等优点,只要设计、施工得当,仍能满足抗震设防要求。因此,目前仍是我国应用最广泛的结构形式之一。

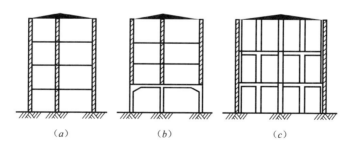

图 3-1 多层砌体房屋的结构形式

3.1.2 结构材料性能指标

1. 常用材料

(1) 烧结砖

1) 烧结普通砖。烧结普通砖指以黏土、页岩、煤矸石或粉煤灰为主要原料,经过焙烧而成的实心或孔洞率不大于规定值且外形尺寸符合规定的砖，分烧结黏土砖、烧结页岩砖、烧结煤矸石砖和烧结粉煤灰砖等。

目前，我国生产的标准实心砖的规格为240mm×115mm×53mm。

2）烧结多孔砖。烧结多孔砖是指以黏土、页岩、煤矸石、粉煤灰为主要原料，经焙烧而成的多孔砖（图3-2）。孔洞率不小于28%、孔的尺寸小而数量多、主要用于承重部位的砖简称多孔砖。烧结多孔砖按主要原料分为黏土多孔砖、页岩多孔砖、煤矸石多孔砖和粉煤灰多孔砖。

① 砖的外形为直角六面体，其长度、宽度、高度尺寸应符合下列要求：290mm、240mm、190mm、180mm、140mm、115mm、90mm。

砖孔形状有矩形长条孔、圆孔等多种。孔洞要求：孔径不大于22mm、孔数多、孔洞方向垂直于承压面方向。

② 根据抗压强度分为MU30、MU25、MU20、MU15、MU10 五个强度等级。

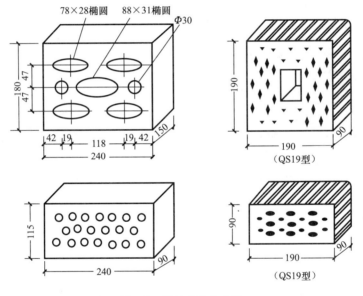

图 3-2　烧结多孔空心砖

③ 烧结多孔砖尺寸允许偏差见表3-1，外观质量允许偏差见表3-2。

尺寸允许偏差（mm）　　　　　　　　　　　　表 3-1

尺寸	样本平均偏差	样本极差≤
＞400	±3.00	10.00
300～400	±2.50	9.00
200～300	±2.50	8.00
100～200	±2.00	7.00
＜100	±1.50	6.00

外观质量允许偏差（mm）　　　　　　表 3-2

项目		指标
1. 完整面	不得少于	一条面和一顶面
2. 缺棱掉角的三个破坏尺寸	不得同时大于	30
3. 裂纹长度		
1）大面（有孔面）上深入孔壁 15mm 以上宽度方向及其延伸到条面的长度	不大于	80
2）大面（有孔面）上深入孔壁 15mm 以上长度方向及其延伸到顶面的长度	不大于	100
3）条顶面上的水平裂纹	不大于	100
4. 杂质在砖面上造成的凸出高度	不大于	5

注：凡有下列缺陷之一者，不能称为完整面：
　1）缺损在条面或顶面上造成的破坏面尺寸同时大于 20mm×30mm。
　2）条面或顶面上裂纹宽度大于 1mm，长度超过 70mm。
　3）压陷、焦花、粘底在条面或顶面上的凹陷或凸出超过 2mm，区域最大投影尺寸同时大于 20mm×30mm。

（2）硅酸盐砖

硅酸盐砖有蒸压灰砂砖和蒸压粉煤灰砖等。蒸压灰砂砖指以石灰和砂为主要原料，经坯料制备、压制成型、蒸压养护而成的实心砖，简称灰砂砖。蒸压粉煤灰砖指以粉煤灰、石灰为主要原料，掺加适量石膏和集料，经坯料制备、压制成型、高压蒸汽养护而成的实心砖，简称粉煤灰砖。

蒸压灰砂砖、蒸压粉煤灰砖的强度等级分为：MU25、MU20、MU15 和 MU10。

（3）混凝土砌块

1）普通混凝土小型砌块。普通混凝土小型空心砌块以水泥、砂、碎石或卵石、水等预制而成。

普通混凝土小型空心砌块主规格尺寸为 390mm×190mm×190mm，有两个方形孔，最小外壁厚应不小于 30mm，最小肋厚应不小于 25mm，空心率应不小于 25%（图 3-3）。

普通混凝土小型空心砌块按其强度，分为 MU3.5、MU5、MU7.5、MU10、MU15、MU20 六个强度等级。

普通混凝土小型空心砌块按其尺寸允许偏差、外观质量，分为优等品、一等品、合格品。

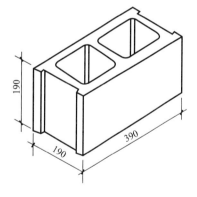

图 3-3　混凝土空心砌砖

普通混凝土空心砌块的尺寸允许偏差和外观质量应符合表 3-3 和表 3-4 的规定。

普通混凝土小型空心砌块的尺寸允许偏差（mm）　　　　　　表 3-3

项目	优等品	一等品	合格品
长度	±2	±3	±3
宽度	±2	±3	±3
高度	±2	±3	+3，−4

普通混凝土小型空心砌块的外观质量　　　　　　　　　表 3-4

项目		优等品	一等品	合格品
弯曲/mm	不大于	2	2	3
掉角缺棱	个数　　　　　　　　　　　不大于	0	2	2
	三个方向投影尺寸的最小值/mm　不大于	0	20	30
裂缝延伸的投影尺寸累计/mm	不大于	0	20	30

2) 粉煤灰小型空心砌块。粉煤灰小型空心砌块是以粉煤灰、水泥及各种骨料加水拌和制成的砌块。其中粉煤灰用量不应低于原材料干质量的 20%，生产过程中也可加入适量的外加剂调节砌块的性能。

① 性能。粉煤灰小型空心砌块具有轻质高强、保温隔热、抗震性能好的特点，可用于框架结构的填充墙等结构部位。

粉煤灰小型空心砌块按抗压强度，分为 MU3.5、MU5、MU7.5、MU10、MU15 和 MU20 六个强度等级。

② 质量要求。粉煤灰小型空心砌块按孔的排数，分为单排孔、双排孔和多排孔三种类型。其主规格尺寸为 390mm×190mm×190mm，其他规格尺寸可由供需双方协商确定。

粉煤灰砌块的尺寸允许偏差和外观质量应符合表 3-5 的要求。

尺寸偏差和外观质量　　　　　　　　　　　　表 3-5

项目			指标
尺寸允许偏差/mm	长度		±2
	宽度		±2
	高度		±2
最小壁厚/mm	用于承重墙体	≥	30
	用于非承重墙体	≥	20
肋厚/mm	用于承重墙体	≥	25
	用于非承重墙体	≥	15
缺棱掉角	个数/个	≤	2
	三个方向投影的最大值/mm	≤	20
裂缝延伸的累计尺寸/mm		≤	20
弯曲/mm		≤	2

2. 材料性能指标

(1) 砌体材料

1) 普通砖和多孔砖的强度等级不应低于 MU10，其砌筑砂浆强度等级不应低于 M5。蒸压灰砂普通砖、蒸压粉煤灰普通砖及混凝土砖的强度等级不应低于 MU15，其砌筑砂浆强度等级不应低于 Ms5 (Mb5)。

2) 混凝土砌块的强度等级不应低于 MU7.5，其砌筑砂浆强度等级不应低于 Mb7.5。

3) 约束砖砌体墙其砖砌体强度等级，普通砖和多孔砖的强度等级不应低于 MU10，蒸压灰砂普通砖、蒸压粉煤灰普通砖及混凝土砖的强度等级不应低于 MU15，其砌筑砂浆强度等级不应低于 M10 或 Mb10。

4) 约束小砌块砌体墙，其混凝土小砌块的强度等级不应低于 MU7.5，砌筑砂浆强度等级不应低于 Mb10。

5）顶层楼梯间墙体，普通砖和多孔砖的强度等级不应低于 MU10，蒸压灰砂普通砖、蒸压粉煤灰普通砖及混凝土砖的强度等级不应低于 MU15；砂浆强度等级不应低于 M7.5，且不低于同层墙体的砂浆强度等级。

6）夹心墙的外叶墙，混凝土空心小砌块的强度等级不应低于 MU10，砌筑砂浆强度等级不应低于 Mb7.5。

7）底部框架-抗震墙砌体房屋的过渡层，砌块的强度等级不应低于 MU10，砖砌体砌筑砂浆强度等级不应低于 M10，砌块砌体砌筑砂浆强度等级不应低于 Mb10。

（2）钢筋混凝土材料

1）钢筋材料应符合下列规定：

① 钢筋宜选用 HRB400 级钢筋和 HRB335 级钢筋，也可采用 HPB300 级钢筋。

② 托梁、框架梁、框架柱等混凝土构件和落地混凝土墙，其普通受力钢筋宜优先选用 HRB400 钢筋。

2）混凝土材料应符合下列规定：

① 托梁、底部框架-抗震墙砌体房屋中的框架梁、框架柱、节点核心区、混凝土墙和过渡层底板，其混凝土的强度等级不应低于 C30。

② 构造柱、圈梁、水平现浇钢筋混凝土带及其他各类构件的混凝土强度等级不应低于 C20，砌块砌体芯柱灌孔混凝土强度等级不应低于 Cb20。

3.1.3 多层砌体房屋的耐久性

砌体结构的耐久性应根据表 3-6 的环境类别和设计使用年限进行设计。

砌体结构的环境类别　　　　　　　　　　　　　　　　表 3-6

环境类别	条件
1	正常居住及办公建筑的内部干燥环境
2	潮湿的室内或室外环境，包括与无侵蚀性土和水接触的环境
3	严寒和使用化冰盐的潮湿环境（室内或室外）
4	与海水直接接触的环境，或处于滨海地区的盐饱和的气体环境
5	有化学侵蚀的气体、液体或固态形式的环境，包括有侵蚀性土壤的环境

设计使用年限为 50a 时，砌体中钢筋的耐久性选择应符合表 3-7 的规定。

砌体中钢筋耐久性选择　　　　　　　　　　　　　　　　表 3-7

环境类别	钢筋种类和最低保护要求	
	位于砂浆中的钢筋	位于灌孔混凝土中的钢筋
1	普通钢筋	普通钢筋
2	重镀锌或有等效保护的钢筋	当采用混凝土灌孔时，可为普通钢筋 当采用砂浆灌孔时应为重镀锌或有等效保护的钢筋
3	不锈钢或等效保护的钢筋	重镀锌或有等效保护的钢筋
4 和 5	不锈钢或等效保护的钢筋	不锈钢或等效保护的钢筋

注：1. 对夹心墙的外叶墙，应采用重镀锌或有等效保护的钢筋。
　　2. 表中的钢筋即为国家现行标准《混凝土结构设计规范》（GB 50010—2010）和《冷轧带肋钢筋混凝土结构技术规程》（JGJ 95—2011）等标准规定的普通钢筋或非预应力钢筋。

设计使用年限为 50a 时，砌体中钢筋的保护层厚度，应符合下列规定：

1）配筋砌体中钢筋的最小混凝土保护层应符合表 3-8 的规定；

2）灰缝中钢筋外露砂浆保护层的厚度不应小于 15mm；

3）所有钢筋端部均应有与对应钢筋的环境类别条件相同的保护层厚度。

对填实的夹心墙或特别的墙体构造，钢筋的最小保护层厚度应符合下列规定：

1）用于环境类别 1 时，应取 20mm 厚砂浆或灌孔混凝土与钢筋直径较大者；

2）用于环境类别 2 时，应取 20mm 厚灌孔混凝土与钢筋直径较大者；

3）采用重镀锌钢筋时，应取 20mm 厚砂浆或灌孔混凝土与钢筋直径较大者；

4）采用不锈钢筋时，应取钢筋的直径。

钢筋的最小保护层厚度（mm）　　　　　　表 3-8

环境类别	混凝土强度等级			
	C20	C25	C30	C35
	最低水泥含量/(kg/m³)			
	260	280	300	320
1	20	20	20	20
2	—	25	25	25
3	—	40	40	30
4	—	—	40	40
5	—	—	—	40

注：1. 材料中最大氯离子含量和最大碱含量应符合现行国家标准《混凝土结构设计规范》（GB 50010—2010）的规定。

2. 当采用防渗砌体砌块和防渗砂浆时，可以考虑部分砌体（含抹灰层）的厚度作为保护层，但对环境类别 1、2、3，其混凝土保护层的厚度相应不应小于 10mm、15mm 和 20mm。

3. 钢筋砂浆面层的组合砌体构件的钢筋保护层厚度宜比表 3-8 规定的混凝土保护层厚度数值增加 5～10mm。

4. 对安全等级为一级或设计使用年限为 50a 以上的砌体结构，钢筋保护层的厚度应至少增加 10mm。

设计使用年限为 50a 时，夹心墙的钢筋连接件或钢筋网片、连接钢板、锚固螺栓或钢筋，应采用重镀锌或等效的防护涂层，镀锌层的厚度不应小于 290g/m²；当采用环氧涂层时，灰缝钢筋涂层厚度不应小于 290μm，其余部件涂层厚度不应小于 450μm。

设计使用年限为 50a 时，砌体材料的耐久性应符合下列规定：

1）地面以下或防潮层以下的砌体、潮湿房间的墙或环境类别 2 的砌体，所用材料的最低强度等级应符合表 3-9 的规定。

地面以下或防潮层以下的砌体、潮湿房间的墙所用材料的最低强度等级　　　　表 3-9

潮湿程度	烧结普通砖	混凝土普通砖、蒸压普通砖	混凝土砌块	石材	水泥砂浆
稍潮湿的	MU15	MU20	MU7.5	MU30	M5
很潮湿的	MU20	MU20	MU10	MU30	M7.5
含水饱和的	MU20	MU25	MU15	MU40	M10

注：1. 在冻胀地区，地面以下或防潮层以下的砌体，不宜采用多孔砖，如采用时，其孔洞应用不低于 M10 的水泥砂浆预先灌实。当采用混凝土空心砌块时，其孔洞采用强度等级不低于 Cb20 的混凝土预先灌实。

2. 对安全等级为一级或设计使用年限大于 50a 的房屋，表中材料强度等级应至少提高一级。

2）处于环境类别 3～5 等有侵蚀性介质的砌体材料应符合下列规定：

① 不应采用蒸压灰砂普通砖、蒸压粉煤灰普通砖；

② 应采用实心砖，砖的强度等级不应低于 MU20，水泥砂浆的强度等级不应低于 M10；

③ 混凝土砌块的强度等级不应低于 MU15，灌孔混凝土的强度等级不应低于 Cb30，砂浆的强度等级不应低于 Mb10；

④ 应根据环境条件对砌体材料的抗冻指标、耐酸碱性能提出要求，或符合有关规范的规定。

3.1.4 多层房屋的层数和高度

国内历次地震表明，在一般场地情况下，砌体房屋层数愈多，高度愈高，它的震害程度愈严重，破坏率也就愈高。因此，国内外抗震设计规范都对砌体房屋的层数和总高度加以限制。

砌体房屋的高度限制，是十分敏感且深受关注的规定。基于砌体材料的脆性性质和震害经验，限制其层数和高度是主要的抗震措施。

1. 房屋层数和高度要求

1）多层房屋的层数和高度应符合下列要求：

① 一般情况下，房屋的层数和总高度不应超过表 3-10 的规定。

房屋的层数和总高度限值（m） 表 3-10

房屋类型		最小抗震墙厚度/mm	烈度和设计基本地震加速度										
			6 度		7 度				8 度				9 度	
			0.05g		0.10g		0.15g		0.20g		0.30g		0.40g	
			高度	层数	高度	层数	高度	层数	高度	层数	高度	层数	高度	层数
多层砌体房屋	普通砖	240	21	7	21	7	21	7	18	6	15	5	12	4
	多孔砖	240	21	7	21	7	18	6	18	6	15	5	9	3
	多孔砖	190	21	7	18	6	15	5	15	5	12	4	—	—
	小砌块	190	21	7	21	7	18	6	18	6	15	5	9	3
底部框架-抗震墙砌体房屋	普通砖、多孔砖	240	22	7	22	7	19	6	16	5	—	—	—	—
	多孔砖	190	22	7	19	6	16	5	13	4	—	—	—	—
	小砌块	190	22	7	22	7	19	6	16	5	—	—	—	—

注：1. 房屋的总高度指室外地面到主要屋面板板顶或檐口的高度，半地下室从地下室室内地面算起，全地下室和嵌固条件好的半地下室应允许从室外地面算起；对带阁楼的坡屋面应算到山尖墙的 1/2 高度处。

2. 室内外高差大于 0.6m 时，房屋总高度应允许比表中的数据适当增加，但增加量应少于 1.0m。

3. 乙类的多层砌体房屋仍按本地区设防烈度查表，其层数应减少一层且总高度应降低 3m；不应采用底部框架-抗震墙砌体房屋。

4. 本表小砌块砌体房屋不包括配筋混凝土小型空心砌块砌体房屋。

② 横墙较少的多层砌体房屋，总高度应比表 3-10 的规定降低 3m，层数相应减少一层；各层横墙很少的多层砌体房屋，还应再减少一层。

注：横墙较少是指同一楼层内开间大于 4.2m 的房间占该层总面积的 40% 以上；其中，开间不大于 4.2m 的房间占该层总面积不到 20% 且开间大于 4.8m 的房间占该层总面积的 50% 以上为横墙很少。

③ 6 度、7 度时，横墙较少的丙类多层砌体房屋，当按规定采取加强措施并满足抗震承载力要求时，其高度和层数应允许仍按表 3-10 的规定采用。

④ 采用蒸压灰砂砖和蒸压粉煤灰砖的砌体的房屋，当砌体的抗剪强度仅达到普通黏土砖砌体的 70％时，房屋的层数应比普通砖房减少一层，总高度应减少 3m；当砌体的抗剪强度达到普通黏土砖砌体的取值时，房屋层数和总高度的要求同普通砖房屋。

2）多层砌体承重房屋的层高，不应超过 3.6m。

底部框架-抗震墙砌体房屋的底部，层高不应超过 4.5m；当底层采用约束砌体抗震墙时，底层的层高不应超过 4.2m。

注：当使用功能确有需要时，采用约束砌体等加强措施的普通砖房屋，层高不应超过 3.9m。

2. 房屋最大高宽比的限制

震害调查表明，在 8 度地震区，五、六层的砖混结构房屋都发生较明显的整体弯曲破坏，底层外墙产生水平裂缝并向内延伸至横墙。这是因为，当烈度高、房屋高宽比大时，地震作用所产生的倾覆力矩所引起的弯曲应力很容易超过砌体的弯曲抗拉强度而导致砖墙出现水平裂缝。所以《建筑抗震设计规范》对房屋高宽比进行了限制，见表 3-11，以减少房屋弯曲效应，增加房屋的稳定性。

房屋最大高宽比（m） 表 3-11

烈度	6 度	7 度	8 度	9 度
最大高度比	2.50	2.50	2.00	1.50

注：1. 单面走廊房屋的总宽度不包括走廊宽度。
2. 建筑平面接近正方形时，其高宽比宜适当减小。

3.1.5 砌体的计算指标

1）龄期为 28d 的以毛截面计算的砌体抗压强度设计值，当施工质量控制等级为 B 级时，应根据块体和砂浆的强度等级分别按下列规定采用。

① 烧结普通砖、烧结多孔砖砌体的抗压强度设计值，应按表 3-12 采用。

烧结普通砖和烧结多孔砖砌体的抗压强度设计值（MPa） 表 3-12

砖强度等级	砂浆强度等级					砂浆强度
	M15	M10	M7.5	M5	M2.5	0
MU30	3.94	3.27	2.93	2.59	2.26	1.15
MU25	3.60	2.98	2.68	2.37	2.06	1.05
MU20	3.22	2.67	2.39	2.12	1.84	0.94
MU15	2.79	2.31	2.07	1.83	1.60	0.82
MU10	—	1.89	1.69	1.50	1.30	0.67

注：当烧结多孔砖的孔洞率大于 30％时，表中数值应乘以 0.90。

② 混凝土普通砖和混凝土多孔砖砌体的抗压强度设计值，应按表 3-13 采用。

混凝土普通砖和混凝土多孔砖砌体的抗压强度设计值（MPa） 表 3-13

砖强度等级	砂浆强度等级					砂浆强度
	Mb20	Mb15	Mb10	Mb7.5	Mb5	0
MU30	4.61	3.94	3.27	2.93	2.59	1.15
MU25	4.21	3.60	2.98	2.68	2.37	1.05

续表

砖强度等级	砂浆强度等级					砂浆强度
	Mb20	Mb15	Mb10	Mb7.5	Mb5	0
MU20	3.77	3.22	2.67	2.39	2.12	0.94
MU15	—	2.79	2.31	2.07	1.83	0.82

③ 蒸压灰砂普通砖和蒸压粉煤灰普通砖砌体的抗压强度设计值，应按表3-14采用。

蒸压灰砂普通砖和蒸压粉煤灰普通砖砌体的抗压强度设计值（MPa）　表 3-14

砖强度等级	砂浆强度等级				砂浆强度
	M15	M10	M7.5	M5	0
MU25	3.60	2.98	2.68	2.37	1.05
MU20	3.22	2.67	2.39	2.12	0.94
MU15	2.79	2.31	2.07	1.83	0.82

注：当采用专用砂浆砌筑时，其抗压强度设计值按表中数值采用。

④ 单排孔混凝土砌块和轻集料混凝土砌块对孔砌筑砌体的抗压强度设计值，应按表3-15采用。

单排孔混凝土砌块和轻集料混凝土砌块对孔砌筑砌体的抗压强度设计值（MPa）　表 3-15

砌块强度等级	砂浆强度等级					砂浆强度
	Mb20	Mb15	Mb10	Mb7.5	Mb5	0
MU20	6.30	5.68	4.95	4.44	3.94	2.33
MU15	—	4.61	4.02	3.61	3.20	1.89
MU10	—	—	2.79	2.50	2.22	1.31
MU7.5	—	—	—	1.93	1.71	1.01
MU5	—	—	—	—	1.19	0.70

注：1. 对独立柱或厚度为双排组砌的砌块砌体，应按表中数值乘以0.70。
　　2. 对T形截面墙体、柱，应按表中数值乘以0.85。

⑤ 单排孔混凝土砌块对孔砌筑时，灌孔砌体的抗压强度设计值 f_g，应按下列方法确定：

a. 混凝土砌块砌体的灌孔混凝土强度等级不应低于Cb20，且不应低于1.5倍的块体强度等级。灌孔混凝土强度指标取同强度等级的混凝土强度指标。

b. 灌孔混凝土砌块砌体的抗压强度设计值 f_g，应按下列公式计算：

$$f_g = f + 0.6\alpha f_c \tag{3-1}$$

$$\alpha = \delta\rho \tag{3-2}$$

式中　f_g——灌孔混凝土砌块砌体的抗压强度设计值，该值不应大于未灌孔砌体抗压强度设计值的2倍；

　　　f——未灌孔混凝土砌块砌体的抗压强度设计值，应按表3-15采用；

　　　f_c——灌孔混凝土的轴心抗压强度设计值；

　　　α——混凝土砌块砌体中灌孔混凝土面积与砌体毛面积的比值；

　　　δ——混凝土砌块的孔洞率；

　　　ρ——混凝土砌块砌体的灌孔率。系截面灌孔混凝土面积与截面孔洞面积的比值，灌孔率应根据受力或施工条件确定，且不应小于 33%。

⑥ 双排孔或多排孔轻集料混凝土砌块砌体的抗压强度设计值，应按表 3-16 采用。

双排孔或多排孔轻集料混凝土砌块砌体的抗压强度设计值（MPa）　　表 3-16

砌块强度等级	砂浆强度等级			砂浆强度
	Mb10	Mb7.5	Mb5	0
MU10	3.08	2.76	2.45	1.44
MU7.5	—	2.13	1.88	1.12
MU5		—	1.31	0.78
MU3.5			0.95	0.56

注：1. 表中的砌块为火山渣、浮石和陶粒轻集料混凝土砌块。
　　2. 对厚度方向为双排组砌的轻集料混凝土砌块砌体的抗压强度设计值，应按表中数值乘以 0.80。

2）龄期为 28d 的以毛截面计算的各类砌体的轴心抗拉强度设计值、弯曲抗拉强度设计值和抗剪强度设计值，应符合下列规定。

① 当施工质量控制等级为 B 级时，强度设计值应按表 3-17 采用。

沿砌体灰缝截面破坏时砌体的轴心抗拉强度设计值、弯曲抗拉强度设计值和抗剪强度设计值（MPa）
表 3-17

强度类别	破坏特征及砌体种类	砂浆强度等级			
		≥M10	M7.5	M5	M2.5
轴心抗拉 沿齿缝	烧结普通砖、烧结多孔砖	0.19	0.16	0.13	0.09
	混凝土普通砖、混凝土多孔砖	0.19	0.16	0.13	—
	蒸压灰砂普通砖、蒸压粉煤灰普通砖	0.12	0.10	0.08	—
	混凝土和轻集料混凝土砌块	0.09	0.08	0.07	—
弯曲抗拉 沿齿缝	烧结普通砖、烧结多孔砖	0.33	0.29	0.23	0.17
	混凝土普通转、混凝土多孔砖	0.33	0.29	0.23	—
	蒸压灰砂普通砖、蒸压粉煤灰普通砖	0.24	0.20	0.16	—
	混凝土和轻集料混凝土砌块	0.11	0.09	0.08	—
弯曲抗拉 沿通缝	烧结普通砖、烧结多孔砖	0.17	0.14	0.11	0.08
	混凝土普通砖、混凝土多孔砖	0.17	0.14	0.11	—
	蒸压灰砂普通砖、蒸压粉煤灰普通砖	0.12	0.10	0.08	—
	混凝土和轻集料混凝土砌块	0.08	0.06	0.05	—
抗剪	烧结普通砖、烧结多孔砖	0.17	0.14	0.11	0.08
	混凝土普通砖、混凝土多孔砖	0.17	0.14	0.11	—
	蒸压灰砂普通砖、蒸压粉煤灰普通砖	0.12	0.10	0.08	—
	混凝土和轻集料混凝土砌块	0.09	0.08	0.06	—

注：1. 对于用形状规则的块体砌筑的砌体，当搭接长度与块体高度的比值小于 1 时，其轴心抗拉强度设计值 f_t 和弯曲抗拉强度设计值 f_{tm} 应按表中数值乘以搭接长度与块体高度比值后采用。
　　2. 表中数值是依据普通砂浆砌筑的砌体确定，采用经研究性试验且通过技术鉴定的专用砂浆砌筑的蒸压灰砂普通砖、蒸压粉煤灰普通砖砌体，其抗剪强度设计值按相应普通砂浆强度等级砌筑的烧结普通砖砌体采用。
　　3. 对混凝土普通砖、混凝土多孔砖、混凝土和轻集料混凝土砌块砌体，表中的砂浆强度等级分别为：≥Mb10、Mb7.5 及 Mb5。

② 单排孔混凝土砌块对孔砌筑时，灌孔砌体的抗剪强度设计值 f_{vg}，应按下式计算：

$$f_{vg} = 0.2 f_g^{0.55} \tag{3-3}$$

式中 f_g——灌孔砌体的抗压强度设计值（MPa）。

3）下列情况的各种砌体，其砌体强度设计值应乘以调整系数 γ_a：

① 对无筋砌体构件，其截面面积小于 $0.3m^2$ 时，γ_a 为其截面面积加 0.7；对配筋砌体构件，当其中砌体截面面积小于 $0.2m^2$ 时，γ_a 为其截面面积加 0.8；构件截面积以 "m^2" 计。

② 当砌体用强度等级小于 M5 的水泥砂浆砌筑时，对 1）款各表中的数值，γ_a 为 0.9；对于表 3-17 中数值，γ_a 为 0.8。

③ 当验算施工中房屋的构件时，γ_a 为 1.1。

4）施工阶段砂浆尚未硬化的新砌砌体的强度和稳定性，可按砂浆强度为零进行验算。对于冬期施工采用掺盐砂浆法施工的砌体，砂浆强度等级按常温施工的强度等级提高一级时，砌体强度和稳定性可不验算。配筋砌体不得用掺盐砂浆施工。

5）砌体的弹性模量、线膨胀系数和收缩系数、摩擦系数分别按下列规定采用。砌体的剪变模量按砌体弹性模量的 0.4 倍采用。烧结普通砖砌体的泊松比可取 0.15。

① 砌体的弹性模量，按表 3-18 采用。

砌体的弹性模量（MPa） 表 3-18

砌体种类	砂浆强度等级			
	≥M10	M7.5	M5	M2.5
烧结普通砖、烧结多孔砖砌体	$1600f$	$1600f$	$1600f$	$1390f$
混凝土普通砖、混凝土多孔砖砌体	$1600f$	$1600f$	$1600f$	—
蒸压灰砂普通砖、蒸压粉煤灰普通砖砌体	$1060f$	$1060f$	$1060f$	—
非灌孔混凝土砌块砌体	$1700f$	$1600f$	$1500f$	—

注：1. 轻集料混凝土砌块砌体的弹性模量，可按表中混凝土砌块砌体的弹性模量采用。
2. 表中砂浆为普通砂浆，采用专用砂浆砌筑的砌体的弹性模量也按此表取值。
3. 对混凝土普通砖、混凝土多孔砖、混凝土和轻集料混凝土砌块砌体，表中的砂浆强度等级分别为：≥Mb10、Mb7.5 及 Mb5。
4. 对蒸压灰砂普通砖和蒸压粉煤灰普通砖砌体，当采用专用砂浆砌筑时，其强度设计值按表中数值采用。
5. f——砌体的抗压强度设计值，表中砌体抗压强度设计值不按 3）款进行调整。

② 单排孔且对孔砌筑的混凝土砌块灌孔砌体的弹性模量，应按下列公式计算：

$$E = 2000 f_g \tag{3-4}$$

式中 f_g——灌孔砌体的抗压强度设计值。

③ 砌体的线膨胀系数和收缩率，可按表 3-19 采用。

砌体的线膨胀系数和收缩率 表 3-19

砌体类别	线膨胀系数/($10^{-6}/℃$)	收缩率/(mm/m)
烧结普通砖、烧结多孔砖砌体	5	—0.1
蒸压灰砂普通砖、蒸压粉煤灰普通砖砌体	8	—0.2
混凝土普通砖、混凝土多孔砖、混凝土砌块砌体	10	—0.2
轻集料混凝土砌块砌体	10	—0.3
料石和毛石砌体	8	—

注：表中的收缩率系由达到收缩允许标准的块体砌筑 28d 的砌体收缩系数。当地方有可靠的砌体收缩试验数据时，亦可采用当地的试验数据。

113

④ 砌体的摩擦系数，可按表 3-20 采用。

砌体的摩擦系数　　　　　　　　　　　　　　　　　表 3-20

材料类别	摩擦面情况	
	干燥	潮湿
砌体沿砌体或混凝土滑动	0.70	0.60
砌体沿木材滑动	0.60	0.50
砌体沿钢滑动	0.45	0.35
砌体沿砂或卵石滑动	0.60	0.50
砌体沿粉土滑动	0.55	0.40
砌体沿黏性土滑动	0.50	0.30

3.2　多层砖砌体房屋抗震构造

3.2.1　震害概况

1. 抗震性能评价

砖墙既是砖房的承重构件，又是抵抗水平地震剪力的唯一构件。而砖砌体属脆性材料，抗震性能很差，在不太大的地震力作用下就会出现裂缝。地震烈度很高时，砖墙上的裂缝不仅多而且宽，由于往复错动，破裂后的块体还会出现平面内和平面外的错动，甚至崩落，使砖墙的竖向承载能力大幅度降低，这就是砖房倒塌的直接原因。所以，未作抗震设防的多层砖房，抗震能力是比较低的。

虽然多层砖房地震时容易遭到破坏，但纵横墙较多的房屋，除位于极高烈度区外，发生整幢坍塌的情况还是极少见的。

2. 震害规律

房屋的破坏程度和破坏部位，因房屋的体形、平面布置、楼盖类型不同而不同，概括起来，大致存在如下规律。

（1）不同结构房屋

1）木楼盖房屋，特别是采用苏式人字屋架的，上层破坏重，下层破坏轻。

2）混凝土楼盖房屋，下层破坏重，上层破坏轻。

3）筒形砖拱楼盖房屋，上层破坏重，下层破坏轻；走廊拱体破坏重，房间拱体破坏很轻。

4）复杂体形房屋比简单体形房屋破坏重，圈梁少的房屋比圈梁多的房屋破坏重，软弱地基和非匀质地基上的房屋比均匀坚实地基上的房屋破坏重，施工质量差的房屋比施工质量好的房屋破坏重。

（2）同一栋房屋

1）塔楼、出屋面的屋顶间、小烟囱、女儿墙等，比房屋主体破坏重。

2）房屋四角及突出部分阳角处的墙体破坏重，该处为楼梯间时，破坏更重。

3）无圈梁和少圈梁的预制混凝土楼盖房屋，偏廊部位破坏重，端开间破坏重，端头为大房间时破坏更重。

　　4）顶层为大会议室时，顶层破坏重。

　　5）外走廊的横向砖砌拱圈破坏重。

　　6）同一片砖墙上，宽墙肢的剪切破坏（交叉斜裂缝）比窄墙肢的重。

　　3. 主要震害形态

　　各地震区内，未经抗震设防，或虽作抗震设防但抗震设计不符合标准的多层砖房，不同房屋中，各类构件曾经出现过的破坏现象，综合简述如下。

　　（1）不同烈度区

　　历次地震的不同烈度区内，多层砖房各类构件所出现的破坏现象，由于震害程度不同而存在着差异。将同一烈度区内所有砖房所发生过的震害综合在一起，计有如下的破坏现象。

　　1）6度区

　　① 局部高出屋面的塔楼、楼梯间、水箱间的墙面上，出现交叉裂缝。

　　② 屋面小烟囱、女儿墙的根部出现水平裂缝、错动，少数整个倒塌。

　　③ 采用瓦木屋盖的房屋，山墙有外倾现象。

　　④房屋主体部分的墙面上有细微斜裂缝。

　　2）7度区

　　① 砖墙

　　a. 房屋主体及出屋面的屋顶间的纵墙和横墙上出现斜裂缝，最大缝宽达 20mm。

　　b. 房屋四角及凸出部分的阳角墙面上，出现纵、横两个方向的斜裂缝和出平面的错动。

　　c. 除现浇钢筋混凝土楼盖以外的其他各类楼盖（木、筒形砖拱、预制混凝土板）房屋，外墙向外倾斜，内外墙交接面出现上宽下窄的竖向裂缝。

　　d. 顶层大会议室的外纵墙，在窗间墙的上、下端出现水平通缝。

　　e. 瓦木屋盖房屋，山墙向外倾斜；当为苏式人字屋架时，外纵墙顶部出现水平裂缝和外倾。

　　② 楼盖

　　a. 刚性屋盖在砖墙上发生整体水平错动达数厘米。

　　b. 房屋端头大房间，预制板的纵向或横向接缝裂开，缝宽有达 10mm。

　　c. 内走廊筒形砖拱在拱顶处产生通长纵向裂缝。

　　d. 偏走廊短向搁置的预制板由内纵墙拔出约 3mm。

　　e. 砖柱外廊的横梁由横墙内拔出约 10mm。

　　f. 预制大梁端头在外墙上产生水平错动。

　　g. 檩条由山墙内拔出约数厘米。

　　③ 小构件

　　a. 屋面小烟囱、女儿墙大量倒塌。

　　b. 无筋砖过梁（平拱、弧拱）开裂、下坠。

　　c. 搁置长度为 180mm 的预制混凝土过梁，其端头墙面上出现竖向斜裂缝。

　　d. 板条抹灰平顶开裂、剥落。

e. 后砌隔墙的顶端和两端头侧边出现裂缝。

3）8度区

① 砖墙同7度区，但破坏程度更重，并出现以下情况：

a. 外墙阳角局部崩塌。

b. 旧式木楼盖房屋的外纵墙成片倒塌，个别横墙承重的混凝土预制板楼盖房屋，也有同样震害发生。

c. 地震地面裂缝通过处，砖墙出现竖向裂缝。

② 楼盖的破坏状态，同7度区，但破坏程度稍重。此外，还发生整个瓦木屋盖连同山墙向一个方向倾斜，屋架脊点处的水平位移达300mm，预制混凝土楼梯踏步板在接头处裂开。

③ 小构件的破坏状态，同7度区，但破坏程度更重。

4）9度区

砖墙、楼盖和小构件的破坏状态，同8度区，但情况更严重，并发生如下的局部倒塌和严重破坏：

① 横墙严重破坏，层间侧移有的达500mm。

② 现浇钢筋混凝土楼梯踏步板与平台梁相接处被拉断。

③ 采用瓦木屋盖或混凝土预制板屋盖的房屋，山墙或顶层端横墙倒塌，端开间屋盖随之下落。

④ 煤渣砖等砌筑的后砌隔墙倒塌。

（2）按震害原因划分

多层砖房地震时所发生的各种破坏，虽然都是由于各部位的强度不足造成的，但细分起来，还是可以划分为三大类：某一些破坏，是由于构件自身的抗震强度不足造成的，可以通过抗震设计时的抗震强度验算来加以防止；另一些破坏，是构件间的联结薄弱所致，需要通过相应的抗震措施以加强房屋的整体性来防止；还有一些破坏，是建筑布置和构件选型不当所引起的，可以通过合理设计来预防。下面就把各烈度区内多层砖房曾发生过的各种主要破坏现象，按其直接原因加以分类。

1）构件强度不足

① 纵向和横向砖墙上的斜裂缝。

② 房屋四角墙面上的双向斜裂缝。

③ 顶层大会议室外纵墙的窗间墙上、下端因出平面弯曲引起的水平裂缝。

④ 女儿墙、小烟囱根部的水平裂缝和错位。

2）构件联结薄弱

① 山墙、外纵墙向外倾斜，内、外墙交接面产生竖向裂缝，檩条、预制楼板由砖墙内拔出。

② 房屋端头大房间内，大梁上的混凝土预制板缝被拉开。

③ 偏走廊的短向预制板由内纵墙或外纵墙内拔出稍许。

④ 外走廊横梁由横墙内拔出或出现松动。

⑤ 预制混凝土大梁在外墙上发生水平错动。

⑥ 后砌砌块隔墙的周边出现裂缝，严重的，墙顶发生局部倒塌。

⑦ 预制的混凝土楼梯踏步板，在接头处被拉开。

3）建筑布置和结构选型不当

① 出屋面的塔楼、屋顶间、小烟囱、女儿墙破坏严重。

② 房屋四角处或平面凸出部位的楼梯间，破坏严重。

③ 走廊的筒形砖拱楼板，拱顶处出现通长的纵向裂缝。

④ 门窗洞口的无筋砖过梁开裂、下坠。

3.2.2　砖砌体结构房屋结构布置

1. 砖墙的布置

（1）墙体对齐

1）前后对齐。房屋各层的横向砖墙、纵向砖墙若分别对齐贯通，各片砖墙均能形成相当于房屋全宽的竖向整体构件，可以使房屋获得最大的整体抗弯能力。这对于房屋高宽比值很大的房屋来说，是十分必要的，必须做到。砖墙的对齐、贯通，还能减少砖墙、楼板等受力构件的中间传力环节，使受害部位减少、震害程度减轻；此外，由于传力路线简单，构件受力明确，也便于地震内力分析，减小计算误差。

对于层数较多以及高宽比值较大的内廊房屋，还希望每隔 3~4 个开间让横墙贯穿走廊，并尽量压低走廊上的门洞，以更多地发挥横墙的整体抗弯作用。

4 层以下房屋，宽度较大时，在水平地震作用下，房屋整体弯曲变形所引起的应力，相对于层间剪弯变形所引起的应力来说，数量上要小得多。因而历次地震调查中，位于 7、8 度地震区的 4 层及 4 层以下房屋，以及位于 9 度地震区的 3 层及 3 层以下房屋，未见过整体弯曲破坏的迹象。对于这类房屋，纵墙或横墙也就不一定要求全部对齐、贯通。横墙允许 50% 不对齐，纵墙可以每 3 个开间自身对齐，以方便房间的灵活布置。

2）上下贯通。房屋的内横墙，尽可能做到上下贯通。这样，地震力传递直接，传力路线最短。如果因使用上的要求，各层的房间大小不相同时，应该将大房间布置在上层，大会议室则应设在顶层。如果大房间上面是小房间，上层横墙所承担的地震剪力，只能通过大梁、楼板传至两旁的下层横墙，这就要求楼板具有足够的水平刚度，如为装配式楼板，板面要浇制整体的配筋面层。

3）《建筑抗震设计规范》规定：宜均匀对称，沿平面内宜对齐，沿竖向应上下连续；且纵横向墙体的数量不宜相差过大。

（2）横墙间距

要防止纵墙出平面破坏，除了对横墙进行抗震承载力验算以控制其层间侧移外，还要按照楼盖的类别限制横墙的间距。宏观震害调查的统计数据，提供了各种情况下横墙间距限值的依据；理论分析计算也指出，楼盖的水平变形，取决于地震作用的大小、楼盖的平面内刚度基本值和横墙间距。根据墙体发生"出平面"弯曲破坏的最小角变形值，对不同楼层高度给出楼盖的最大相对水平变位数值，也可确定出不同地震烈度下、不同类型楼盖的横墙间距限值。

《建筑抗震设计规范》规定：房屋抗震横墙的间距，不应超过表 3-21 的要求：

房屋类别		烈度			
		6度	7度	8度	9度
多层砌体房屋	现浇或装配整体式钢筋混凝土楼、屋盖	15	15	11	7
	装配式钢筋混凝土楼、屋盖	11	11	9	4
	木屋盖	9	9	4	—
底部框架-抗震墙砌体房屋	上部各层	同多层砌体房屋			—
	底层或底部两层	18	15	11	—

房屋抗震横墙的间距（m）   表 3-21

注：1. 多层砌体房屋的顶层，除木屋盖外的最大横墙间距应允许适当放宽，但应采取相应加强措施。
    2. 多孔砖抗震横墙厚度为190mm时，最大横墙间距应比表中数值减少 3m。

（3）大房间的位置

1）设在房屋中部。大房间不宜布置在房屋的端头。有以下三个原因：

① 房屋的四个转角因双向受力，最容易破坏。端头如为大房间，外墙转角就会因附近无内墙帮助，需要负担更多的地震剪力而使震害加重。

② 地面运动存在着相位差及旋转分量，即使对称结构，也会出现扭转振动。大房间设在房屋端部时的房屋扭转刚度，要比大房间设在房屋中部时小，而且不对称布置更使扭转影响加剧。

③ 楼盖如采用预制板，端部大房间主梁上的预制板接缝，因上面无砖墙压牢，地震时常被拉开，与此同时，外墙向外闪出，进一步加重房屋转角处的震害。

2）补救措施。如果建筑功能布局上要求大房间布置在房屋的一端，最好采取如下措施：

① 大房间的四角应设钢筋混凝土构造柱。

② 预制板端伸出钢筋，在接缝处钢筋相互搭接（图 3-4）。

③ 沿梁的轴线每隔 0.5m 左右，采用一根 1m 长的 $\Phi 6$ 钢筋埋于板的侧缝内（图 3-5）。

图 3-4　板端伸出钢筋

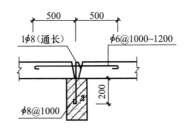

图 3-5　板缝埋设短钢筋

④ 若在每层楼盖处，沿大房间四周砖墙上均设置现浇钢筋混凝土板侧圈梁或高低圈梁，而且与大梁妥善拉结，板端接缝钢筋也可免设。

3）大房间构造详图

大开间多层砌体房屋构造如图所示（图 3-6）。

（4）楼梯间的位置

楼梯间不宜布置在房屋端部第一开间。原因是，房屋外墙转角，因双向受剪，震害较重，加之楼梯间顶层外墙的无支承高度为一层半，震害就更重。然而，楼梯间是地震时人员的疏散通道，震害程度应该控制在轻微损伤以内，楼梯间布置在内部开间，就比较容易

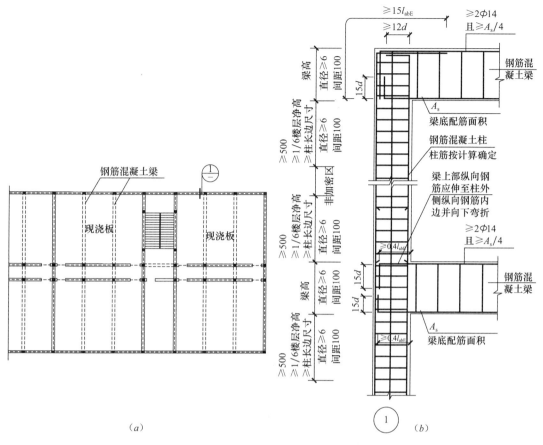

图 3-6 大开间多层砌体房屋构造

(*a*) 结构布置示意平面；(*b*) 节点详图

做到这一点。所以,《建筑抗震设计规范》规定：楼梯间不宜设置在房屋的尽端和转角处。

2. 砖墙局部尺寸

砖墙是多层砖房最基本的承重构件和抗震构件,地震时砖房的倒塌都是从砖墙破坏开始的。从表面上看,砖墙的局部尺寸不当,有时仅造成局部破坏,并未影响房屋的整体安全；事实上,它往往降低房屋的总体抗震能力,而且某些重要部位的局部破坏往往牵动全局,直接造成房屋的倒塌。为了得到房屋最大的抗震能力,注意防止砖墙出平面破坏的同时,还要使砖房的各道砖墙能同时发挥它们的最大受剪承载力,避免地震时各墙段出现先后破坏、各个击破的情况。因此,对于房屋各层的所有纵、横墙,除应符合墙体布置原则外,还要注意砖墙的局部尺寸是否恰当。

(1) 开洞率

沿房屋纵向地面运动的结果,常导致纵墙薄弱部位——窗间墙的开裂（少数情况,裂缝发生在窗裙墙上）。随着地震烈度的增高,地震作用成倍增长,窗间墙的破坏程度也就越重。为了使裂缝处于安全限度之内,按地震烈度控制墙面的开洞率是必要的。一般来说,一片墙面的水平截面开洞率,6～9 度时,最好分别不超过 0.60、0.60、0.45、0.30。

(2) 窗间墙

1) 破坏形态。窗间墙的破坏形态有（图 3-7）：

① 很窄的窗间墙为弯曲型破坏，窗间墙的上、下端，轻者出现水平裂缝，重者四角压碎崩落。

② 稍宽的窗间墙，轻者，出现交叉斜缝，裂缝的坡度较陡；重者，裂缝两侧的砖砌体碎裂，甚至崩落，竖向荷载很大时，甚至压溃。

③ 宽窗间墙，一般只出现坡度较小的交叉斜裂缝；严重的，裂缝很宽，裂缝附近砌体破碎；除烈度很高的情况外，很少见到砌块崩落或者压塌。

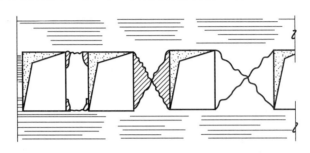

图 3-7　不同宽度窗间墙的破坏形态

2）宽墙先裂。同一片墙上各个窗间墙宽窄不一时，就会出现应力不均，总的受剪承载力降低。这是因为，水平地震剪力在各窗间墙之间的分配是与它们抗推刚度的大小成正比，宽窗间墙，由于刚度（包括弯、剪变形）比窄窗间墙大得多，承受了更多的地震剪力而首先出现交叉裂缝，刚度、强度随之降低；地面继续运动，其他窗间墙就要额外承担宽窗间墙因刚度降低而转移来的地震剪力，接着出现破坏，从而造成窗间墙的各个击破。以上震害规律说明，窗间墙要尽量做到等宽，而且任一承重窗间墙的宽度不能小于表 3-22 规定的数值。

房屋的局部尺寸限值（m）　　　　　　　　　　　　　　表 3-22

部位	6 度	7 度	8 度	9 度
承重窗间墙最小宽度	1.00	1.00	1.20	1.50
承重外墙尽端至门窗洞边的最小距离	1.00	1.00	1.20	1.50
非承重外墙尽端至门窗洞边的最小距离	1.00	1.00	1.00	1.00
内墙阳角至门窗洞边的最小距离	1.00	1.00	1.50	2.00
无锚固女儿墙（非出入口处）的最大高度	0.50	0.50	0.50	0.00

注：1. 局部尺寸不足时，应采取局部加强措施弥补，且最小宽度不宜小于1/4层高和表列数据的80%。
　　2. 出入口处的女儿墙应有锚固。

某些建筑，一个开间的墙面上开两个窄窗，使窗间墙增多、变窄，不利于抗震。如无特殊需要，今后设计时应改为一个窗。带阳台的外墙以及外廊住宅的外墙，应该采取门窗连为一体的做法，取消两者之间的窄窗间墙。

3）为使整片墙具有最大的总体抗震能力，《建筑抗震设计规范》规定：同一轴线上的窗间墙宽度宜均匀。

（3）外墙转角

1）破坏形态。地震期间，由于沿房屋纵、横两个方向地面运动的结果，转角处纵、横两个墙面常出现斜裂缝。当地面运动强烈以及持续时间较长时，破裂后的角部块体就会因两个方向的往复错动被推挤出去而倒塌。历次地震中，不仅房屋两端的四个外墙转角容易发生破坏；平面上，其他凸出部位的外墙阳角同样容易发生破坏，特别是当楼梯间设在房屋尽端时，转角部位的破坏程度就更加严重。

房屋转角处，一个墙面的破坏形态（图 3-8）与中部窗间墙的破坏形态相仿。转角处的墙肢很窄时，裂缝从窗洞角部向上、下延伸；破坏严重时，墙角塌落。转角部位的墙肢稍宽时，情况就有所改善，裂缝发生在墙肢上，裂缝的斜度也比较平缓，可能被挤出、塌落的块体也较小。墙肢很宽时，即使开裂严重，出现一定的错位，也不致发生塌角现象，从而能保持一定的竖向承载能力。

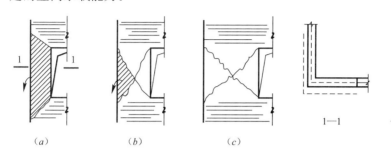

图 3-8　外墙转角墙肢的破坏形态
（a）窄墙肢；（b）稍宽墙肢；（c）宽墙肢

2）墙面宽度。为了防止外墙转角处墙面开裂后发生塌角，造成楼板坠落，转角处的承重墙，由转角至门窗洞口的距离应该更宽一些。不支承楼板的自承重墙面，因负荷小，而转角的另一面又已有较大的实墙面，开裂后压溃的可能性和危险性小一些；再考虑到房间开窗采光的需要，该墙面自墙角至窗口或门口的距离可以稍小一些，但小于 1m 就不够安全。

（4）窗裙墙

1）震害机理。造成窗裙墙开裂的主要原因是，这些房屋的楼盖，沿房屋纵向的竖向刚度小，一片窗裙墙加上所在楼层的楼盖后的竖向总弯剪刚度，仍小于窗间墙的层间弯剪刚度。整片外墙如同强柱弱梁型框架，各层窗间墙连成的一根竖向构件，在水平荷载作用下，发生整体弯剪变形，使相邻窗间墙产生竖向错动，窗裙墙因此发生很大弯剪变形而出现交叉裂缝（图 3-9）。

2）构造措施。要杜绝这种破坏，应从提高窗裙墙的竖向刚度和承载力入手：

① 窗裙墙要与窗间墙同厚，不得任意减薄。

② 采用钢筋混凝土窗过梁。

③ 如为装配式钢筋混凝土楼盖时，宜选用"板侧圈梁"或"高低圈梁"，并将外纵墙上位于板侧边的那部分圈梁，待预制板放妥后再浇灌，使板与圈梁连为一体，共同加强窗裙墙。

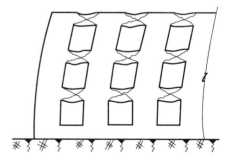

图 3-9　窗裙墙的破坏机理

3. 圈梁的布置

（1）圈梁的功能

钢筋混凝土圈梁是多层砖房有效的抗震措施之一，钢筋混凝土圈梁有如下功能：

1）增强房屋的整体性，提高房屋的抗震能力，由于圈梁的约束，预制板散开以及砖墙出平面倒塌的危险性大大减小了。使纵、横墙能够保持一个整体的箱形结构，充分发挥各片砖墙在平面内的抗剪承载力。

2）作为楼（屋）盖的边缘构件，提高了楼盖的水平刚度，使局部地震作用能够分配给较多的砖墙来承担，也减轻了大房间纵、横墙平面外破坏的危险性。

3）圈梁还能限制墙体斜裂缝的开展和延伸，使砖墙裂缝仅在两道圈梁之间的墙段内发生，斜裂缝的水平夹角减小，砖墙抗剪承载力得以充分地发挥和提高。

（2）圈梁的类型

现浇圈梁按其与预制板的相对位置又可分为"板侧圈梁"、"板底圈梁"和"高低圈梁"三种，即圈梁位于预制板的侧边，或底面，或部分在板侧、部分在板底。三种圈梁各有其利弊，也各有其适用范围，如何选用，视预制板的端头构造、砖墙的厚度和施工程序而定。

1）板侧圈梁。一般而言，圈梁设在板的侧边（图 3-10），整体性更强一些，抗震作用会更好一些，且方便施工，可以缩短工期。但要求搁置预制板的外墙厚度不小于 240mm，板端应伸出钢筋，在接头中相互搭接。由于先搁板，后浇圈梁，对于短向板房屋，外纵墙上圈梁与板的侧边结合良好，将显著提高窗裙墙的纵向抗弯刚度，对于层高较低、窗裙墙较矮的住宅，对于防止窗裙墙由于平面内弯剪引起的交叉斜裂缝是有帮助的。

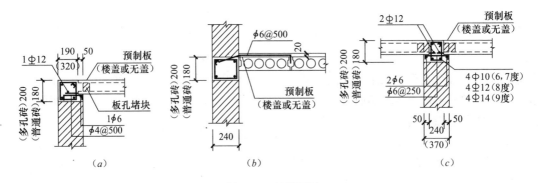

图 3-10　板侧圈梁
（a）板端节点；（b）板侧节点；（c）中间节点

2）板底圈梁。板底圈梁是传统做法。圈梁设在板底（图 3-11），适用于各种墙厚和各种预制板构造，也适用于木楼盖和砖拱楼盖，其施工程序是：先浇灌各道砖墙上的圈梁，再安装预制多孔板、木楼板或砌筑砖拱楼盖。

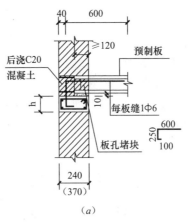

图 3-11　板底圈梁（一）
（a）板端节点

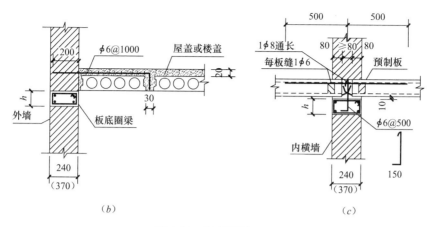

图 3-11 板底圈梁（二）

（b）板侧节点；（c）中间节点

h—圈梁高度

3）高低圈梁。高低圈梁是板底圈梁的一种改进做法。内墙上，圈梁设在板底；外墙上，圈梁设在板的侧边（图 3-12）。适用于各种情况的预制板构造。施工时，可以先浇灌内墙上的圈梁，然后安放预制板，再浇灌外墙上的圈梁，使圈梁与预制板更好地结合在一起；也可首先一次浇灌圈梁，再安放预制板，板与圈梁之间的缝隙和板间缝隙同时用细石混凝土填实。

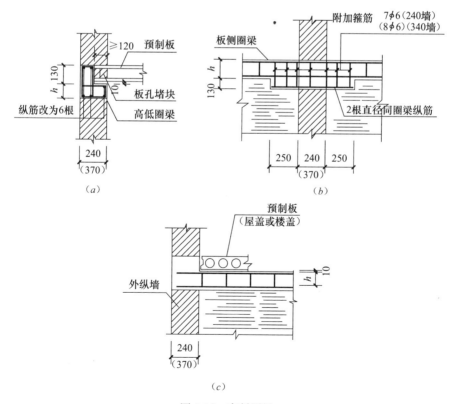

图 3-12 高低圈梁

（a）板端节点；（b）中间节点；（c）板侧节点

（3）平面上的布置

1）圈梁间距。为了确保房屋的整体性，防止外墙向外甩动，屋盖和各层楼层处，除沿外墙及内纵墙设置闭合的现浇钢筋混凝土圈梁外，还应按照表 3-23 规定，每隔适当距离沿内横墙设置圈梁。

多层砖砌体房屋现浇钢筋混凝土圈梁设置要求　　　　　　表 3-23

墙类	烈度		
	6、7 度	8 度	9 度
外墙和内纵墙	屋盖处及每层楼盖处	屋盖处及每层楼盖处	屋盖处及每层楼盖处
内横墙	同上 屋盖处间距不应大于 4.5m 楼盖处间距不应大于 7.2m 构造柱对应部位	同上 各层所有横墙，且间距不应大于 4.5m 构造柱对应部位	同上 各层所有横墙

注：1. 装配式钢筋混凝土楼、屋盖或木屋盖的砖房，应按本表的要求设置圈梁；纵墙承重时，抗震横墙上的圈梁间距应比表内要求适当加密。
　　2. 现浇或装配整体式钢筋混凝土楼、屋盖与墙体有可靠连接的房屋，应允许不另设圈梁，但楼板沿抗震墙体周边均应加强配筋并应与相应的构造柱钢筋可靠连接。

2）构造柱的拉梁。对于设置钢筋混凝土构造柱的多层砖房，圈梁在平面上的间距除应符合表 3-22 中的要求外，还应保证每一根构造柱在屋盖、各层楼盖和基础处，沿纵横两个方向均有圈梁与之相连。因为，构造柱只有与各层圈梁一起形成一个格形封闭外框，才能有效地约束墙体，提高砖墙抵抗变形的能力。对于在偏廊外墙上无横墙的轴线处设置的构造柱，要求横贯走廊设置钢筋混凝土拉梁与之相连；对于内走廊房屋，如果横墙在内廊处也设有构造柱，则应设置具有较高截面的拉梁横穿内走廊，拉结两两相对的构造柱，以增加房屋的整体性和整体抗弯能力。

3）走廊拉梁。地震区的偏廊外墙仅靠预制板的拉结是不够的，需要将内横墙上的圈梁伸过走廊，与偏廊外墙上的圈梁联结，使外墙圈梁的横向拉结间距不超过表 3-22 中的限值（图 3-13a）。同理，楼盖采用长向板的内廊房屋，各楼层横墙上的圈梁都要贯通房屋全宽（图 3-13b）。短向板的内廊房屋，也应至少每隔不大于圈梁间距限值的 2 倍，将圈梁伸过走廊，使该道圈梁横贯房屋全宽（图 3-13c）。

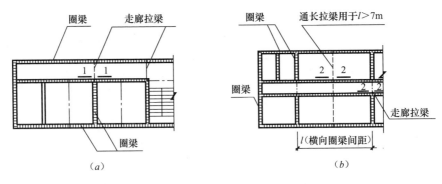

图 3-13　走廊拉梁的布置（一）
（a）偏廊；（b）长向板内廊

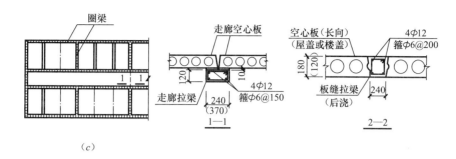

图 3-13 走廊拉梁的布置（二）

(c) 短向板内廊

4. 预制板的放置方向

多层砖房的装配式楼盖，历来有两种预制板搁置方案。一是长向板，其突出的优点是房间内无大梁，室内空间大；二是短向板。两种方案，两种震害。同样都是未经抗震设防的房屋，遭受地震后，楼盖采用短向板的房屋，破坏程度轻一些；采用长向板的房屋，则重一些。

（1）短向板

多层砖房的楼、屋盖采用短向板时，属横墙承重或纵、横墙承重结构体系。小房间，板由横墙支承；大房间，部分楼板重量通过大梁压在纵墙上。沿房屋横向地面运动分量引起的横向地震作用，能比较直接地传至横墙。对于纵向地震作用，大房间，通过大梁传递也很直接；小房间，虽然由于目前的构造做法，预制板侧边多不进墙，靠板侧边直接传至纵墙是有限的，但只有一开间的地震剪力通过纵、横墙的联结传递至纵墙，也无多大问题。

（2）长向板

1）震害现象。多层砖房采用长向板时，属纵墙承重结构体系。预制板全部放置在内、外纵墙上，横墙只是自承重，不承托楼板。由于板的侧边一般不嵌入横墙内，横向地震剪力只能有很小一部分通过板的侧边直接传至横墙，而大部分要通过纵墙经由纵、横墙交接面传至横墙。因而，未经抗震设计的长向板房屋，地震时，外纵墙常因板与墙的拉结不良而成片向外倒塌，预制板随之大面积坠落。横墙由于不承重，竖向压力小，抗剪强度低，破坏程度也比较重。此外，由于外纵墙直接承托楼板，纵向地震剪力不可能按各道纵墙的刚度比例分配，而是按竖向负荷面积的比例分配，以致开窗率大时，窗间墙的竖向压应力和地震剪应力都很大，地震时容易开裂和压溃，造成大面积坍塌。

2）防治措施。地震区采取长向板，就要针对以上抗震弱点采取相应措施：

① 在屋盖和每层楼盖处均设置现浇钢筋混凝土圈梁，并采用"高低圈梁"。即内、外纵墙上，圈梁设在板底；内、外横墙上，圈梁设在预制板的侧边。内纵墙上的圈梁以及外纵墙上L形圈梁的板底以下部分，在搁板之前浇灌；内、外横墙上的圈梁以及外纵墙圈梁的板底以上部分，在预制板搁好以后再浇灌，使板的侧边与圈梁结合紧密（图 3-14）。这样，楼盖所受地震作用就能更多地通过预制板直接传至横墙。

② 为了防止大房间外墙因横墙圈梁间距过大而向外倾斜，一个办法是由板端伸出钢筋或在板缝内设短钢筋锚入圈梁；或者每隔 5m 左右拉开预制板，使板缝加宽到 100mm，配置钢筋，并锚入外墙圈梁内，制成横贯房屋全宽的拉梁（图 3-15）。

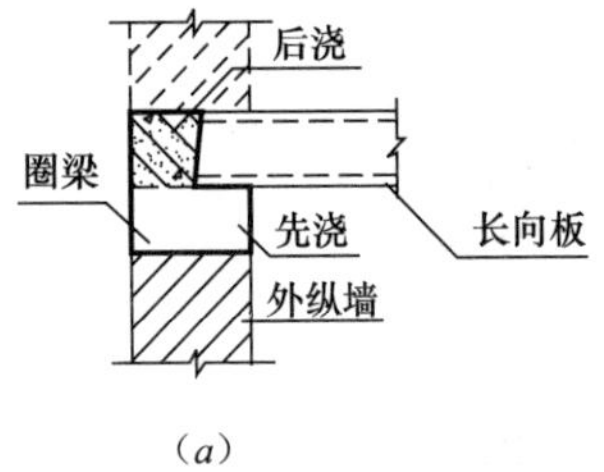

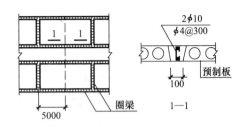

图 3-14　长向板房屋的"高低圈梁"

（a）外纵墙节点；（b）内横墙节点

图 3-15　长向板的板缝拉梁

③ 为了减轻外纵墙窗间墙的破坏程度，防止可能发生的酥裂崩落，可沿高度设两到三道配筋砂浆带（图 3-16）。

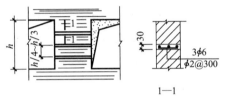

图 3-16　长向板房屋窗间墙的增强措施

以上措施将会增加一些造价和施工复杂程度。因此，地震区采用长向板是否合算，要综合考虑各种因素，作出判断。

5. 构造柱的设置

（1）平面上的布置

1）一般楼层。在多层砖房中设置构造柱，虽然能够适当提高砖墙的受剪承载力，但构造柱的主要作用是增大房屋的侧向变形能力，约束破裂墙体不致散落，提高地震时房屋的防倒塌能力。因此，遇有以下情况，应设置构造柱。

① 容易破坏的部位。外墙转角因双向受剪很容易破坏，8 度时裂缝就很宽，而且常伴有双向错位，危及安全。所以，设防烈度为 6 度及以上的多层砖房，外墙阳角处应设置构造柱（图 3-17a）。

② 楼梯间。楼梯间是重要的疏散通道，有必要适当提高它的抗震可靠度，控制它的破坏程度，所以，《建筑抗震设计规范》要求，7 度及以上设防的砖房，楼梯间的四角也应设置构造柱（图 3-17b）。

③ 总层数。房屋层数较多的砖房，地震时，破坏程度就会加重。所以，对于层数较多的砖房，应在楼梯间处以及隔开间横墙与外墙交接处设置构造柱（图 3-17b）；房屋层数更多时，就需要每开间设置构造柱，即在所有内墙与外墙交接处设置构造柱（图 3-17c）。如为内廊房屋，还需在内纵墙与横墙交接处设置构造柱（图 3-17d）；外廊及偏内廊房屋的构造柱布置如图所示（图 3-17e、图 3-17f）。砖房中的十字形节点，因四面均有砖墙约束，一般情况下，无需在该处设置构造柱。

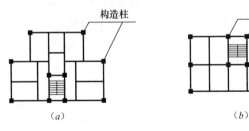

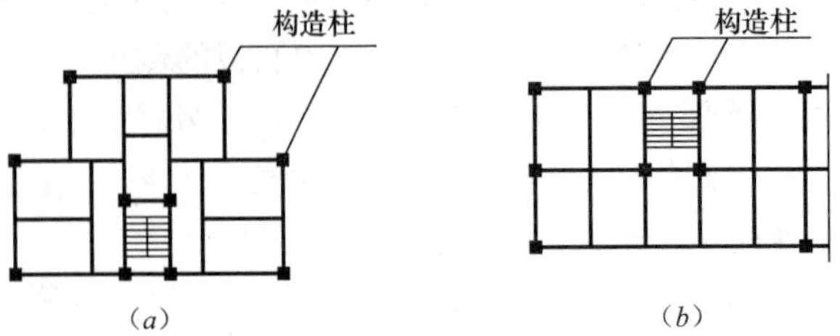

图 3-17　构造柱的布置方案（一）

（a）非矩形平面；（b）楼梯间或层数较多

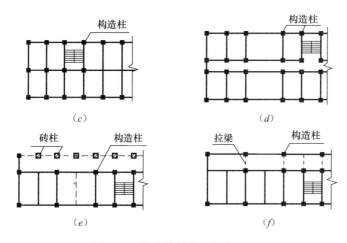

图 3-17 构造柱的布置方案（二）

（c）层数很多；（d）内廊房屋；（e）外廊房屋；（f）偏廊房屋

④ 高宽比值大。位于 7～9 度地区的砖房，当其高宽比值分别大于 2.0、1.6、1.2 时，地震时就有可能出现整体弯曲破坏，因而在所有内外墙交接处设置构造柱是必要的。

⑤ 强度不足。砖墙的受剪承载力不足时，也可以采取设置构造柱的办法来解决。构造柱的设置部位（墙的两端、墙长中点或三分点处）和数量，根据承载力验算的结果确定。

⑥ 重要建筑。对于地震期间不能中断使用的医院、电讯等重要建筑物，构造柱的设置应该比一般建筑的要求更严格一些，设置的部位更多一些。

2）房屋底层。多数情况下，多层砖房各层的平面布置和砖墙厚度均大体相同，因而各层的层间侧移刚度大致相等；而楼层地震剪力由顶层向下则是逐层加大。据中国建筑科学研究院工程抗震所对一些典型砖房的各层延性要求的统计分析表明，对于地震反应呈现出以第一振型为主的短周期砖混结构，延性要求沿房屋高度的分布规律是非均匀的，对房屋底层的延性要求比以上各层高出 1 倍以上。在非线性地震反应中，底层首先进入屈服阶段，能量在底层存在着集中现象。因此适当提高底层的屈服强度水平，或者增加其延性储备，对于提高多层砖房的抗震能力是有益的。方法可以是增加底层（有时还应包括 2 层）构造柱的数量，即底层构造柱的布置在某些情况下应该比上面几层加密一些。

（2）构造柱的设置要求

多层砖砌体房屋钢筋混凝土构造柱设置部位见表 3-24。

3.2.3 砖砌体结构房屋构造

1. 构造柱

（1）构造柱的截面

构造柱最小截面可采用 180mm×240mm（墙厚 190mm 时为 180mm×190mm），纵向钢筋宜采用 4φ12，箍筋间距不宜大于 250mm，且在柱上下端应适当加密；6 度、7 度时超过 6 层、8 度时超过 5 层和 9 度时，构造柱纵向钢筋宜采用 4φ14，箍筋间距不应大于 200mm；房屋四角的构造柱应适当加大截面及配筋。

钢筋混凝土构造柱类别、最小截面和配筋见表 3-25。

钢筋混凝土构造柱设置部位

表 3-24

房屋层数				设置部位	
6度	7度	8度	9度		
≤5	≤4	≤3		楼、电梯间四角，楼梯斜梯段上下端对应的墙体处	每隔12m或单元横墙与外纵墙交接处 楼梯间对应的另一侧内横墙与外纵墙交接处
6	5	4	≤2	外墙四角和对应转角 错层部位横墙与外纵墙交接处 大房间内外墙交接处 较大洞口两侧	隔开间横墙（轴线）与外墙交接处 山墙与内纵墙交接处
7	≥6	≥5	≥3		内墙（轴线）与外墙交接处 内墙的局部较小墙垛处 内纵墙与横墙（轴线）交接处

注：1. 较大洞口，内墙指不小于2.1m的洞口；外墙在内外墙交接处已设置构造柱时应允许适当放宽，但洞侧墙体应加强。

2. 外廊式和单面走廊式的多层房屋，应根据房屋增加一层的层数，按本表的要求设置构造柱，且单面走廊两侧的纵墙均应按外墙处理。

3. 横墙较少的房屋，应根据房屋增加一层的层数，按本表的要求设置构造柱。当横墙较少的房屋为外廊式或单面走廊式时，应按本表注2要求设置构造柱；但6度不超过4层、7度不超过3层和8度不超过2层时，应按增加二层的层数处理。

4. 各层横墙很少的房屋，应按增加二层的层数按本表要求设置构造柱。

5. 采用蒸压灰砂砖和蒸压粉煤灰砖的砌体房屋，当砌体的抗剪强度仅达到普通黏土砖砌体的70%时，应根据增加一层的层数按本表及本表注2~注4的要求设置构造柱；但6度不超过4层、7度不超过3层和8度不超过2层时，应按增加二层的层数处理。

钢筋混凝土构造柱类别、较小截面和配筋（mm）

表 3-25

类别	适用范围	适用部位	最小截面	纵向钢筋	箍筋直径	箍筋间距加密区/非加密区	加密区范围
A	6度、7度6层以下，8度5层以下的烧结普通砖、烧结多孔砖	一般部位	180×240（砖砌体） 180×190（小砌块砌体）	4φ12		100/250	节点上、下端500mm和1/6层高的大值
Aj	6度、7度5层以下，8度4层以下的蒸压灰砂砖、蒸压粉煤灰砖及混凝土小型空心砌块	砌体房屋四角小砌块房屋外墙转角	240×240（砖砌体） 180×190（小砌块砌体）	4φ14		100/200	
B	6度、7度大于6层，8度大于5层及9度地区的烧结普通砖、烧结多孔砖	一般部位	180×240（砖砌体） 180×190（小砌块砌体）	4φ14	φ6	100/200	
Bj	6度、7度大于5层，8度大于4层及9度地区的蒸压灰砂砖、蒸压粉煤灰砖及混凝土小型空心砌块	砌体房屋四角小砌块房屋外墙转角	240×240（砖砌体） 180×190（小砌块砌体）	4φ16		100/150	
C	抗震设防分类为丙类，多层砖砌体房屋和多层小砌块房屋在横墙较小时，且房屋总高度和层数接近或达到表3-10限值时的中部构造柱		240×240（砖砌体） 240×190（小砌块砌体）	4φ14		100/200	节点上端700mm、节点下端500mm和1/6层高的大值
Cb	C类边柱、底部框架-抗震墙砌体房屋的上部墙体中设置的构造柱，不包括过渡层构造柱		240×240（砖砌体） 240×190（小砌块砌体）	4φ14		100/200	
Cj	C类砖砌体房屋四角构造柱、C类小砌块房屋外墙转角构造柱、底部框架-抗震墙砌体房屋的上部墙体中四角的构造柱，不包括过渡层构造柱		240×240（砖砌体） 240×190（小砌块砌体）	4φ16		100/100	全高

注：1. 表中斜体φ仅表示各类普通钢筋的直径，不代表钢筋的材料性能和力学性能。

2. 底部框架-抗震墙砌体房屋过渡层构造柱的纵向钢筋，6度、7度时不宜少于4φ16，8度时不宜少于4φ18，其余同C类。

3. 蒸压灰砂砖、蒸压粉煤灰砖砌体房屋是指砌体的抗剪强度仅达到普通黏土砖砌体的70%。

4. 构造柱与墙或砌块墙连接处应砌成马牙槎。

（2）构造柱与墙体的连接

构造柱与墙连接处应砌成马牙槎（图 3-18），沿墙高每隔 500mm 设 $2\phi6$ 水平钢筋和 $\phi4$ 分布短筋平面内点焊组成的拉结网片或 $\phi4$ 点焊钢筋网片，每边伸入墙内不宜小于 1m。6 度、7 度时底部 1/3 楼层，8 度时底部 1/2 楼层，9 度时全部楼层，上述拉结钢筋网片应沿墙体水平通长设置。

构造柱立面详图如图所示（图 3-19）。

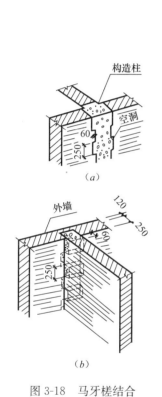

图 3-18 马牙槎结合

（a）外露构造柱与砖墙；（b）不外露构造柱与砖墙

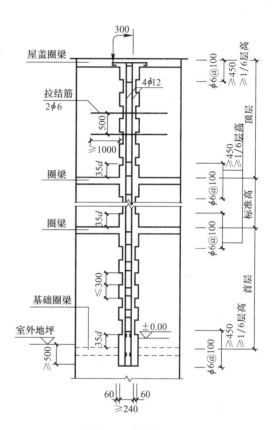

图 3-19 构造柱立面

（3）构造柱与圈梁、基础的连接

构造柱与圈梁连接处，构造柱的纵筋应在圈梁纵筋内侧穿过，保证构造柱纵筋上下贯通。

一般情况下，构造柱的底端可锚固在室内地坪或室外地坪以下基础墙内的圈梁中。为了获得较好的锚固条件，锚有构造柱钢筋的一段圈梁宜加厚为 240mm。因房屋高宽比值过大而设置的构造柱，要承担地震引起的倾覆力矩。构造柱的底端以伸至房屋基础底面为妥。

若未设置基础墙圈梁，墙中构造柱的下端可伸至室外地面下 500mm 处。

（4）构造柱间距

房屋高度和层数接近表 3-10 的限值时，纵、横墙内构造柱间距尚应符合下列要求：

1）横墙内的构造柱间距不宜大于层高的 2 倍；下部 1/3 楼层的构造柱间距适当

减小。

2）当外纵墙开间大于 3.9m 时，应另设加强措施。内纵墙的构造柱间距不宜大于 4.2m。

（5）构造柱构造详图

构造柱根部与基础圈梁连接做法如图所示（图 3-20），构造柱伸至室外地面下 500mm 做法如图所示（图 3-21）。

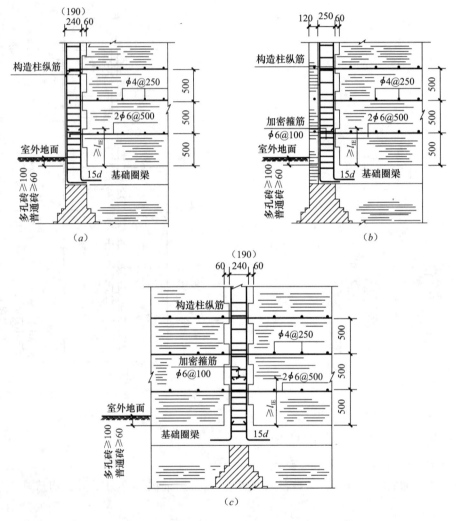

图 3-20　构造柱根部与基础圈梁连接做法

（a）边柱；（b）边柱；（c）中柱

注：1. 本图适用于构造柱锚固于埋深小于 500mm 的基础圈梁的情况。

2. $\phi6@500$ 水平筋与 $\phi4@250$ 分布短筋平面内应点焊组成钢筋网片。

3. l_{lE} 为受拉钢筋最小搭接长度。

2. 钢筋混凝土圈梁

现浇钢筋混凝土圈梁是增加墙体的连接，提高楼、屋盖刚度，抵抗地基不均匀沉降，限制墙体裂缝开展，保证房屋整体性，提高房屋抗震能力的有效措施；而且是减小构造柱

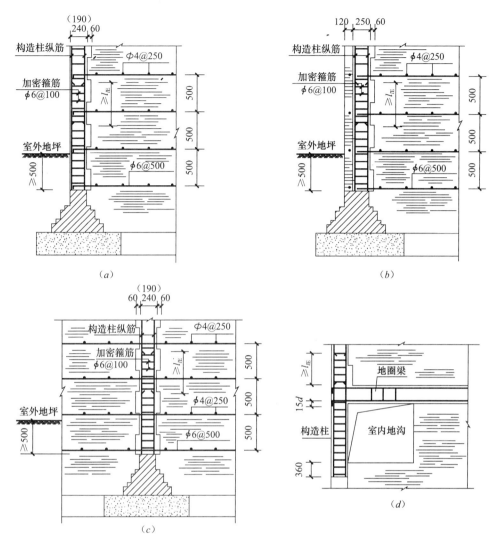

图 3-21 构造柱伸至室外地面下 500mm 做法

(a) 边柱；(b) 边柱；(c) 中柱；(d) 有地沟时

注：1. 本图用于未设置基础圈梁的砖砌体房屋。

2. $\phi6@500$ 水平筋与 $\phi4@250$ 分布短筋平面内应点焊组成钢筋网片。

3. 本图适用于构造柱伸入室外地面下 500mm 的情况。

4. 有管道穿过时，该处的马牙槎上移或取消。

5. l_{lE} 为受拉钢筋最小搭接长度。

计算长度，充分发挥构造柱抗震作用不可缺少的连接构件。因此，钢筋混凝土圈梁在砌体房屋中获得了广泛采用。

(1) 截面和配筋

1) 无构造柱圈梁。圈梁是多层砖房中一个十分重要的抗震构件，其截面和配筋应该通过合理方法确定，见表 3-26。

2) 与构造柱相连的圈梁。在设置构造柱的多层砖房中，圈梁不仅是加强房屋整体性的构件，而且是一个很重要的传力构件。地震期间，除砖墙外甩将在圈梁中引起拉力外，墙体受剪破坏时，构造柱进入工作状态后，楼层地震剪力将有一部分通过圈梁传递到构造柱和砖墙，从而在圈梁内引起较大的拉力。

《建筑抗震设计规范》规定：圈梁的截面高度不应小于 120mm，配筋应符合表 3-26 的要求，增设的基础圈梁，截面高度不应小于 180mm，配筋不应少于 4ϕ12。

多层砖砌体房屋圈梁配筋要求

表 3-26

配筋	烈度		
	6、7 度	8 度	9 度
最小截面高度	120	120	120
最小纵筋	4ϕ10	4ϕ12	4ϕ14
最小箍筋	250	200	150

注：1. 表中斜体 ϕ 仅表示各类普通钢筋的公称直径，不代表钢筋的材料性能和力学性能。
2. 丙类的多层砖砌体房屋，当横墙较少且总高度和层数接近或达到表 3-10 的限值时，所有纵横墙均应在楼、屋盖标高处设置加强的现浇钢筋混凝土圈梁：最小截面高度 150mm，最小纵筋 6ϕ10，最小箍筋 ϕ6@300，简称加强圈梁。
3. 圈梁纵向钢筋采用绑扎接头时，纵筋可在同一截面搭接，搭接长度 l_{lE} 可取 $1.2l_a$，且不应小于 300mm。

（2）圈梁节点

无构造柱的砖房中，内墙上的圈梁在地震期间主要承受拉力，其纵向钢筋伸入内外墙交接处圈梁节点内的锚固长度，应不小于关于受拉钢筋锚固长度 l_{aE} 的规定。由于这种圈梁节点核心区内的剪应力很小，内墙上圈梁的纵向钢筋可以向外弯转、锚固在核心区之外，因而核心区内可以少配箍筋，以方便施工。

外墙转角处的圈梁，不仅承受拉力和水平方向弯矩，还有可能承受剪力。因此，外墙转角处的圈梁节点，除纵向钢筋伸入节点内的锚固长度应符合要求外，节点核心区内应配置斜方向箍筋，以承担圈梁内侧纵、横向钢筋的合力在角部引起的斜向拉力，并在内角处配置 45° 斜向钢筋来承担可能出现的剪力。

（3）与构造柱的连接

带构造柱的砖房中，圈梁主要承受拉力和水平方向弯矩。即使是外墙转角处，由于有构造柱对两个方向砖墙的约束，圈梁在节点内及其附近的剪应力也是不大的，因而不必再像一般圈梁节点那样配置斜钢筋和斜向箍筋，只需将圈梁纵向钢筋伸入节点内并向下弯转后的长度不少于受拉钢筋锚固长度 l_{aE} 的规定即可。考虑到节点上下的构造柱和节点左右的圈梁，均不可能出现同方向弯矩，而且弯矩的数值也比较小，因而节点核心区因不平衡弯矩引起的剪应力也可忽略不计。施工有困难时，节点内也可少配箍筋。

3. 楼梯间

（1）构造要求

1）顶层楼梯间墙体应沿墙高每隔 500mm 设 2ϕ6 通长钢筋和 ϕ4 分布短钢筋平面内点焊组成的拉结网片或 ϕ4 点焊网片；7～9 度时其他各层楼梯间墙体应在休息平台或楼层半高处设置 60mm 厚、纵向钢筋不应少于 2ϕ10 的钢筋混凝土带或配筋砖带，配筋砖带不少于 3 皮，每皮的配筋不少于 2ϕ6，砂浆强度等级不应低于 M7.5 且不低于同层墙体的砂浆强度等级。

2）楼梯间及门厅内墙阳角处的大梁支承长度不应小于 500mm，并应与圈梁连接。

3）装配式楼梯段应与平台板的梁可靠连接，8、9 度时不应采用装配式楼梯段；不应采用墙中悬挑式踏步或踏步竖肋插入墙体的楼梯，不应采用无筋砖砌栏板。

4）突出屋顶的楼、电梯间，构造柱应伸到顶部，并与顶部圈梁连接，所有墙体应沿墙高每隔 500mm 设 2ϕ6 通长钢筋和 ϕ4 分布短筋平面内点焊组成的拉结网片或 ϕ4 点焊网片。

（2）预制楼梯

楼梯采用预制构件时，各连接节点的构造应能承受一定量的水平拉力；踏步梯段靠墙处应设斜边梁，L 形预制踏步板的竖肋不能插入墙内，以免使该处砌体破碎，抗剪强度降低。此外，不能采用嵌入砖墙内的悬挑踏步板，一方面是因为无法保证砖墙地震时不开裂，开裂后的砖墙不可能再是悬臂板的可靠支承；另一方面，悬臂踏步板给予砖墙的巨大力矩，将进一步加重楼梯间横墙的破坏。

（3）楼梯间构造详图

楼梯间墙体拉结钢筋网片平面如图所示（图 3-22），标准层在休息平台处或楼层半高处的钢筋混凝土带或配筋砖带平面如图所示（图 3-23）。

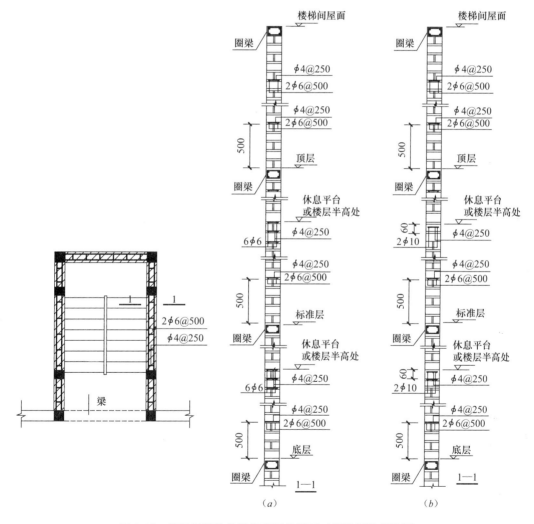

图 3-22　楼梯间墙体拉结钢筋网片平面（楼梯间通高设置）

（a）配筋砖带；（b）钢筋混凝土配筋带

133

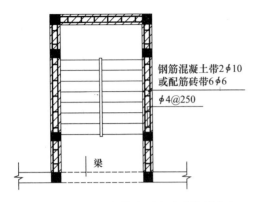

图 3-23 标准层在休息平台处或楼层半高
处的钢筋混凝土带或配筋砖带平面

4. 楼、屋盖

楼、屋盖是房屋的重要横隔，除了保证本身刚度整体性外，其抗震构造要求，还包括楼板搁置长度，楼板与圈梁、墙体的拉结，屋架（梁）与墙、柱的锚固、拉结等，这些都是保证楼、屋盖与墙体整体性的重要措施。

楼、屋盖的钢筋混凝土梁或屋架，应与墙、柱（包括构造柱）或圈梁可靠连接。梁与砖柱的连接不应削弱柱截面。坡屋顶房屋的屋架应与屋顶圈梁可靠连接，檩条或屋面板应与墙及屋架可靠连接。

1）多层砖砌体房屋的楼、屋盖应符合下列要求：

① 现浇钢筋混凝土楼板或屋面板伸进纵、横墙内的长度，均不应小于 120mm。

② 装配式钢筋混凝土楼板或屋面板，当圈梁未设在板的同一标高时，板端伸进外墙的长度不应小于 120mm，伸进内墙的长度不应小于 100mm 或采用硬架支模连接，在梁上不应小于 80mm 或采用硬架支模连接。

③ 当板的跨度大于 4.8m 并与外墙平行时，靠外墙的预制板侧边应与墙或圈梁拉结（图 3-24）。

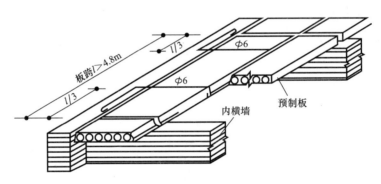

图 3-24 墙与预制板的拉结

④ 房屋端部大房间的楼盖，6 度时房屋的屋盖和 7～9 度时房屋的楼、屋盖，当圈梁设在板底时，钢筋混凝土预制板应相互拉结，并应与梁、墙或圈梁拉结（图 3-25）。

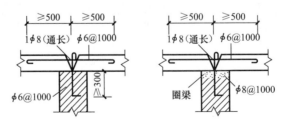

图 3-25 预制板与墙体和圈梁的拉结

2）楼、屋盖的钢筋混凝土梁或屋架应与墙、柱（包括构造柱）或圈梁可靠连接（图 3-26），不得采用独立砖柱。跨度不小于 6m 大梁的支承构件应采用组合砌体等加强措施，并满足承载力要求。

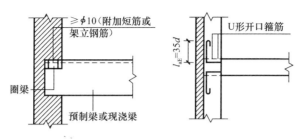

图 3-26　梁与圈梁的锚固

3）6、7 度时长度大于 7.2m 的大房间，以及 8、9 度时外墙转角及内外墙交接处，应沿墙高每隔 500mm 配置 2Φ6 的通长钢筋和 ϕ4 分布短筋平面内点焊组成的拉结网片或 ϕ4 点焊网片。

4）楼、屋盖构造详图

顶层大房间下一层有构造柱时构造柱（组合砖壁柱）锚固（6、7 度）如图所示（图 3-27）。

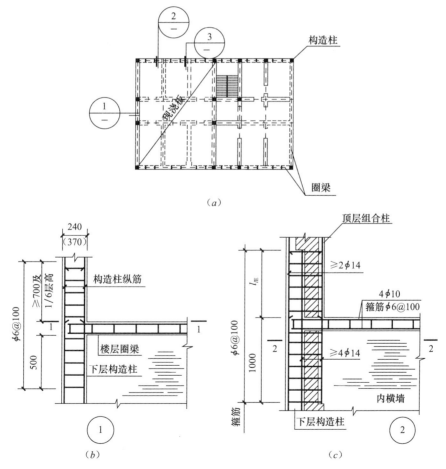

图 3-27　顶层大房间下一层有构造柱时构造柱（组合砖壁柱）锚固（6、7 度）（一）

（a）顶层平面节点选用；（b）构造柱延伸；（c）下层为横墙

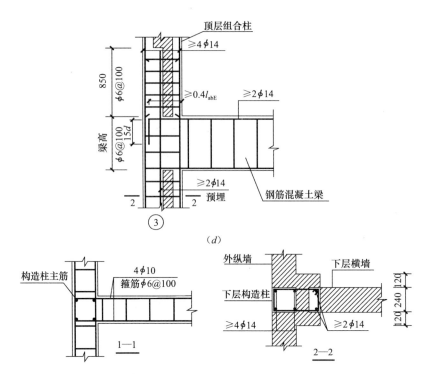

图 3-27 顶层大房间下一层有构造柱时构造柱（组合砖壁柱）锚固（6、7 度）（二）

（d）下层为钢筋混凝土梁

注：1. 本图用于下一楼层有构造柱的情况。

2. 支撑大梁的柱尚应按计算确定主筋。

5. 内隔墙

1）后砌的非承重隔墙应沿墙高每隔 500～600mm 配置 2φ6 拉结钢筋与承重墙或柱拉结，每边伸入墙内不应少于 500mm；8 度和 9 度时，长度大于 5m 的后砌隔墙，墙顶尚应与楼板或梁拉结，独立墙肢端部及大门洞宜设钢筋混凝土构造柱。

2）内隔墙构造详图

后砌墙与构造柱、承重墙的拉结如图所示（图 3-28），砌体填充墙的顶部拉结如图所示（图 3-29），砌体填充墙与底部框架柱的拉结如图所示（图 3-30）。

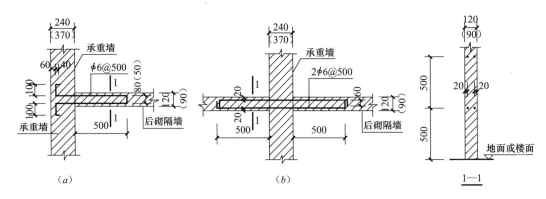

图 3-28 后砌墙与构造柱、承重墙的拉结（一）

（a）一侧有隔墙；（b）两侧有隔墙

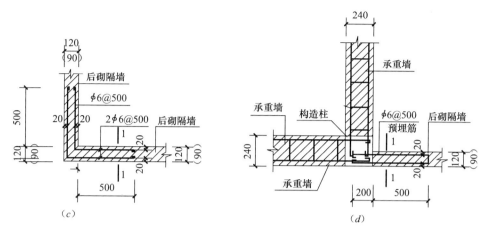

图 3-28 后砌墙与构造柱、承重墙的拉结（二）

(c) 一侧有隔墙；(d) 一两侧有隔墙

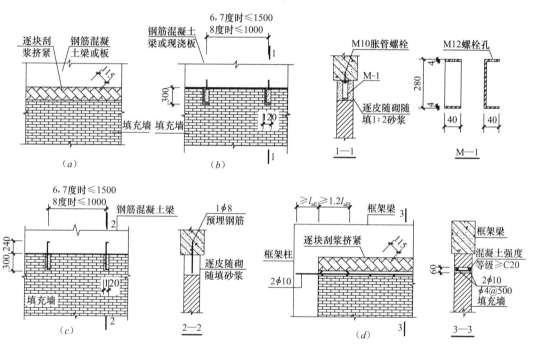

图 3-29 砌体填充墙的顶部拉结

(a) 6 度；(b)、(c) 6～8 度；(d) 7、8 度

注：墙长大于 5m 时墙顶与梁、板宜有拉结；墙长超过 8m 或层高 2 倍时，宜设置钢筋混凝土构造柱；墙高超过 4m 时，墙体半高处宜设置与柱连接且沿墙全长贯通的钢筋混凝土水平系梁。

6. 砖夹心墙

（1）夹心墙构造

复合夹心墙是由内叶墙（承重墙）、外叶墙（非承重墙）及在其空腔内安放的高效保温材料所组成。当内、外叶墙均采用普通黏土砖或多孔砖砌体时，则简称为砖夹心墙（图 3-31）。

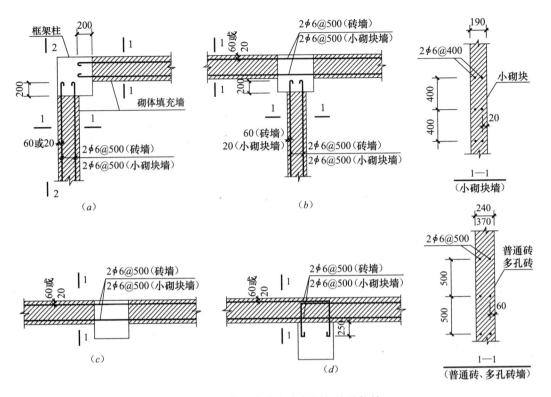

图 3-30 砌体填充墙与底部框架柱的拉结

(a) 转角墙；(b) 丁字墙；(c) 一字墙；(d) 一字墙在柱外侧

注：1. 砖砌体或小砌块砌体的填充墙，应沿框架柱全高每隔 500～600mm 设 2φ6 拉筋，拉筋伸入墙内的长度，6、7 度时宜沿墙全长贯通，8、9 度时应全长贯通。

2. 砌体的砂浆强度等级不应低于 M5；实心块体的强度等级不宜低于 MU2.5，空心块体的强度等级不宜低于 MU3.5；墙顶应与框架梁密切结合。

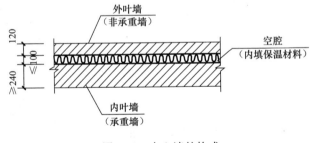

图 3-31 夹心墙的构成

（2）内、外叶墙的拉结

1）夹心墙外叶墙的最大横向支承间距，宜按下列规定采用：设防烈度为 6 度时不宜大于 9m，7 度时不宜大于 6m，8、9 度时不宜大于 3m。

2）夹心墙的内、外叶墙，应由拉结件可靠拉结，拉结件宜符合下列规定：

① 当采用环形拉结件时，钢筋直径不应小于 4mm，当为 Z 形拉结件时，钢筋直径不应小于 6mm；拉结件应沿竖向梅花形布置，拉结件的水平和竖向最大间距分别不宜大于 800mm 和 600mm；对有振动或有抗震设防要求时，其水平和竖向最大间距分别不宜大于

800mm 和 400mm。

② 当采用可调拉结件时，钢筋直径不应小于 4mm，拉结件的水平和竖向最大间距均不宜大于 400mm。叶墙间灰缝的高差不大于 3mm，可调拉结件中孔眼和扣钉间的公差不大于 1.5mm。

③ 当采用钢筋网片作拉结件时，网片横向钢筋的直径不应小于 4mm，其间距不应大于 400mm；网片的竖向间距不宜大于 600mm；对有振动或有抗震设防要求时，不宜大于 400mm。

④ 拉结件在叶墙上的放置长度，不应小于叶墙厚度的 2/3，并不应小于 60mm。

⑤ 门窗洞口周边 300mm 范围内应附加间距不大于 600mm 的拉结件。

3）夹心墙拉结件或网片的选择与设置，应符合下列规定：

① 夹心墙宜用不锈钢拉结件。拉结件用钢筋制作或采用钢筋网片时，应先进行防腐处理。

② 非抗震设防地区的多层房屋，或风荷载较小地区的高层的夹心墙可采用环形或 Z 形拉结件；风荷载较大地区的高层建筑房屋宜采用焊接钢筋网片。

③ 抗震设防地区的砌体房屋（含高层建筑房屋）夹心墙应采用焊接钢筋网作为拉结件。焊接网应沿夹心墙连续通长设置，外叶墙至少有一根纵向钢筋。钢筋网片可计入内叶墙的配筋率，其搭接与锚固长度应符合有关规范的规定。

④ 可调节拉结件宜用于多层房屋的夹心墙，其竖向和水平间距均不应大于 400mm。

采用高效保温材料夹心墙体的多层砖房，应对空腔两侧的内、外叶墙之间采取可靠的连接措施。墙面连接钢筋采用梅花形布置，竖向间距不大于 500mm，水平间距不大于 1000mm。连接钢筋端头制成直角，端头距墙面为 40mm，钢筋直径为 6mm（图 3-32）。

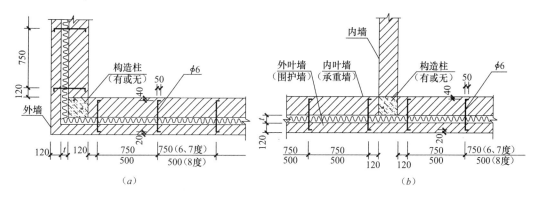

图 3-32 夹心墙的内、外叶墙拉结钢筋的布置
（a）外墙角；（b）丁字墙

复合夹心墙的窗（门）洞口四边，可采用丁砖或钢筋来连接空腔两侧的叶墙。沿窗（门）洞口边的连接钢筋采用 $\phi6$，间距 300mm。连接用的丁砖强度等级不宜低于 MU10，丁砖竖向间距为一皮砖的厚度。窗洞下边的丁砖应通长砌筑，且用高强度等级的砂浆灌缝。

夹心墙的内、外叶墙在门、窗洞边的连接，如图所示（图 3-33）。

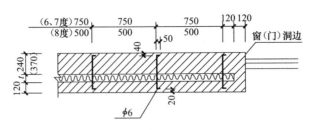

图 3-33　门窗洞边内、外叶墙的连接

（3）圈梁

1）夹心墙上的圈梁应以承重墙上的部分为主体，承重墙上的圈梁截面宽度应等于承重墙厚度，截面高度不应小于 120mm，圈梁配筋应符合表 3-26 的要求。

2）圈梁截面应盖过空腔并盖满外叶墙，作为外叶墙在屋盖和各楼层处的水平支承。为了防止地震时外叶墙局部倒塌后引起的上层外叶墙继发性破坏，各楼层处的圈梁截面应能分别承托上一层外叶墙的全部重力。因此，圈梁悬挑部分的截面高度和板面配筋（由箍筋延伸），应通过计算确定，且截面高度不应小于 60mm，箍筋不少于 φ6@200。

3）混凝土的导热系数比较大，为了尽量减弱圈梁处的冷桥现象，圈梁在外叶墙上的截面高度不宜超过 80mm，一般情况采取 60mm。

4）夹心墙的外墙转角处和内、外墙连接处的圈梁节点平面及圈梁截面，如图所示（图 3-34）。

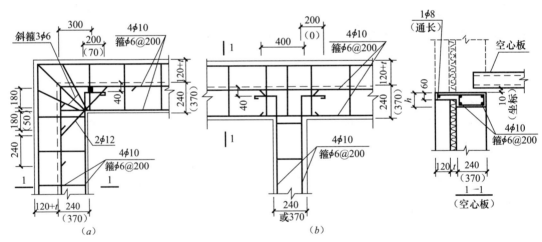

图 3-34　夹心墙圈梁节点平面和截面
（a）外墙转角；（b）内外墙连接

7. 丙类多层砖砌体房屋

丙类多层砖砌体房屋，当横墙较少且总高度和层数接近或达到表 3-10 规定限值时，应采取下列加强措施：

1）房屋的最大开间尺寸不宜大于 6.6m。

2）同一结构单元内横墙错位数量不宜超过横墙总数的 1/3，且连续错位不宜多于两道；错位的墙体交接处均应增设构造柱，且楼、屋面板应采用现浇钢筋混凝土板。

3）横墙和内纵墙上洞口的宽度不宜大于 1.5m，外纵墙上洞口的宽度不宜大于 2.1m 或开间尺寸的一半，且内外墙上洞口位置不应影响内外纵墙与横墙的整体连接。

4）所有纵横墙均应在楼、屋盖标高处设置加强的现浇钢筋混凝土圈梁：圈梁的截面高度不宜小于 150mm，上下纵筋各不应少于 3φ10，箍筋不小于 φ6，间距不大于 300mm。

5）所有纵横墙交接处及横墙的中部，均应增设满足下列要求的构造柱：在纵、横墙内的柱距不宜大于 3m，最小截面尺寸不宜小于 240mm×240mm（墙厚 190mm 时为 240mm×190mm），配筋宜符合表 3-27 的要求。

增设构造柱的纵筋和箍筋设置要求　　　　　表 3-27

位置	纵向钢筋			箍筋		
	最大配筋率/%	最小配筋率/%	最小直径/mm	加密区范围/mm	加密区间距/mm	最小直径/mm
角柱	1.80	0.80	14	全高	100	6
边柱			14	上端 700		
中柱	1.40	0.60	12	下端 500		

6）同一结构单元的楼、屋面板应设置在同一标高处。

7）房屋底层和顶层的窗台标高处，宜设置沿纵横墙通长的水平现浇钢筋混凝土带；其截面高度不小于 60mm，宽度不小于墙厚，纵向钢筋不少于 2φ10，横向分布筋的直径不小于 φ6 且其间距不大于 200mm。

8. 其他构造要求

坡屋顶房屋的屋架应与顶层圈梁可靠连接，檩条或屋面板应与墙、屋架可靠连接，房屋出入口处的檐口瓦应与屋面构件锚固。采用硬山搁檩时，顶层内纵墙顶宜增砌支承山墙的踏步式墙垛，并设置构造柱。

门窗洞处不应采用砖过梁；过梁支承长度，6～8 度时不应小于 240mm，9 度时不应小于 360mm。

预制阳台，6、7 度时应与圈梁和楼板的现浇板带可靠连接（图 3-35），8、9 度时不应采用预制阳台。

同一结构单元的基础（或桩承台），宜采用同一类型的基础，底面宜埋置在同一标高上，否则应增设基础圈梁并应按 1：2 的台阶逐步放坡。

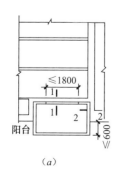
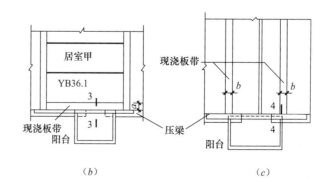

（a）　　　　　　　　　（b）　　　　　　　　　（c）

图 3-35　预制阳台的锚固（一）
（a）半挑半凹阳台；（b）、（c）挑阳台

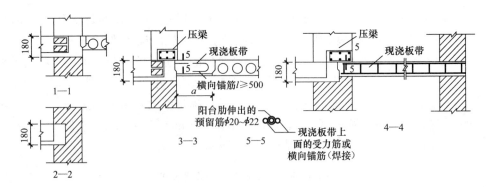

图 3-35 预制阳台的锚固（二）

3.3 多层混凝土小砌块砌体房屋抗震构造

3.3.1 小砌块砌体房屋结构布置

多层砌体房屋的建筑布置和结构体系，应符合下列要求：

1）应优先采用横墙承重或纵横墙共同承重的结构体系。不应采用砌体墙和混凝土墙混合承重的结构体系。

2）纵横向砌体抗震墙的布置应符合下列要求：

① 宜均匀对称，沿平面内宜对齐，沿竖向应上下连续；且纵横向墙体的数量不宜相差过大。

② 平面轮廓凹凸尺寸，不应超过典型尺寸的 50%；当超过典型尺寸的 25% 时，房屋转角处应采取加强措施。

③ 楼板局部大洞口的尺寸不宜超过楼板宽度的 30%，且不应在墙体两侧同时开洞。

④ 房屋错层的楼板高差超过 500mm 时，应按 2 层计算；错层部位的墙体应采取加强措施。

⑤ 同一轴线上的窗间墙宽度宜均匀；墙面洞口的面积，6、7 度时不宜大于墙面总面积的 55%，8、9 度时不宜大于 50%。

⑥ 在房屋宽度方向的中部应设置内纵墙，其累计长度不宜小于房屋总长度的 60%（高宽比大于 4 的墙段不计入）。

3）房屋有下列情况之一时宜设置防震缝，缝两侧均应设置墙体，缝宽应根据烈度和房屋高度确定，可采用 70～100mm：

① 房屋立面高差在 6m 以上；

② 房屋有错层，且楼板高差大于层高的 1/4；

③ 各部分结构刚度、质量截然不同。

4）楼梯间不宜设置在房屋的尽端或转角处。

5）不应在房屋转角处设置转角窗。

6）横墙较少、跨度较大的房屋，宜采用现浇钢筋混凝土楼、屋盖。

3.3.2 多层砌块房屋抗震构造措施

1. 墙体拉结钢筋网片

（1）承重墙

混凝土小砌块房屋的纵、横墙交接处，芯柱或构造柱与墙体连接处，应设置拉结钢筋网片，每边伸入墙内不宜小于1m（图3-36）。

（2）非承重墙

1）后砌的内隔墙与承重墙相连接时，因为两者没有咬槎，砌筑承重墙时应在相应部位，沿墙高每隔400mm埋设一片拉结钢筋网片，待以后砌筑内隔墙时，将其另一端埋入内隔墙的对应水平灰缝内（图3-37）。非承重内隔墙转角处也应按图配置钢筋网片（图3-38）。

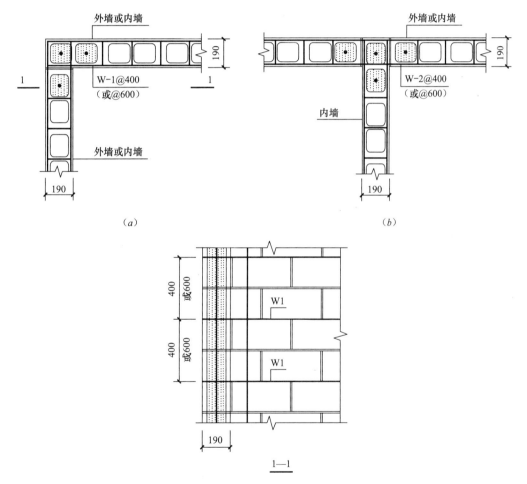

图 3-36　承重墙的拉结钢筋网片（一）

（a）转角墙；（b）丁字墙

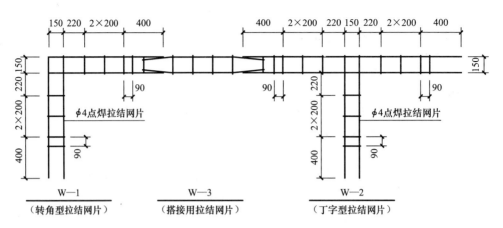

图 3-36　承重墙的拉结钢筋网片（二）

注：1. ϕ4 点焊拉结钢筋网片可采用平接焊接或搭接焊接连接，拉结钢筋网片应沿墙体水平通长设置。

　　2. 拉结钢筋网片沿墙体间距不大于 600mm；6、7 度时底部 1/3 楼层，8 度时底部 1/2 楼层，9 度时全部楼层，拉结钢筋网片沿墙高间距不大于 400mm。

　　3. ϕ4@600 用于本注 2 规定以外的其他楼层。

　　4. 6、7 度时长度大于 7.2m 的大房间，以及 8、9 度时外墙转角及内外墙交接处，应沿墙高每隔 400mm 配置 ϕ2@6 通常钢筋和 ϕ4 分布短筋平面内点焊组成的拉结网片或 ϕ4 点焊网片。

　　5. 顶层楼梯间墙体应沿墙高每隔 400mm 配置拉结钢筋网片，且网片的通长钢筋应采用 ϕ2@6 制作。

　　6. 突出屋顶的楼、电梯间，所有墙体应沿墙高每隔 400mm 配置拉结钢筋网片，且网片的通长钢筋应采用 ϕ2@6 制作。

　　7. 钢筋网片遇门窗洞口时，可在洞边切断。

　　8. 纵、横墙交接处，砌块应交错咬槎砌筑。

　　9. 本图拉结网片 W—1、W—2 在端部 400mm 处与 W—3 采用插入式搭接连接。

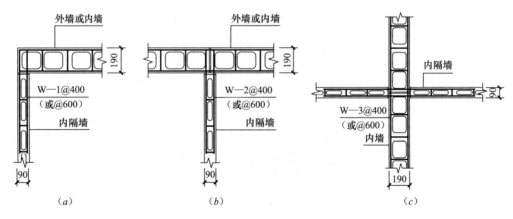

图 3-37　内隔墙与承重墙的拉结钢筋网片

(a) L 形连接；(b) T 形连接；(c) 十字形连接

注：拉结网片 W—1、W—2、W—3 见图 3-39。

　　2）图 3-37、图 3-38 中承重墙与非承重墙以及非承重墙相互间的拉结钢筋网片，均可采用 2ϕ4、横筋间距不大 200mm 的点焊钢筋网片（图 3-39）。

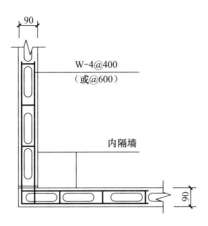

图 3-38　内隔墙转角处的拉结钢筋网片

注：拉结网片 W-4 见图 3-39。

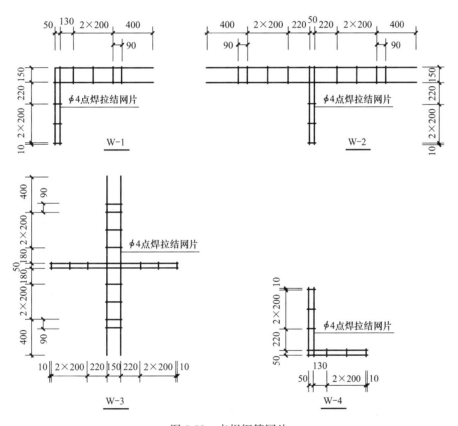

图 3-39　点焊钢筋网片

注：1. 自承重墙的主砌块外形尺寸为 390×90×190（90）。

2. 后砌隔墙的砌筑砂浆强度等级不应低于 Mb5。

3. 拉结钢筋网片的设计要求见图 3-38。

（3）夹心墙

夹心墙的拉结钢筋网片和拉结件应进行防腐处理，拉结件和拉结钢筋网片应配合使用，并错开灰缝设置，且拉结件应按梅花形布置。对立墙肢端部、门窗洞口两侧 600mm 范围内应附加间距不大于 400mm 的拉结件。当采用内、外叶墙整体点焊的拉结钢筋网片时，可不设置内叶墙与外叶墙之间的拉结件，夹心墙内、外叶墙拉结件构造如图 3-40 所示。

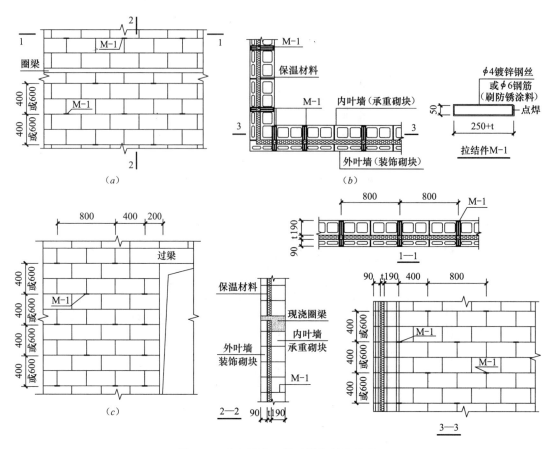

图 3-40　夹心墙内、外叶墙拉结件构造

(a) 墙面；(b) 外墙转角；(c) 门窗洞口

夹心墙的拉结钢筋网片如图 3-41 所示。

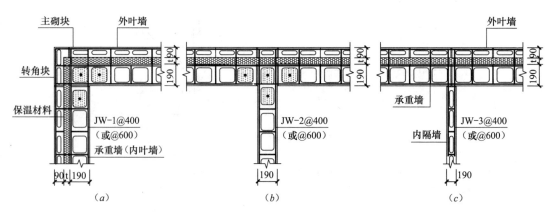

图 3-41　夹心墙的拉结钢筋网片

(a) 外墙转角（外墙阳角）；(b) 内外墙交接处；(c) 内外墙与外墙交接处

注：拉结钢筋网片 JW-1、JW-2 在端部 400mm 处与 JW-3 采用插入式搭接连接。

2. 钢筋混凝土芯柱

为了增加混凝土小砌块房屋的整体性和延性，提高其抗震能力，可结合空心砌块的特点，在墙体的适当部位将砌块竖孔浇筑成钢筋混凝土柱，这样形成的柱就称为芯柱。

（1）芯柱设置部位和数量

多层小砌块房屋应按表 3-28 要求设置钢筋混凝土芯柱。对外廊式和单面走廊式房屋、横墙较少的房屋、各层横墙很少的房屋，尚应分别按多层砖砌体房屋抗震构造措施中关于增加层数的对应要求，按表 3-28 的要求设置芯柱（图 3-42）。

多层小砌块房屋芯柱设置要求　　　　　　　　　表 3-28

房屋层数				设置位置	设置数量
6 度	7 度	8 度	9 度		
4、5	3、4	2、3		外墙转角，楼、电梯间四角，楼梯斜梯段上下端对应的墙体处 大房间内外墙交接处 错层部位横墙与外纵墙交接处 隔 12m 或单元横墙与外纵墙交接处	外墙转角，灌实 3 个孔 内外墙交接处，灌实 4 个孔 楼梯斜梯段上下端对应的墙体处，灌实 2 个孔
6	5	4		同上 隔开间横墙（轴线）与外纵墙交接处	
7	6	5	2	同上 各内墙（轴线）与外纵墙交接处 内纵墙与横墙（轴线）交接处和洞口两侧	外墙转角，灌实 5 个孔 内外墙交接处，灌实 4 个孔 内墙交接处，灌实 4～5 个孔 洞口两侧各灌实 1 个孔
	7	≥6	≥3	同上 横墙内芯柱间距不大于 2m	外墙转角，灌实 7 个孔 内外墙交接处，灌实 5 个孔 内墙交接处，灌实 4～5 个孔 洞口两侧各灌实 1 个孔

注：外墙转角、内外墙交接处、楼电梯间四角等部位，应允许采用钢筋混凝土构造柱替代部分芯柱。

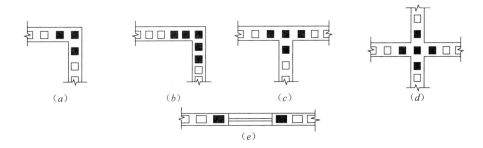

图 3-42　芯柱灌孔

（a）外墙转角灌实 3 个孔；（b）外墙转角灌实 5 个孔；（c）外墙交接处灌实 4 个孔；
（d）内墙交接处灌实 5 个孔；（e）洞口两侧各灌实 1 个孔

（2）芯柱截面尺寸、混凝土强度等级和配筋

1）小砌块房屋芯柱截面不宜小于 120mm×120mm。

2）芯柱混凝土强度等级，不应低于 Cb20。

3）芯柱的竖向插筋应贯通墙身且与圈梁连接；插筋不应小于 1φ12，6、7 度时超过 5 层、8 度时超过 4 层和 9 度时，插筋不应小于 1φ14。

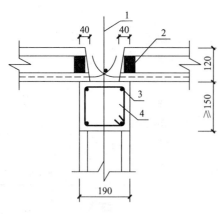

图 3-43 芯柱贯穿楼板构造

1—芯柱插筋；2—堵头；3—1φ8 钢筋；4—圈梁

4）芯柱混凝土应贯通楼板，当采用装配式钢筋混凝土楼盖时，应采用贯通措施（图 3-43）。

5）为提高墙体抗震受剪承载力而设置的芯柱，宜在墙体内均匀布置，最大净距不宜大于 2m。

6）多层小砌块房屋墙体交接处或芯柱与墙体连接处应设置拉结钢筋网片，网片可采用直径 4mm 的钢筋点焊而成，沿墙高间距不大于 600mm，并应沿墙体水平通长设置。6、7 度时底部 1/3 楼层，8 度时底部 1/2 楼层，9 度时全部楼层，上述拉结钢筋网片沿墙高间距不大于 400mm（图 3-44）。

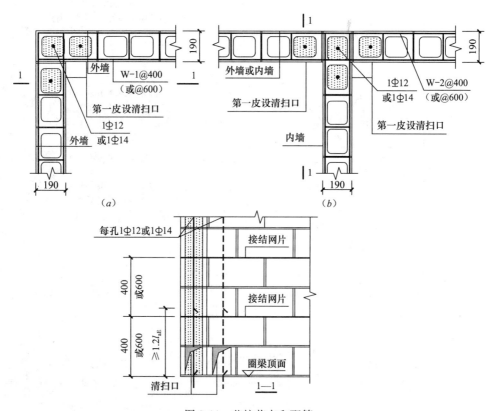

图 3-44 芯柱节点和配筋

（a）外墙转角灌实 3 孔（外墙阳角）；（b）内外墙交接处灌实 4 孔（内墙交接处灌实 4 孔）

注：1.（a）、（b）用于 6 度 6 层及以下、7 度 5 层及以下、8 度 4 层及以下。

2. 图中芯柱插筋φ12 用于 6、7 度时五层及以下、8 度时四层及以下。

3. 图中芯柱插筋φ14 用于 6、7 度时六层及以上、8 度时五层及以上、9 度时各层。

4. "圈梁顶面"指基础圈梁顶面或每一楼层的圈梁顶面。

5. 各楼层芯柱处第一皮砌块，应朝室内方向设置清扫口。

6. 纵、横墙连接处，砌块交错咬槎砌筑，并应保持各个混凝土砌块的竖孔上下对齐贯通。

7. 芯柱采用 Cb20 灌孔混凝土灌注。

7）芯柱应伸至室外地面以下 500mm 处或与埋深小于 500mm 的基础圈梁相连。当房屋的高宽比值较大时，芯柱的纵向钢筋宜锚入混凝土基础内（图 3-45）。

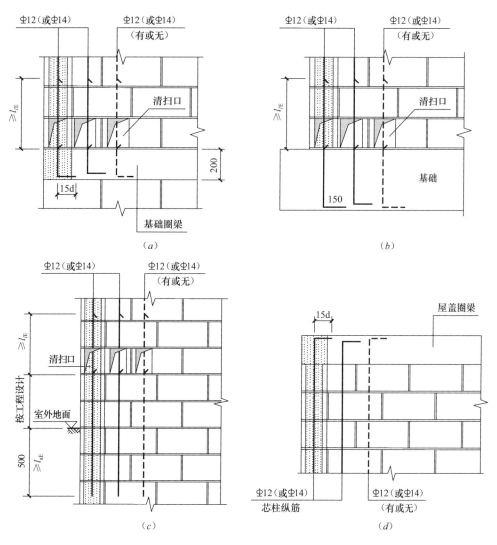

图 3-45 芯柱纵向钢筋的锚固

（a）锚入基础圈梁；（b）锚入基础；（c）锚入室外地面下；（d）锚入屋盖圈梁

注：室内地面以下，所有小砌块的孔洞应采用 Cb20 灌孔混凝土灌实。

3. 构造柱

（1）截面和配筋

小砌块房屋中替代芯柱的钢筋混凝土构造柱，应符合下列构造要求：

1）构造柱截面不宜小于 190mm×190mm，纵向钢筋宜采用 4φ12，箍筋间距不宜大于 250mm（图 3-46），且在柱上下端应适当加密；6、7 度时超过 5 层、8 度时超过 4 层和 9 度时，构造柱纵向钢筋宜采用 4φ14，箍筋间距不应大于 200mm；外墙转角的构造柱可适当加大截面及配筋。

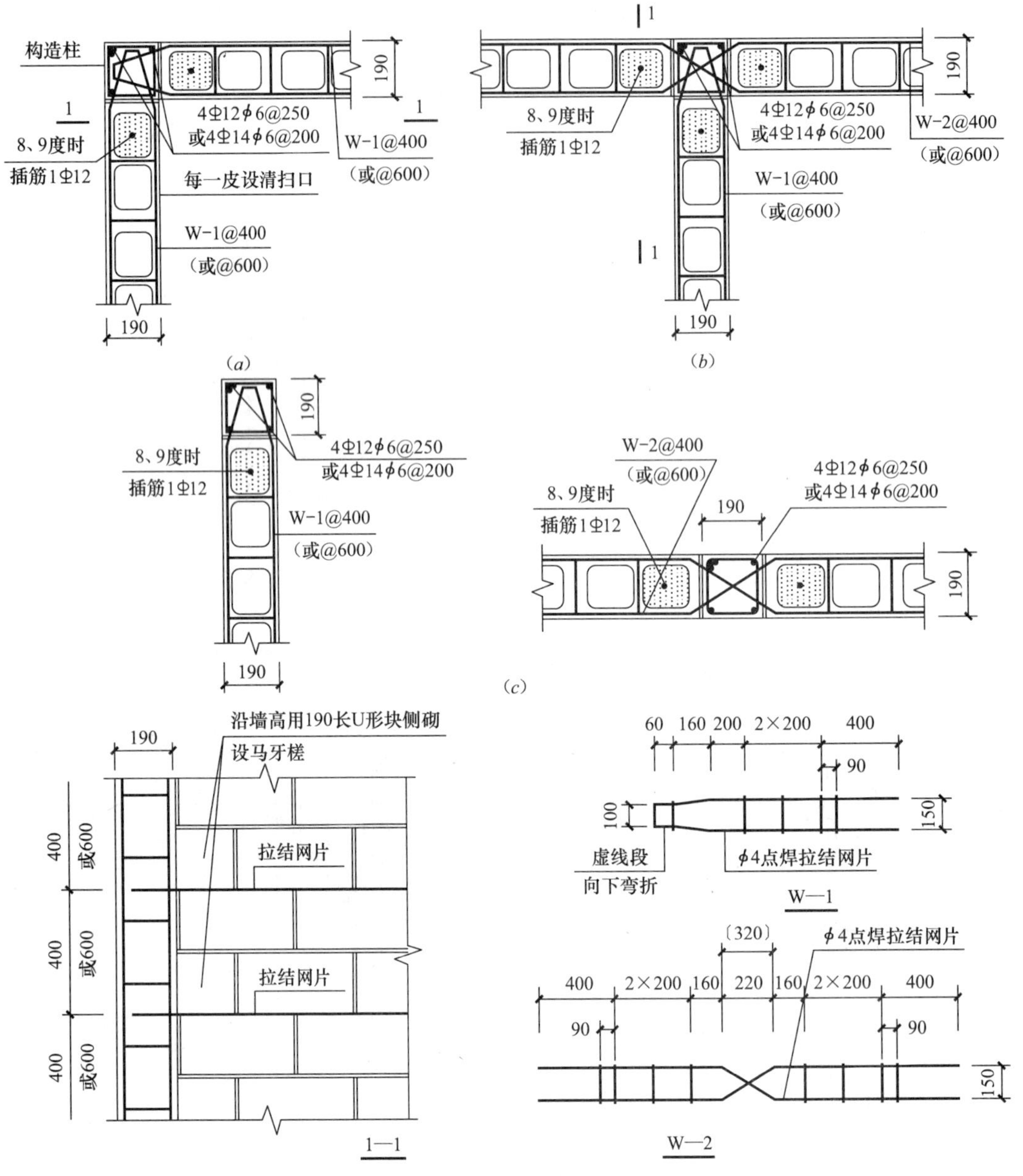

图 3-46 190×190 构造柱节点和配筋

(a) 墙角；(b) 丁字墙；(c) 一字墙

注：1. 本图用于内外墙交接处、楼电梯间四角等部位，允许采用钢筋混凝土构造柱替代芯柱做法。

2. 6、7 度时五层及以下、8 度时四层及以下，构造柱纵筋 Φ12，箍筋 φ6@250。

3. 6、7 度时六层及以上、8 度时五层及以上、9 度时各层，构造柱纵筋 φ14，箍筋中 6@200。

4. 构造柱与砌块墙连接处应设马牙槎。

5. 当仅设构造柱时，与构造柱相邻的马牙槎砌块孔洞，6 度时宜填实，7 度时应填实，8、9 度时应填实并插入 1Φ12 钢筋。

6. 各楼层第一皮马牙槎处，应朝室内方向设置清扫口。

7. 纵、横墙连接处，砌块交错咬槎砌筑，芯柱处上下皮砌块的孔洞应对齐贯通。

8. 构造柱与圈梁连接处，构造柱的纵筋应在圈梁纵筋内侧穿过，保证构造柱纵筋上下贯通。

9. 芯柱采用 Cb20 灌孔混凝土灌实，构造柱采用 C20 混凝土后浇筑。

2）构造柱与砌块墙连接处应砌成马牙槎，与构造柱相邻的砌块孔洞，6度时宜填实，7度时应填实，8、9度时应填实并插筋。构造柱与砌块墙之间沿墙高每隔600mm设置 $\Phi 4$ 点焊拉结钢筋网片，并应沿墙体水平通长设置。6、7度时底部 1/3 楼层，8 度时底部 1/2 楼层，9度全部楼层，上述拉结钢筋网片沿墙高间距不大于400mm。

3）构造柱与圈梁连接处，构造柱的纵筋应在圈梁纵筋内侧穿过，保证构造柱纵筋上下贯通。

4）构造柱可不单独设置基础，但应伸入室外地面下500mm，或与埋深小于500mm的基础圈梁相连。

（2）纵筋的搭接和锚固

1）砌块墙楼房屋盖处的圈梁应采用C20混凝土，构造柱顶端，纵向钢筋伸入屋盖圈梁内的锚固长度应不小于 l_{aE}（图3-47）。

2）构造柱采用C20混凝土浇灌，纵向钢筋在基础面和楼层圈梁面以上进行搭接时，搭接长度不应小于 l_{lE}（图3-48）。

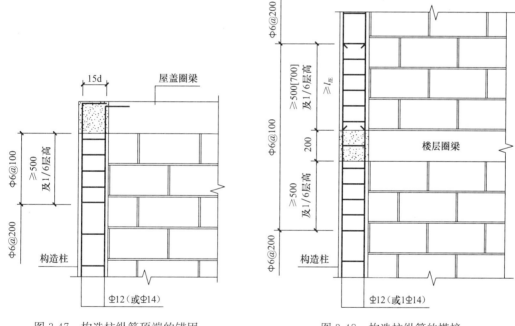

图 3-47　构造柱纵筋顶端的锚固　　　　图 3-48　构造柱纵筋的搭接

3）构造柱底端，纵向钢筋锚入地下圈梁（C20混凝土）或基础内的长度，应不小于 l_{aE}（图3-49）。

4. 钢筋混凝土圈梁

1）多层小砌块房屋现浇钢筋混凝土圈梁的设置位置应按多层砖砌体房屋圈梁的要求确定。

2）圈梁的混凝土强度等级不应低于C20。

3）圈梁的截面宽度不应小于190mm，且不应小于小砌块墙体的厚度，圈梁不得采用槽形小砌块作模进行浇筑；圈梁截面高度不应小于200mm。

4）圈梁纵向配筋不应小于4φ12，箍筋间距不应大于200mm。圈梁在墙体转角处还

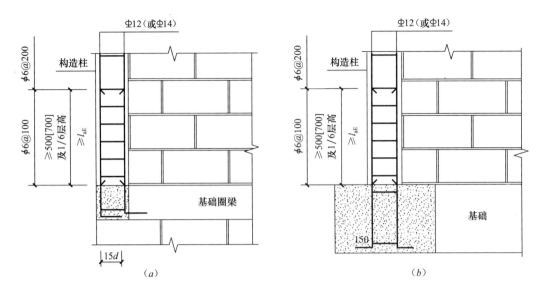

图 3-49 构造柱纵筋底端的锚固

(a) 锚入地下圈梁; (b) 锚入基础

应设置附加斜箍（图 3-50a）。钢筋混凝土圈梁配筋见表 3-29。

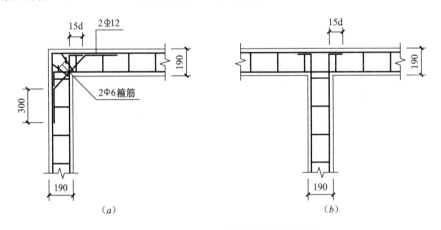

图 3-50 圈梁纵向钢筋在节点内的锚固

(a) L 形节点; (b) T 形节点

钢筋混凝土圈梁配筋（mm）　　　　表 3-29

砌体类别	截面与配筋	烈度		
		6 度、7 度	8 度	9 度
多层小砌块房屋	最小截面宽×高	190×200		
	最小纵筋	4φ12		
	最小箍筋	φ6@200		

5）内墙上的圈梁，其 $\phi10$ 纵向钢筋伸入外墙圈梁内的锚固长度 l_{aE} 不应小于 38 倍钢筋直径（C20 混凝土）（图 3-50b）。墙体转角处的 L 形圈梁节点，外侧钢筋不再按锚固要求确定伸入节点内的长度，而应按搭接长度 l_{lE} 考虑（图 3-50a）。

6）圈梁内纵向钢筋若需接长时，可采用搭接接头，搭接长度 l_{lE} 不应小于 54 倍钢筋直径（C20 混凝土）；4 根纵向钢筋应分两次搭接，接头之间的净距不应小于 $0.3l_{lE}$，即不应小于 16 倍钢筋直径（图 3-51）。

7）圈梁遇洞口截断处，应采取补强措施，高差小于等于 400mm 时，可采取圈梁搭接做法（图 3-52a）；高差大于 400mm 时，宜在洞口设置钢筋混凝土框与圈梁相连接（图 3-52b）。

8）因为砌块的竖孔比较大，在浇灌圈梁之前，应在圈梁底部的砌块顶面，铺垫一层小孔铅丝网或钢板网，以防浇灌圈梁时漏浆过多。

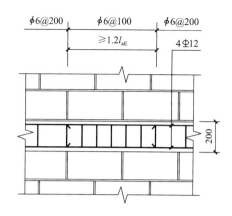

图 3-51 圈梁纵向钢筋的搭接

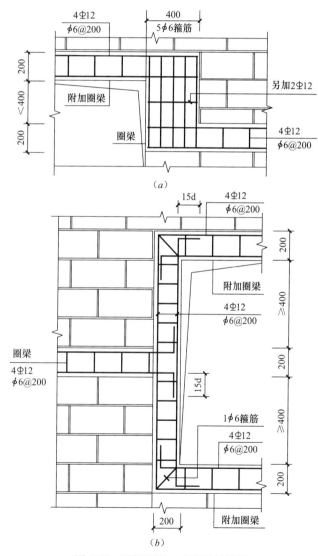

图 3-52 圈梁遇洞口截断处的补强
（a）圈梁间距＜400mm；（b）高差≥400mm

5. 设置钢筋混凝土带

多层小砌块房屋的层数，6 度时超过 5 层、7 度时超过 4 层、8 度时超过 3 层和 9 度时，在底层和顶层的窗台标高处，沿纵横墙应设置通长的水平现浇钢筋混凝土带；其截面高度不小于 60mm，纵筋不少于 2φ10，并应有分布拉结钢筋；其混凝土强度等级不应低于 C20。

6. 多层小砌块房屋的加强措施

丙类的多层小砌块房屋，当横墙较少且总高度和层数接近或达到表 3-10 规定限值时，应按丙类的多层砖砌体房屋的要求采取抗震加强措施。其中，墙体中部的构造柱可采用芯柱替代，芯柱的灌孔数量不应少于 2 孔，每孔插筋的直径不应小于 18mm。

7. 其他抗震构造措施

多层小砌块房屋的其他抗震构造措施，尚应符合多层砖砌体房屋的有关要求。

3.4 底部框架-抗震墙砌体房屋抗震构造

3.4.1 一般规定

1. 震害特点和描述

未经抗震设防，或虽作抗震设防但抗震设计不符合标准的底层框架砖房，遭受地震后，各个构件曾经出现过的破坏现象综合简述如下。

（1）震害特点

1）这类房屋的震害多数发生在底层，表现为"上轻下重"。

2）底层的震害表现为墙比柱重、柱比梁重。

3）底层为全框架的砖房，破坏程度比底层为内框架的砖房要轻。

4）施工质量好的、地基土比较坚实的，房屋的破坏程度相对来说要轻一些。

（2）主要震害描述

1）8 度以下地震区

① 房屋底层（图 3-53）：

a. 端横墙和内横墙出现斜裂缝或交叉斜裂缝；

b. 外纵墙（带或不带砖壁柱），在窗口上、下出现水平裂缝，或窗间墙上出现交叉斜裂缝，有时两种裂缝兼而有之；

c. 外墙转角处出现双向斜裂缝，严重者墙角塌落；

d. 多数钢筋混凝土柱在顶端、底端产生水平裂缝或局部压碎崩落；

e. 少数钢筋混凝土梁在支座附近出现竖向裂缝。

② 房屋上层。房屋上部各层的破坏状况与多层砖房相似，但破坏程度比房屋的底层轻得多。不少房屋无明显震害。

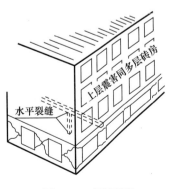

图 3-53 底层震害

2）9度以上地震区

① 多数情况是底层倒塌，上部几层原地坐落。上部几层的破坏状况，与多层砖房相似，破坏程度各异。

② 少数情况是上部几层倒塌，底层残留。

2. 底部框架的选型

（1）内框架和全框架

底层框架有内框架和全框架两种形式，地震时表现有较大差异。钢筋混凝土全框架的抗震性能优于内框架。从震害、模型试验和理论分析得知：底层框架砖房，由于底层的层间抗推刚度远比上面几层的层间抗推刚度要小，地震时，不可避免地要发生底层变形集中，底层将产生较大的层间变形，而无筋砖柱的弹性侧移极限值是很小的，较高的地震烈度就会使底层的层间侧移超过此数值，导致底层框架的外砖柱水平断裂（图3-54）。而砖柱一旦水平断裂，侧移刚度和抗弯强度都基本丧失，使房屋底层的侧移刚度和承载力进一步下降，变形进一步增加，从而危及房屋的安全。底层全框架的情况就有利得多，结构的侧移刚度、屈服强度、延性系数以及变形能力，都要比内框架好。为了使底部框架房屋遭遇地震后的破坏程度控制在规范的设防标准以内，底层应该采用钢筋混凝土全框架。仅当基本烈度为6度或者房屋的层数很少时，底层方可采用外柱为组合砖柱、内柱为钢筋混凝土的内框架结构。

图 3-54 底层框架外砖柱的水平断裂

底部为两层框架时，即使设防烈度为6度、层数较少的楼房，也应采用钢筋混凝土全框架。

（2）纵、横向框架

地震可以来自任何方向，地震主震方向可能与房屋的横轴平行，也可能与房屋的纵轴平行。房屋沿横向振动的周期和沿纵向振动的周期又很相近，因而，沿房屋横向作用的总地震剪力与沿房屋纵向作用的总地震剪力也就大体上相等。这样，对横向框架和对纵向框架的要求是同等的，因此，在框架选型时应该尽量做到：

1）柱选择正方形截面，并双向对称配筋；

2）纵向框架和横向框架均采取刚接节点。

3. 框架与抗震墙的抗震等级

底部框架-抗震墙砌体房屋的钢筋混凝土结构部分，除应符合本节规定外，尚应符合多层及高层钢筋混凝土结构抗震设计的有关要求。

4. 房屋高度

底部框架房屋，除底层或底部两层为钢筋混凝土结构外，其他各层均为砌体结构。因而，就整体而言，它仍属于砌体结构范畴。砌体是脆性材料，延性系数小，抗拉、抗剪强度低；而且弹性变形极限值很小，角变形约为1/2500时，砌体墙即开始出现斜向裂缝，角变形达到1/1000时，对角裂缝便贯通。而现行《建筑抗震设计规范》所规定的地震作用数值，是考虑了地震期间房屋越过弹性变形极限进入非弹性变形阶段后所引起的等效地震力的衰减。所以，即使是按照《建筑抗震设计规范》进行设计的砌体结构房屋，遭遇7度以上地震烈度时，承重砌体墙也难免不发生裂缝。房屋高，层数多，地震力大，砌体墙破坏程度就有可能达到严重程度而超出抗震设防标准；而且砌体墙破裂严重时，常伴随着出平面的错动，砌体墙的竖向承载能力就会大大降低而危及安全。此外，相对柔弱的底层，水平承载力也是有限的。所以，底部框架-抗震墙房屋的总高度也应该有所控制，一般情况下，不应超过对多层砖房总高度规定的限值。

底层或底部两层采用框架-抗震墙结构、上部采用普通砖、多孔砖或小砌块承重墙体的多层房屋，不同设防烈度时房屋的总高度和层数不应超过表 3-10 的规定；当上部砌体结构为医院、教学楼等及横墙较少的房屋时，房屋的总高度和层数应分别比表 3-10 中的规定相应减少 3m 和一层；对上部砌体结构为横墙较少的多层住宅，当按规定采取加强措施，并满足抗震承载力要求时，其高度和层数应允许仍按表 3-10 的规定采用。

若因使用需要，底部两层采用钢筋混凝土"框架-抗震墙"体系的多层砌体房屋，其总层数可按表 3-25 的规定取值，房屋总高度可比表 3-10 中的限值适当提高，但提高值不得超过 1m。

3.4.2 底部框架-抗震墙砌体房屋结构布置

1. 结构布置一般要求

1）底部框架-抗震墙砌体房屋的结构布置应符合下列要求：

① 上部的砌体墙体与底部的框架梁或抗震墙，除楼梯间附近的个别墙段外均应对齐。

② 房屋的底部，应沿纵横两方向设置一定数量的抗震墙，并应均匀对称布置。6 度且总层数不超过 4 层的底层框架-抗震墙砌体房屋，应允许采用嵌砌于框架之间的约束普通砖砌体或小砌块砌体的砌体抗震墙，但应计入砌体墙对框架的附加轴力和附加剪力并进行底层的抗震验算，且同一方向不应同时采用钢筋混凝土抗震墙和约束砌体抗震墙；其余情况，8 度时应采用钢筋混凝土抗震墙，6、7 度时应采用钢筋混凝土抗震墙或配筋小砌块砌体抗震墙。

③ 底层框架-抗震墙砌体房屋的纵横两个方向，第二层计入构造柱影响的侧向刚度与底层侧向刚度的比值，6、7 度时不应大于 2.50，8 度时不应大于 2.00，且均不应小于 1.00。

④ 底部两层框架-抗震墙砌体房屋纵横两个方向，底层与底部第二层侧向刚度应接近，第三层计入构造柱影响的侧向刚度与底部第二层侧向刚度的比值，6、7 度时不应大于 2.00，8 度时不应大于 1.50，且均不应小于 1.00。

⑤ 底部框架-抗震墙砌体房屋的抗震墙应设置条形基础、筏式基础等整体性好的基础。

2）底部框架-抗震墙砌体房屋的抗震横墙间距限值应符合表 3-30 的要求。

房屋抗震横墙最大间距（m） 表 3-30

房屋类别		烈度			
		6 度	7 度	8 度	9 度
底部框架-抗震墙房屋	上部各层	同多层砌体房屋			—
	底层或底部两层	18	15	11	—

2. 上部墙体的设置

（1）对称均匀

底部框架房屋上面几层砖墙或小砌块墙的布置，与底部框架的布置和柱网尺寸密切相关。一般情况下，承重砖墙应该上下对齐、纵横拉通，下设框架梁、柱支托。为使底层框架柱的柱网尺寸整齐划一，上面砖墙就不能任意布置，而要有一定的限制。承重的纵墙和横墙应按具有一定规律的轴线布置，而且沿纵、横两个方向应尽量做到对称均匀。避免在房屋的一端设置大房间，使房屋各层的侧移刚度中心尽量靠近各该层的质量中心，以减少房屋扭转振动对底层框架的影响。

（2）符合多层砖房规定

承重砌体墙的间距、楼梯间的位置、墙面门窗洞口的大小和位置、承重窗间墙的最小宽度，以及什么情况下应使纵墙和横墙前后对齐等，均应符合多层砖房的布置原则和具体要求。

底部框架-抗震墙砌体房屋的上部墙体应设置钢筋混凝土构造柱或芯柱，并应符合下列要求：

1）钢筋混凝土构造柱、芯柱的设置部位，应根据房屋的总层数按多层砖砌房屋或多层砌块房屋的要求设置。

2）构造柱、芯柱的构造，除应符合下列要求外，尚应符合多层砖砌房屋或多层砌块房屋的规定：

① 砖砌体墙中构造柱截面不宜小于 240mm×240mm（墙厚 190mm 时为 240mm×190mm）；

② 构造柱的纵向钢筋不宜少于 4Φ14，箍筋间距不宜大于 200mm；芯柱每孔插筋不应小于 1Φ14，芯柱之间沿墙高应每隔 400mm 设 Φ4 焊接钢筋网片。

3）构造柱、芯柱应与每层圈梁连接，或与现浇楼板可靠拉接。

3. 底层抗震墙

（1）纵、横墙位置

震害资料分析表明，柔性底层的多层房屋，底层的震害往往因扭转振动而加剧。因此，底层抗震墙的布置，不能仅着眼于底层的对称和均匀，还需考虑上面几层的质心位置，使底层纵向和横向侧移刚度的刚心尽可能地与整幢房屋的质心相重合。此外，纵向和横向抗震墙都应尽量拉开距离，最好布置在外围或靠近外墙处，以获得最大的抗扭刚度，减轻房屋的扭转振动。纵、横抗震墙还应尽可能多地连为一体，组成 L 形、T 形、Π 形，以获得较大的整体抗弯刚度。图 3-55 为一个具体工程的底层抗震墙布置方案。为预防常见的角柱破坏，房屋转角处如未布置钢筋混凝土抗震墙时，则应在该处嵌砌砖围护墙，而且该开间墙面上不宜开设门窗洞口。

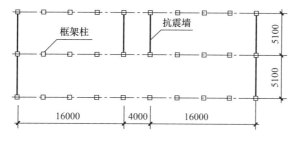

图 3-55 底层抗震墙的布置方案

（2）抗震墙间距

1）比多层框-墙结构要小。砖或钢筋混凝土抗震墙的间距，视抗震墙本身的强度、地震烈度、底层与上层侧向刚度比值以及底层楼盖（即二层楼板）的水平刚度而定。对于底部框架房屋的转换层楼板，因为上面几个楼层的水平地震剪力集中地通过该层楼板传至底层抗震墙，该层楼板所产生的水平变形，将会比一般钢筋混凝土框架-抗震墙结构通过各层楼盖分层传递地震剪力所引起的楼盖水平变形大数倍。所以，在楼板相同水平变形限值的条件下，底层框架砖房的底层抗震墙间距就应该小一些。

2）规定值。底层或底部两层框架砖房的底层抗震横墙的最大间距，应符合表 3-31 的要求。上部各层同砖结构要求。

底部框架-抗震墙房屋底层或底部两层抗震横墙的最大间距（m）　表 3-31

设防烈度	6 度	7 度	8 度	9 度
底层抗震横墙的最大间距/m	18	15	11	—

3）底部两层框架。对于底部两层采用钢筋混凝土框架-抗震墙结构的多层砌体房屋，底部两层的纵、横抗震墙均应上下贯通，而且抗震墙的间距不应大于表 3-31 中所规定的限值。

（3）底部框架-抗震墙砌体房屋结构详图

底层框架柱纵筋的搭接连接如图所示（图 3-56），底部混凝土框架的抗震等级应符合表 3-32 的要求，底部框架柱纵筋的最小总配筋率应符合表 3-33 的要求，底层框架柱纵筋的机械连接或焊接如图所示（图 3-57）。

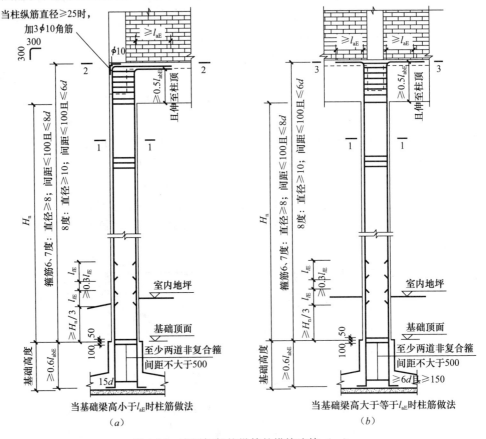

图 3-56　底层框架柱纵筋的搭接连接（一）

(a) 角柱、边柱；(b) 中柱

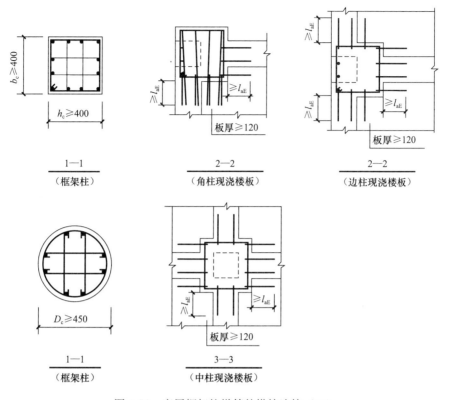

图 3-56 底层框架柱纵筋的搭接连接（二）

注：1. 框架柱的截面尺寸和配筋按计算结果采用；H_n 为所在楼层柱净高，具体按工程设计。

2. 框架柱和基础的混凝土强度等级不低于 C30。

3. 框架柱纵筋的总配筋率应不大于 5%。

4. 框架柱的轴压比，6 度时不宜大于 0.85，7 度时不宜大于 0.75，8 度时不宜大于 0.65。

5. 纵筋搭接长度范围内，箍筋尚需满足：直径不小于 $d/4$（d 为搭接钢筋最大直径），箍筋间距不大于 100mm 及 5d（d 为搭接钢筋最小直径）。

6. 柱相邻纵向钢筋连接接头相互错开，在同一截面内钢筋接头面积不宜大于 50%。

底部混凝土框架的抗震等级 表 3-32

结构类型	设防烈度		
	6 度	7 度	8 度
框架	三	二	一
混凝土抗震墙	三	三	二

底部框架柱纵筋的最小总配筋率（%） 表 3-33

类别	设防烈度		
	6 度	7 度	8 度
中柱	0.90%	0.90%	1.10%
边柱和角柱、混凝土抗震墙端柱	1.00%	1.00%	1.20%

注：此表为钢筋强度标准值低于 400MPa 时的最小配筋率。

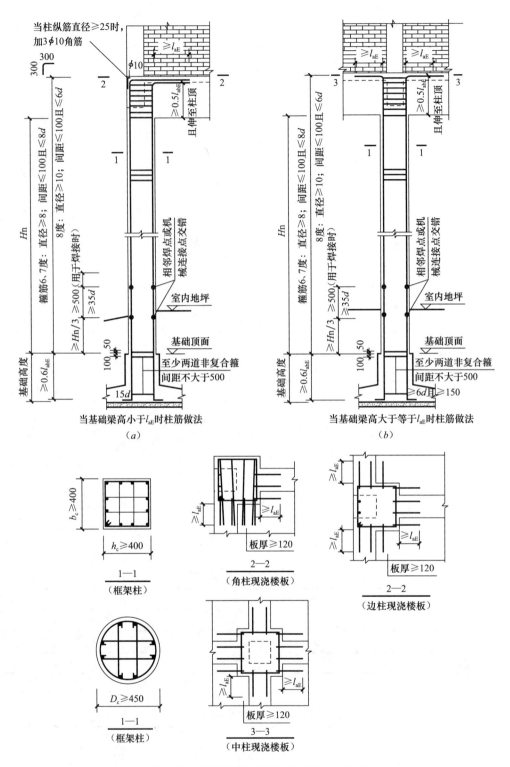

图 3-57 底层框架柱纵筋的机械连接或焊接

（a）角柱、边柱；（b）中柱

注：1. 机械连接和焊接接头类型及质量应符合国家现行有关标准的规定。

2. 剖面 2—2、3—3 中构造柱范围内柱纵筋伸入上层楼板顶。

3.4.3　房屋抗震构造措施

1. 过渡层墙体的构造

过渡层墙体的构造，应符合下列要求：

1）上部砌体墙的中心线宜与底部的框架梁、抗震墙的中心线相重合；构造柱或芯柱宜与框架柱上下贯通。

2）过渡层应在底部框架柱、混凝土墙或约束砌体墙的构造柱所对应处设置构造柱或芯柱；墙体内的构造柱间距不宜大于层高；芯柱除满足多层小砌块房屋芯柱设置的要求外，最大间距不宜大于1m。

3）过渡层构造柱的纵向钢筋，6、7度时不宜少于4ϕ16，8度时不宜少于4ϕ18。过渡层芯柱的纵向钢筋，6、7度时不宜少于每孔1ϕ16，8度时不宜少于每孔1ϕ18。一般情况下，纵向钢筋应锚入下部的框架柱或混凝土墙内；当纵向钢筋锚固在托墙梁内时，托墙梁的相应位置应加强。

4）过渡层的砌体墙在窗台标高处，应设置沿纵横墙通长的水平现浇钢筋混凝土带；其截面高度不小于60mm，宽度不小于墙厚，纵向钢筋不少于2ϕ10，横向分布筋的直径不小于6mm且其间距不大于200mm。此外，砖砌体墙在相邻构造柱间的墙体，应沿墙高每隔360mm设置2ϕ6通长水平钢筋和ϕ4分布短筋平面内点焊组成的拉结网片或ϕ4点焊钢筋网片，并锚入构造柱内；小砌块砌体墙芯柱之间沿墙高应每隔400mm设置ϕ4通长水平点焊钢筋网片。

当大梁为现浇或预制的矩形梁时，构造如图所示（图3-58a）；当大梁为预制的花篮梁时，构造如图所示（图3-58b）。

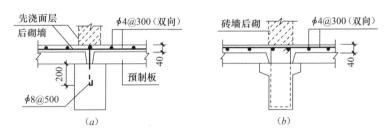

图3-58　整体配筋面层
(a) 矩形梁；(b) 花篮梁

5）过渡层的砌体墙，凡宽度不小于1.2m的门洞和2.1m的窗洞，洞口两侧宜增设截面不小于120mm×240mm（墙厚190mm时为120mm×190mm）的构造柱或单孔芯柱。

6）当过渡层的砌体抗震墙与底部框架梁、墙体不对齐时，应在底部框架内设置托墙转换梁，并且过渡层砖墙或砌块墙应采取比本条4）款更高的加强措施。

2. 托墙梁

（1）截面尺寸

托墙梁的截面宽度不应小于300mm，宽高比不宜小于0.30，梁的截面高度不应小于跨度的1/10。

（2）梁的纵筋

对于房屋底部一层框架或两层框架的纵向和横向托墙梁，考虑到它与上面砖墙形成整体，作为砖墙的底部边缘构件，发挥着墙梁的作用，梁的纵向钢筋的配置，除应满足上述对一般梁的构造要求外，还应符合下列要求：

1）托梁上、下部纵向贯通钢筋最小配筋率，一级时不应小于 0.4%，二、三级时分别不应小于 0.3%。

2）梁端顶面的纵向钢筋至少应有 50%沿梁全长贯通；对于多跨梁，不能采用整根钢筋时，应采用机械连接或焊接接头，同一截面内的接头钢筋截面面积，不应超过全部顶面主筋截面面积的 50%；接头位置宜设在某一跨度的中段。

3）梁底面纵向钢筋应全部伸入框架柱内不少于 l_{aE}，且钢筋端部的竖向弯折段长度不应小于 15d。

4）梁的两个侧面应设置 φ14 纵向腰筋，间距不大于 200mm，腰筋应按受拉钢筋的要求锚固在柱内。

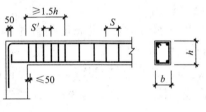

图 3-59　梁的箍筋

5）支座上部的纵向钢筋在框架柱内的锚固长度，应符合钢筋混凝土框支梁的有关要求。

（3）梁的箍筋

1）梁中段。为了防止梁在其抗弯强度未得到充分发挥之前发生脆性的剪切破坏，沿梁的全长，应适当地配置箍筋（图 3-59）。梁的中段，箍筋的间距 S 应符合下列要求：

$$S \leqslant \frac{h_b}{2}, S \leqslant b \text{ 和 } S \leqslant 250\text{mm} \tag{3-5}$$

2）梁端部。梁的端部，不仅剪力较大，而且较大弯矩往往使受压区混凝土因出现高应力而破裂。为了防止地震时梁端发生脆性的剪切破坏或局压破坏，并使梁端可能出现的塑性铰离柱边较远，梁的端部，箍筋应加密。

3）钢筋混凝土托墙梁的箍筋，直径不应小于 8mm，间距不应大于 200mm。梁端在 1.5 倍梁高且不小于 1/5 梁净跨范围内，以及上部墙体的洞口处和洞口两侧各 500mm 且不小于梁高的范围内，箍筋间距不应大于 100mm。

4）箍筋弯钩。梁的箍筋在接头处应做成 135°弯钩，弯钩端部的直线段长度不应小于箍筋直径的 10 倍（图 3-60）。

3. 梁纵向钢筋的锚固

1）现浇框架

① 纵筋锚固长度

a. 伸入中柱。在梁的内部支座（中柱）处，梁顶面的纵向钢筋应整根通过梁-柱节点；梁底面的纵向钢筋和腰筋伸过柱近边的长度，不应小于对受拉钢筋所规定的锚固长度 l_{aE}（图 3-61b）。

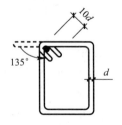

图 3-60　箍筋构造

b. 伸入边柱。在梁的外端支座（边柱）处，纵向钢筋的锚固应符合下列要求：

（a）梁的顶面、底面纵向钢筋和腰筋，均应伸至边柱的外侧再弯折伸入边柱内的长度均不应小于 l_{aE}，且其水平段的长度不小于 $0.4l_{aE}$。

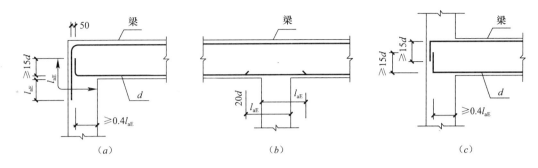

图 3-61　框架梁纵向钢筋的锚固

(*a*) 顶层边支座；(*b*) 顶层中间支座；(*c*) 中间楼层边支座

(b) 底面纵筋向上弯折后的延伸长度（垂直段）不应小于 $15d$。

(c) 顶面纵筋则应沿边柱外侧向下弯转，对于框架顶层的托墙梁，顶面纵筋下弯后伸过梁底面以下的长度不应小于 l_{aE}（图 3-61a）。

c. 对于中间楼层梁，下弯后的延伸长度（垂直段）不应小于 $15d$（图 3-61c）。

② 纵筋弯折半径。为防止钢筋弯折处的混凝土因钢筋拉力引起的径向压应力过大而碎裂，纵向钢筋的弯折半径 r 不能太小。对于直径 d 为 $\phi25$ 以下的钢筋，弯折半径 r 不应小于 $4d$；大于 $\phi25$ 的钢筋，弯折半径 r 不应小于 $6d$（图 3-62）。此外，框架顶层的边节点内，上述两种情况的钢筋弯折半径还应分别加大为 $6d$ 和 $8d$。

2）半预制框架

采用预制梁、现浇柱的半预制框架，大梁宜采用叠合梁。此外，边柱节点，梁顶面和底面钢筋的锚固情况与现浇框架相同（图 3-61a、图 3-61c）所示。中柱节点处，梁的底面钢筋不能直通，只得弯折在节点核心区内。为了保证钢筋的锚固效果，除锚固长度和弯折方式应如图 3-63（b）所示要求外，节点核心区内尚应按照要求设置足够数量的箍筋，以增强节点核心区的抗震能力。

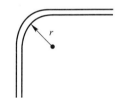

图 3-62　纵向钢筋的
弯折半径

对于预制梁底面钢筋在中柱节点的锚固构造，还有一点需要给予足够的注意。为了防止锚固钢筋在弯转处仍受着较高应力，出现脆断，或压碎该处的混凝土，锚固钢筋弯转以前的水平段锚固长度 l_h 应不少于 $0.38l_{aE}$（图 3-63b）所示。否则，应减小钢筋直径或加大柱截面尺寸，或提高混凝土的强度等级。

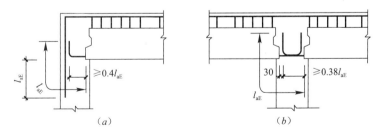

图 3-63　半预制框架的钢筋锚固

4. 框架柱

1）柱的截面不应小于 $400\text{mm}\times400\text{mm}$，圆柱直径不应小于 450mm。

2）柱的轴压比，6 度时不宜大于 0.85，7 度时不宜大于 0.75，8 度时不宜大于 0.65。

3）柱的纵向钢筋最小总配筋率，当钢筋的强度标准值低于 400MPa 时，中柱在 6、7 度时不应小于 0.90%，8 度时不应小于 1.10%；边柱、角柱和混凝土抗震墙端柱在 6、7 度时不应小于 1.00%，8 度时不应小于 1.20%。

4）柱的箍筋直径，6、7 度时不应小于 8mm，8 度时不应小于 10mm，并应全高加密箍筋，间距不大于 100mm。

5）柱的最上端和最下端组合的弯矩设计值应乘以增大系数，一、二、三级的增大系数应分别按 1.50、1.25 和 1.15 采用。

5. 钢筋混凝土墙

1）墙体周边应设置梁（或暗梁）和边框柱（或框架柱）组成的边框；边框梁的截面宽度不宜小于墙板厚度的 1.5 倍，截面高度不宜小于墙板厚度的 2.5 倍；边框柱的截面高度不宜小于墙板厚度的 2 倍。

2）墙板的厚度不宜小于 160mm，且不应小于墙板净高的 1/20；墙体宜开设洞口形成若干墙段，各墙段的高宽比不宜小于 2。

3）墙体的竖向和横向分布钢筋配筋率均不应小于 0.30%，并应采用双排布置；双排分布钢筋间拉筋的间距不应大于 600mm，直径不应小于 6mm。

4）墙体的边缘构件可按照钢筋混凝土抗震墙结构的基本抗震构造措施关于一般部位的规定设置。

6. 约束砖砌体墙

1）砖墙厚不应小于 240mm，砌筑砂浆强度等级不应低于 M10，应先砌墙后浇框架。

2）沿框架柱每隔 300mm 配置 2ϕ8 水平钢筋和 ϕ4 分布短筋平面内点焊组成的拉结网片，并沿砖墙水平通长设置；在墙体半高处尚应设置与框架柱相连的钢筋混凝土水平系梁。

3）墙长大于 4m 时和洞口两侧，应在墙内增设钢筋混凝土构造柱。

4）底层约束砖墙砌体抗震墙如图所示（图 3-64）。

7. 约束小砌块砌体墙

1）墙厚不应小于 190mm，砌筑砂浆强度等级不应低于 Mb10，应先砌墙后浇框架。

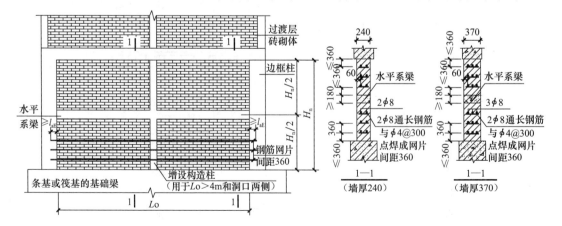

图 3-64　底层约束砖墙砌体抗震墙（一）

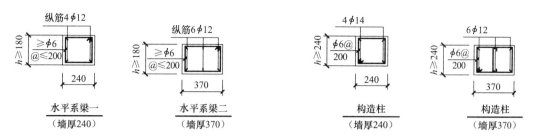

图 3-64 底层约束砖墙砌体抗震墙（二）

2）沿框架柱每隔 400mm 配置 $2\phi8$ 水平钢筋和 $\phi4$ 分布短筋平面内点焊组成的拉结网片，并沿砌块墙水平通长设置；在墙体半高处尚应设置与框架柱相连的钢筋混凝土水平系梁，系梁截面不应小于 190mm×190mm，纵筋不应小于 $4\phi12$，箍筋直径不应小于 6mm，间距不应大于 200mm。

3）墙体在门、窗洞口两侧应设置芯柱，墙长大于 4m 时，应在墙内增设芯柱，芯柱应符合多层小砌块房屋芯柱的有关规定；其余位置，宜采用钢筋混凝土构造柱替代芯柱，钢筋混凝土构造柱应符合多层小砌块房屋构造柱替代芯柱的有关规定。

4）底层约束小砌块砌体抗震墙如图所示（图 3-65）。

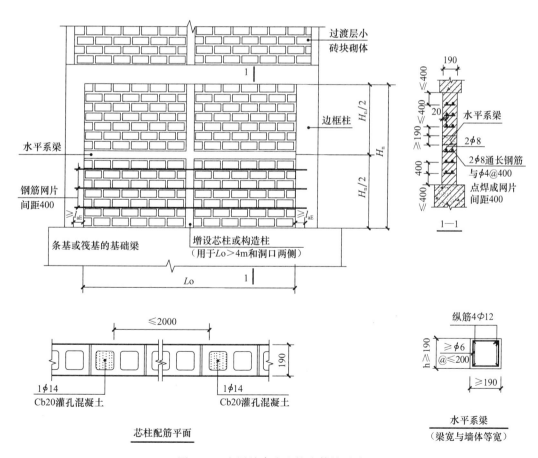

图 3-65 底层约束小砌块砌体抗震墙

165

8. 楼盖

1）过渡层的底板应采用现浇钢筋混凝土板，板厚不应小于 120mm；并应少开洞、开小洞，当洞口尺寸大于 800mm 时，洞口周边应设置边梁。

2）其他楼层，采用装配式钢筋混凝土楼板时均应设现浇圈梁；采用现浇钢筋混凝土楼板时应允许不另设圈梁，但楼板沿抗震墙体周边均应加强配筋并应与相应的构造柱可靠连接。

4 单层工业厂房

4.1 震 害 特 征

单层工业厂房按其主要承重构件的材料可分为单层钢筋混凝土柱厂房、单层砖柱厂房和单层钢结构厂房。承重构件的选择主要取决于厂房的跨度、高度和吊车起重量等因素，大多数厂房采用钢筋混凝土结构；跨度在15m以内，高度在6.6m以下，无桥式吊车的中小型车间和仓库多采用单层砖柱（墙壁柱）结构；跨度在36m以上且有重型吊车的厂房多采用钢结构。

单层钢筋混凝土柱厂房通常是由钢筋混凝土柱、钢筋混凝土屋架或钢屋架以及有檩或无檩的钢筋混凝土屋盖组成的装配式结构。这种结构的屋盖较重，整体性较差。

由于用途不同，厂房的跨度、跨数、柱距及轨顶标高等方面的变化较大，结构复杂多变，因此，单层厂房的震害反应是较复杂的。

历次地震的震害调查表明，厂房受纵向水平地震作用时的破坏程度重于横向地震作用时的破坏程度。以下分别按厂房横向排架和纵向柱列两个方向的震害来进行分析。

4.1.1 横向地震作用下厂房主体结构

厂房的横向抗侧力体系常为屋盖横梁（屋架）与柱铰接的排架形式。在地震作用下，如果构件或节点承载力不足或变形过大，将会引起相应的破坏。

1. 柱的局部震害

（1）上柱柱身变截面处开裂或折断

上柱截面较弱，在屋盖及吊车的横向水平地震作用下承受着较大剪力，故柱子处于压、弯、剪复合受力状态，在柱子的变截面处因刚度突变而产生应力集中，一般在吊车梁顶面附近易产生拉裂甚至折断（图4-1）。

（2）柱头及其与屋架连接的破坏

柱顶与屋面梁的连接处由于受力复杂易发生剪裂、压酥、拉裂或锚筋拔出、钢筋弯折等震害。

（3）柱肩竖向拉裂

在高低跨厂房的中柱，常用柱肩或牛腿支承低跨屋架，地震时由于高振型的影响，高低跨两个屋盖产生相反方向的运动，柱肩或牛腿所受的水平地震作用将增大许多，如果没有配置足够数量的水平钢筋，中柱柱肩或牛腿产生竖向拉裂（图4-2）

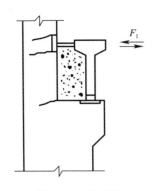

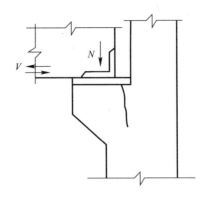

图 4-1 上柱震害 　　　　　　　　图 4-2 柱肩竖向裂缝

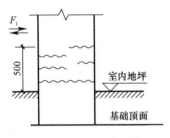

图 4-3 下柱根部震害

（4）下柱震害

在横向地震作用下，下柱震害常见的是水平裂缝，位于地坪以上、窗台以下一段，多发生于厂房的中柱。产生水平裂缝的原因是柱截面的抗弯强度不足，在高于 9 度的高烈度区，有过柱根折断而使厂房整片倒塌的例子（图 4-3）。当下柱的抗剪强度不足时则产生斜裂缝，其中以薄壁工字形截面柱以及工字形空腹柱最为严重，平腹杆双肢柱表现为腹杆的环向拉裂（图 4-4）。

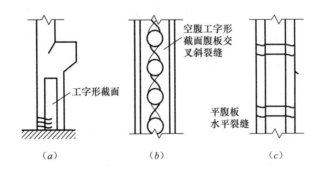

图 4-4 下柱震害

（a）工字形截面裂缝；（b）空腹工字形截面腹板交叉斜裂缝；（c）平腹板水平裂缝

（5）柱间支撑震害

柱间支撑是保证厂房纵向刚度和承受地震力的重要抗侧力构件。在一般情况下，支撑只按构造设置，与抗震要求相比显得数量不足，杆件刚度偏弱以及强度偏低，节点构造单薄。由于以上原因，地震时普遍发生柱间支撑杆件压曲，也有个别杆件被拉断。有时因柱间支撑的刚度较强、设置间距过大而造成撑杆对纵向柱列的应力集中，可能使柱身被切断。

此外，由于厂房平面布置不利于抗震或是因为车间内部设备、平台支架等影响，使厂房在沿纵向或横向的刚度中心与质量中心不一致而产生扭转，扭转作用使厂房四角的柱子震害加重。

2. Ⅱ形天窗架与屋架连接节点的破坏

Ⅱ形天窗是厂房抗震的薄弱部位，在 6 度区就有震害的实例。震害主要表现为支撑杆件失稳弯曲，支撑与天窗立柱连接节点被拉脱，天窗立柱根部开裂或折断等。这是因为 Ⅱ 形天窗位于厂房最高部位，地震效应大。

3. 围护墙破坏

围护墙开裂外闪、局部或大面积倒塌。其中高悬墙、女儿墙受鞭梢效应的影响，破坏最为严重。

4.1.2 纵向地震作用下厂房主体结构

厂房的纵向抗侧力体系，是由纵向柱列形成的排架、柱间支撑和纵墙共同组成的。在厂房的纵向，一般由于支撑不完备或者承载力不足、连接无保证而震害严重。

1. 屋面板错动坠落

在大型屋面板屋盖中，如屋面板与屋架或屋面梁焊接不牢，地震时往往造成屋面板错动滑落，甚至引起屋架的失稳倒塌。

2. 天窗破坏

天窗两侧竖向支撑斜杆拉断，节点破坏，天窗架沿厂房纵向倾斜，甚至倒下砸塌屋盖。

3. 屋架破坏

屋盖的纵向地震作用是通过屋面板焊缝从屋架中部向屋架的两端传递的，屋架两端的剪力最大。因此，屋架的震害主要是端头混凝土酥裂掉角、支撑大型屋面板的支墩折断、端节间上弦剪断等。

4. 支撑震害

在设有柱间支撑的跨间，由于其刚度大，屋架端头与屋面板边肋连接点处的剪力最为集中，往往首先被剪坏；这使得纵向地震作用的传递转移到内肋，导致屋架上弦受到过大的纵向地震作用而破坏。当纵向地震作用主要由支撑传递时，若支撑数量不足或布置不当，会造成支撑的失稳，引起屋面的破坏或屋盖的倒塌。另外，柱根处也会发生沿厂房纵向的水平断裂。

5. 围护结构震害

纵向地震作用下围护结构的震害有山墙外闪或局部塌落。

4.2　钢筋混凝土单层厂房

4.2.1 抗震等级

钢筋混凝土单层厂房结构抗震等级见表 4-1。

钢筋混凝土单层厂房结构抗震等级　　　　　　表 4-1

结构类型	设防烈度			
	6 度	7 度	8 度	9 度
铰接排架	四	三	二	一

4.2.2 钢筋混凝土单层厂房结构布置

1. 结构布置一般要求

本节主要适用于装配式单层钢筋混凝土柱厂房，其结构布置应符合下列要求：

1) 多跨厂房宜等高和等长，高低跨厂房不宜采用一端开口的结构布置。

2) 厂房的贴建房屋和构筑物，不宜布置在厂房角部和紧邻防震缝处。

3) 厂房体形复杂或有贴建的房屋和构筑物时，宜设防震缝；在厂房纵横跨交接处、大柱网厂房或不设柱间支撑的厂房，防震缝宽度可采用 100～150mm，其他情况可采用 50～90mm。

4) 两个主厂房之间的过渡跨至少应有一侧采用防震缝与主厂房脱开。

5) 厂房内上起重机的铁梯不应靠近防震缝设置；多跨厂房各跨上起重机的铁梯不宜设置在同一横向轴线附近。

6) 厂房内的工作平台、刚性工作间宜与厂房主体结构脱开。

7) 厂房的同一结构单元内，不应采用不同的结构形式；厂房端部应设屋架，不应采用山墙承重；厂房单元内不应采用横墙和排架混合承重。

8) 厂房柱距宜相等，各柱列的侧移刚度宜均匀，当有抽柱时，应采取抗震加强措施。

9) 钢筋混凝土框排架厂房的结构布置，应符合下列要求：

① 厂房的平面宜为矩形，立面宜简单、对称。

② 在结构单元平面内，框架、柱间支撑等抗侧力构件宜对称均匀布置，避免抗侧力结构的侧向刚度和承载力产生突变。

③ 质量大的设备不宜布置在结构单元的边缘楼层上，宜设置在距刚度中心较近的部位；当不可避免时宜将设备平台与主体结构分开，或在满足工艺要求的条件下尽量低位布置。

④ 钢筋混凝土竖向框排架厂房的结构布置，尚应符合下列要求：

a. 屋盖宜采用无檩屋盖体系；当采用其他屋盖体系时，应加强屋盖支撑设置和构件之间的连接，保证屋盖具有足够的水平刚度。

b. 纵向端部应设屋架、屋面梁或采用框架结构承重，不应采用山墙承重；排架跨内不应采用横墙和排架混合承重。

c. 顶层的排架跨，尚应满足下列要求：

a) 排架重心宜与下部结构刚度中心接近或重合，多跨排架宜等高等长；

b) 楼盖应现浇，顶层排架嵌固楼层应避免开设大洞口，其楼板厚度不宜小于 150mm；

c) 排架柱应竖向连续延伸至底部；

d) 顶层排架设置纵向柱间支撑处，楼盖不应设有楼梯间或开洞；柱间支撑斜杆中心线应与连接处的梁柱中心线汇交于一点。

2. 屋盖支撑

(1) 有檩屋盖

有檩屋盖主要是波形瓦（包括石棉瓦及槽瓦）屋盖。这类屋盖只要设置保证整体刚度的支撑体系，屋面瓦与檩条间以及檩条与屋架间有牢固的拉结，一般均具有一定的抗震能力，甚至在唐山 10 度地震区也基本完好地保存下来。但是，如果屋面瓦与檩条或檩条与屋架拉结不牢，在 7 度地震区也会出现严重震害，海城地震和唐山地震中均有这种例子。

根据《建筑抗震设计规范》第 9.1.15 条的规定：有檩屋盖构件的支撑布置宜符合表 4-2 的要求。

有檩屋盖的支撑布置　　　　　　　　　　　　　　　　表 4-2

支撑名称		烈　度		
		6、7 度	8 度	9 度
屋架支撑	上弦横向支撑	单元端开间各设一道	单元端开间及单元长度大于 66m 的柱间支撑开间各设一道 天窗开洞范围的两端各增设局部的支撑一道	单元端开间及单元长度大于 42m 的柱间支撑开间各设一道 天窗开洞范围的两端各增设局部的上弦横向支撑一道
	下弦横向支撑	同非抗震设计		
	跨中竖向支撑			
	端部竖向支撑	屋架端部高度大于 900mm 时，单元端开间及柱间支撑开间各设一道		
天窗架支撑	上弦横向支撑	单元天窗端开间各设一道	单元天窗端开间及每隔 30m 各设一道	单元天窗端开间及每隔 18m 各设一道
	两侧竖向支撑	单元天窗端开间及每隔 36m 各设一道		

（2）无檩屋盖

无檩屋盖指的是各类不用檩条的钢筋混凝土屋面板与屋架（梁）组成的屋盖。屋盖的各构件相互间联成整体是厂房抗震的重要保证，这是根据唐山、海城震害经验提出的总要求。

根据《建筑抗震设计规范》第 9.1.16 条的规定：无檩屋盖构件的支撑布置宜符合表 4-3 的要求，有中间井式天窗时宜符合表 4-4 的要求；8 度和 9 度跨度不大于 15m 的厂房屋盖采用屋面梁时，可仅在厂房单元两端各设竖向支撑一道；单坡屋面梁的屋盖支撑布置，宜按屋架端部高度大于 900mm 的屋盖支撑布置执行。

无檩屋盖的支撑布置　　　　　　　　　　　　　　　　表 4-3

支撑名称			烈　度		
			6、7 度	8 度	9 度
屋架支撑	上弦横向支撑		屋架跨度小于 18m 时同非抗震设计，跨度不小于 18m 时在厂房单元端开间各设一道	单元端开间及柱间支撑开间各设一道，天窗开洞范围的两端各增设局部的支撑一道	
	上弦通长水平系杆		同非抗震设计	沿屋架跨度不大于 15m 设一道，但装配整体式屋面可仅在天窗开洞范围内设置 围护墙在屋架上弦高度有现浇圈梁时，其端部处可不另设	沿屋架跨度不大于 12m 设一道，但装配整体式屋面可仅在天窗开洞范围内设置 围护墙在屋架上弦高度有现浇圈梁时，其端部处可不另设
	下弦横向支撑		同非抗震设计	同非抗震设计	同上弦横向支撑
	跨中竖向支撑				
	两端竖向支撑	屋架端部高度不大于 900mm		单元端开间各设一道	单元端开间及每隔 48m 各设一道
		屋架端部高度大于 900mm	单元端开间各设一道	单元端开间及柱间支撑开间各设一道	单元端开间、柱间支撑开间及每隔 30m 各设一道

续表

支撑名称		烈　度		
		6、7度	8度	9度
天窗架支撑	天窗两侧竖向支撑	厂房单元天窗端开间及每隔30m各设一道	厂房单元天窗端开间及每隔24m各设一道	厂房单元天窗端开间及每隔18m各设一道
	上弦横向支撑	同非抗震设计	天窗跨度不小于9m时，单元天窗端开间及柱间支撑开间各设一道	单元端开间及柱间支撑开间各设一道

中间井式天窗无檩屋盖支撑布置　　　　　　　　表 4-4

支撑名称		烈　度		
		6、7度	8度	9度
上弦横向支撑		厂房单元端开间各设一道	厂房单元端开间及柱间支撑开间各设一道	
下弦横向支撑				
上弦通长水平系杆		天窗范围内屋架跨中上弦节点处设置		
下弦通长水平系杆		天窗两侧及天窗范围内屋架下弦节点处设置		
跨中竖向支撑		有上弦横向支撑开间设置，位置与下弦通长系杆相对应		
两端竖向支撑	屋架端部高度不大于900mm	同非抗震设计		有上弦横向支撑开间，且间距不大于48m
	屋架端部高度大于900mm	厂房单元端开间各设一道	有上弦横向支撑开间，且间距不大于48m	有上弦横向支撑开间，且间距不大于30m

3. 天窗架支撑

天窗架支撑的破坏主要是两侧竖向支撑杆件失稳。当交叉支撑斜杆压曲，则出现支撑斜杆与天窗架立柱相连节点的拉脱。在6度地震作用下，就有这类震害发生，在8度地震作用下则大量出现。

《建筑抗震设计规范》第9.1.2条规定：厂房天窗架的设置，应符合下列要求：

1）天窗宜采用突出屋面较小的避风型天窗，有条件或9度时宜采用下沉式天窗。

2）突出屋面的天窗宜采用钢天窗架；6～8度时，可采用矩形截面杆件的钢筋混凝土天窗架。

3）天窗架不宜从厂房结构单元第一开间开始设置；8度和9度时，天窗架宜从厂房单元端部第三柱间开始设置。

4）天窗屋盖、端壁板和侧板，宜采用轻型板材；不应采用端壁板代替端天窗架。

4. 厂房屋架的设置

1）厂房宜采用钢屋架或重心较低的预应力混凝土、钢筋混凝土屋架。

2）跨度不大于15m时，可采用钢筋混凝土屋面梁。

3）跨度大于24m，或8度Ⅲ、Ⅳ类场地和9度时，应优先采用钢屋架。

4）柱距为12m时，可采用预应力混凝土托架（梁）；当采用钢屋架时，亦可采用钢托架（梁）。

5）有突出屋面天窗架的屋盖不宜采用预应力混凝土或钢筋混凝土空腹屋架。

6）8度（0.30g）和9度时，跨度大于24m的厂房不宜采用大型屋面板。

5. 柱间支撑

（1）柱间支撑的破坏状况

柱间支撑的破坏形式有三种：斜杆压曲、斜杆拉断、节点拉脱（图4-5）。其中以斜杆压曲占大多数；少数支撑，在发生斜杆压曲的同时，还伴有节点破坏或斜杆拉断。

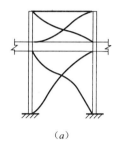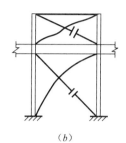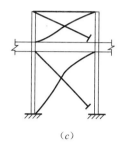

图4-5　柱间支撑的破坏情况

（a）斜杆压曲；（b）斜杆拉断；（c）节点拉脱

（2）柱间支撑的形式

1）上下水平杆。为提高交叉支撑两根斜杆共同工作的程度，并减轻受拉斜杆与柱连接点的水平分力所引起的破坏作用，上柱支撑和下柱支撑均应设置上、下水平杆（图4-6）。吊车梁的位置合适时，可以取代所在位置处的柱间支撑的水平杆。地震调查发现，凡采用交叉杆的上柱支撑，未设上部水平杆时，由于纵向水平地震力集中于支撑的一端，使柱撑处大型屋面板与屋架的连接普遍破坏，支撑节点板由柱面拔出的情况也比较多。

2）支撑斜腹杆。整个支撑的抗推刚度，当杆件截面一定时，将取决于斜腹杆的倾角，斜腹杆与水平线的夹角越小，支撑的抗推刚度越大；夹角很大时，支撑的抗推刚度就变得很小。为使柱间支撑符合经济、有效原则，具有足够的抗推刚度，确实起到限制厂房纵向侧移的作用，支撑斜腹杆与水平线的夹角不宜大于55°。

3）支撑杆件的缀条。下柱，一般均为两片支撑，采用小角钢作为缀条将两片支撑连为一体。为使支撑杆件在出平面方向能形成较强的桁架，缀条应沿斜向布置（图4-7）。缀条节点间的距离，应使单角钢或单槽钢出平面方向的计算长细比，等于支撑杆件平面内计算长细比的80%左右。

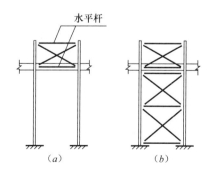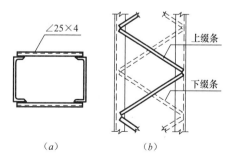

图4-6　交叉支撑的上、下水平杆

（a）上柱支撑水平杆；（b）下柱支撑水平杆

图4-7　下柱支撑杆件的缀条

（a）横截面；（b）竖截面

缀条不能沿垂直于杆件的方向平行布置，因为这样形成的空腹桁架，侧向刚度很差，容易发生沿支撑平面外的总体失稳。

（3）柱间支撑的布置

厂房柱间支撑的布置，应符合下列规定：

1）一般情况下，应在厂房单元中部设置上、下柱间支撑，且下柱支撑应与上柱支撑配套设置；

2）有起重机或 8 度和 9 度时，宜在厂房单元两端增设上柱支撑；

3）厂房单元较长或 8 度 III、IV 类场地和 9 度时，可在厂房单元中部 1/3 区段内设置两道柱间支撑。

根据地震经验，建于地震区的钢筋混凝土排架厂房，各纵向柱列均应设置柱间支撑，以承担厂房的纵向水平地震作用，控制厂房的纵向侧移，保护混凝土柱不发生纵向破坏。厂房纵向水平地震作用的大小，与烈度高低、厂房尺寸、负荷轻重有关，支撑的布置也就随着这些因素的变化而不同。一般情况下，可参照下述布置方案，并按厂房纵向计算结果确定支撑杆件截面。

1）设防烈度为 6 度或 7 度

① 有檩屋盖厂房。6、7 度时，纵向地震作用数值较小，檩条与屋架的连接，可以满足屋面地震力的传递和集中。所以，可仅在厂房防震缝单元的中央开间或附近开间设置一道柱间支撑。无桥式吊车厂房，柱间支撑布置如图所示（图 4-8a）；有桥式吊车厂房，柱间支撑如图所示（图 4-8b）。

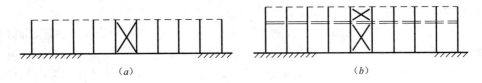

图 4-8　柱间支撑的布置（一）
(a) 无桥式吊车厂房；(b) 有桥式吊车厂房

② 无檩屋盖厂房。无桥式吊车的厂房，跨度较小且未设置屋架上弦横向支撑时，可按图所示布置柱间支撑（图 4-8a），但柱间支撑应增设上水平杆。跨度较大，厂房单元两端第一开间设置屋架上弦横向支撑时，除单元中央设置柱间支撑外，还应在屋架两端设置通长的下弦纵向水平系杆（图 4-9a）。使厂房两端屋架上弦横向支撑传来的纵向水平地震力，通过下弦纵向系杆传递至柱间支撑。

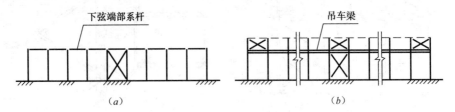

图 4-9　柱间支撑的布置（二）
(a) 无桥式吊车厂房；(b) 有桥式吊车厂房

有桥式吊车的厂房，对未设置屋架上弦横向支撑的较小跨度，可采取如图所示的柱间支撑布置方案（图 4-8b），但上柱支撑也应增设上水平杆。跨度较大，厂房单元两端第一开间设置屋架上弦横向支撑时，应在厂房单元两端第一开间增设上柱支撑（图 4-9b），使厂房两端上弦横向支撑传来的纵向水平地震力，通过单元两端上柱支撑及吊车梁传至下柱支撑。

2）设防烈度为 8 度

① 有檩屋盖厂房。无桥式吊车的柱列，柱间支撑可按上图所示布置（图 4-8a）；有桥式吊车的柱列，可参照上图所示布置（图 4-9b）。

② 无檩屋盖厂房。无桥式吊车的柱列，为防止屋面板与屋架连接点因传递的地震力过于集中而破坏，在柱列的中央开间布置一道柱间支撑的同时，应沿整个柱列的柱顶设置通长的水平系杆，此等系杆宜按压杆设计（图 4-10a）。

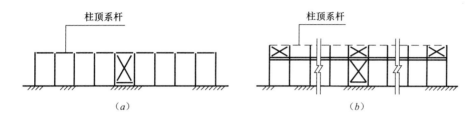

图 4-10 柱间支撑的布置（三）

（a）无桥式吊车厂房；（b）有桥式吊车厂房

有桥式吊车的柱列，应在厂房单元两端和中央开间各设置一道上柱支撑，在中央开间设置一道下柱支撑（图 4-9b）。当屋架跨度等于和大于 18m 时，多跨厂房的中柱列，宜增设通长的柱顶水平系杆，并按压杆设计（图 4-10b）。当为 Ⅲ 类场地（远震）或 Ⅳ 类场地时，由于地震作用较大，一道下柱支撑的杆件截面较大，传力过于集中，宜改为在厂房中段设置屋架上弦横向支撑的左、右开间，各设置一道柱间支撑（图 4-11）。

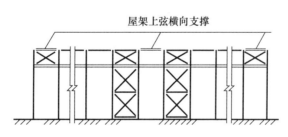

图 4-11 柱间支撑的布置（四）

3）设防烈度为 9 度

① 有檩屋盖厂房。烈度为 9 度时，地震作用很大，屋盖的纵向水平地震力通过屋架两端的边檩条传递、集中时，将使柱间支撑附近的屋架与柱顶的连接负担过重，可能发生剪切破坏。因此，宜在柱顶增设通长的纵向水平系杆。无桥式吊车和有桥式吊车的柱列，柱间支撑系统可参照上图所示布置（图 4-10a、图 4-10b）。

② 无檩屋盖厂房。无桥式吊车的柱列可参照上图所示布置支撑系统（图 4-10a）；有桥式吊车的柱列，视厂房跨度的小或大，参照上图布置其柱间支撑系统（图 4-10b、图 4-11）。

（4）柱间支撑布置详图

1）Ⅰ 型上柱支撑节点（6、7 度）如图所示（图 4-12）。

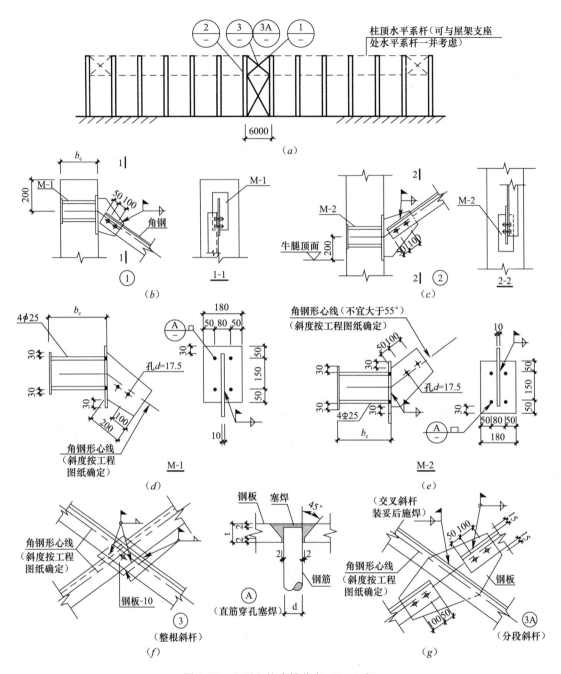

图 4-12 Ⅰ型上柱支撑节点（6、7度）

(a) Ⅰ型柱间支撑节点选用；(b)～(g) 节点详图

注：1. Ⅰ型柱间支撑节点系按"上柱支撑为单角钢，无压杆；下柱支撑为双槽钢，无压杆"绘制，适用于6、7度区。

2. 柱的截面宽度 b_c、高度 h_c 和下柱的双片支撑宽度 B，按工程设计图纸确定。

3. 钢板和角钢采用 Q235-B 钢，预埋件的锚筋采用 HRB335 级热轧钢筋。

4. 焊条采用 E43。

5. 安装螺栓采用 M16，钢板上的孔径为 17.5。

6. 支撑杆件、连接板、预埋件、焊缝应经抗震验算结果确定。

7. 柱间支撑杆件通过连接板同混凝土柱的预埋件焊接。

2）Ⅰ型下柱支撑节点（6、7度）如图所示（图 4-13）。

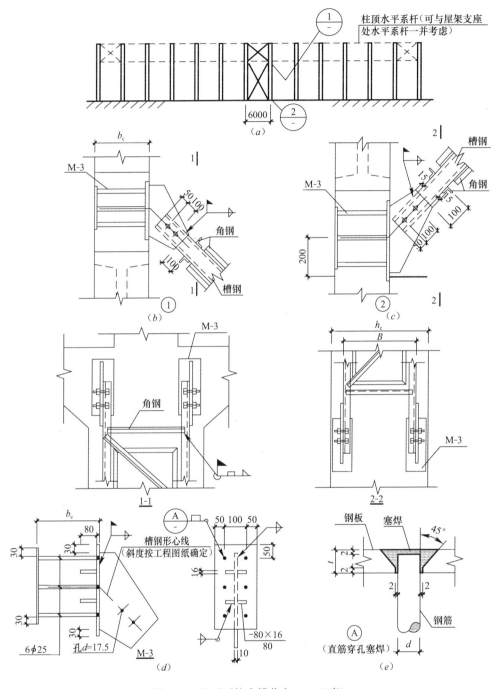

图 4-13 Ⅰ型下柱支撑节点（6、7度）

（a）Ⅰ型柱间支撑节点选用；（b）～（e）节点详图

注：1. 柱的截面宽度 b_c、高度 h_c 和下柱的双片支撑宽度 B，按工程设计图纸确定。

2. 钢板和角钢采用 Q235-B 钢，预埋件的锚筋采用 HRB335 级热轧钢筋。

3. 焊条采用 E43。

4. 安装螺栓采用 M16，钢板上的孔径为 17.5。

3）Ⅰ型下柱支撑的交叉节点（6、7度）如图所示（图4-14）。

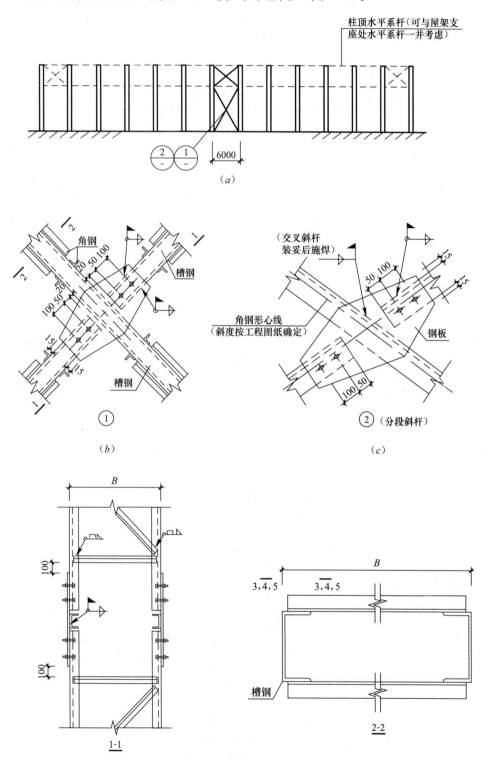

图 4-14　Ⅰ型下柱支撑的交叉节点（6、7度）（一）

（a）Ⅰ型柱间支撑节点选用；（b）、（c）节点详图

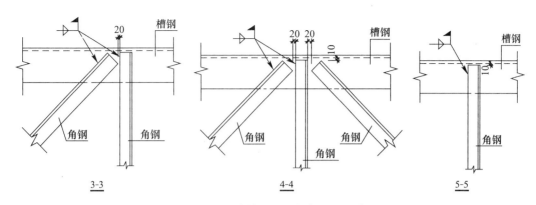

图 4-14 Ⅰ 型下柱支撑的交叉节点（6、7 度）（二）

6. 厂房柱的设置

1）8 度和 9 度时，宜采用矩形、工字形截面柱或斜腹杆双肢柱，不宜采用薄壁工字形柱、腹板开孔工字形柱、预制腹板的工字形柱和管柱。

2）柱底至室内地坪以上 500mm 范围内和阶形柱的上柱宜采用矩形截面。

7. 围护墙的布置

1）围护墙的布置应尽量均匀、对称。

2）当厂房的一端设缝而不能布置横墙时，则另一端宜采用轻质挂板山墙。

3）多跨厂房的砌体围护墙宜采用外贴式，不宜采用嵌砌式。否则，边柱列（嵌砌有墙）与中柱列（一般只有柱间支撑）的刚度相差悬殊，导致边跨屋盖因扭转效应过大而发生震害。

4）厂房内部有砌体隔墙时，也不宜嵌砌于柱间，可采用与柱脱开或与柱柔性连接的构造处理方法，以避免局部刚度过大或形成短柱而引起震害。

5）厂房端部宜设置屋架，不宜采用山墙承重。

6）单层钢筋混凝土柱厂房的围护墙宜采用轻质墙板或钢筋混凝土大型墙板，外侧柱距为 12m 时应采用轻质墙板或钢筋混凝土大型墙板；不等高厂房的高跨封墙和纵横向厂房交接处的悬墙宜采用轻质墙板，8、9 度时应采用轻质墙板。

7）厂房围护墙、女儿墙的布置，应符合有关非结构构件抗震要求的规定。

4.2.3 钢筋混凝土单层厂房抗震构造

1. 屋面板与屋架的连接

屋面板与屋架的连接是十分重要的，它是保证厂房整体性的重要环节。提高屋面板与屋架的连接质量，要从设计、施工两个方面着手。施工中要加强管理，使焊接质量尽量达到设计要求。

（1）标准屋面板的连接

采用通用的标准屋面板板型时，很难做到每块屋面板与屋架都有三处焊接，而且焊缝长度很难达到 60mm。为了弥补可能出现的施工缺陷，保证屋面板地震时不坠落，设防烈度为 8 度或 9 度时，待屋面板吊装妥当后，用 U 形钢筋将相邻屋面板的吊钩焊连在一起。吊钩是否需要打平或烧断，视施工情况而定。对于不设吊钩的屋面板，可以在屋面板四角顶面预埋铁板，待屋面板装妥后，用斜放钢筋将四个板角连在一起。

（2）四角焊连屋面板

采用非标准屋面板时，宜采取端部横肋后退的板型，板端预埋铁板与主肋同宽（图 4-15）。如此构造，能适应快速吊装。根据施工过程中屋盖体系稳定的需要，确定边吊、边焊的点数，剩余的板与屋架连接点，可在屋面板装妥后进行补焊。

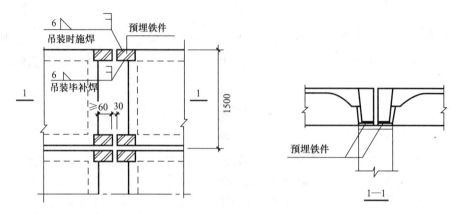

图 4-15　四角焊连的屋面板

（3）现浇接头屋面板

对建造在坚实地基上的单层厂房，因排架间地基的差异沉降很小，无需考虑其对上部结构的影响，则可采用现浇接头屋面板。具体做法是：将原预应力混凝土大型屋面板的两端横肋往里移 80mm，仅以两纵肋作为支点，搁置于屋架上；端横肋下方挂有作为模板用的钢筋混凝土薄板；并把屋面板顶面 8Φ4 纵向钢筋伸出；同时沿屋架上弦按一定距离设置剪力齿槽和插筋。屋面板安装完毕后，通过附加钢筋将屋面板伸出筋和屋架插筋绑成骨架，用 C20 细石混凝土灌填密实（图 4-16）。

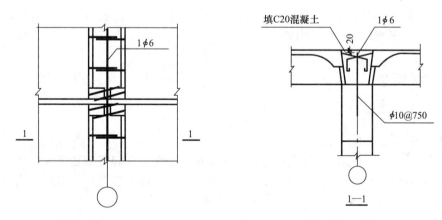

图 4-16　屋面板的现浇接头

（4）屋面板构造详图

1）有吊环屋面板的拉结构造如图所示（图 4-17）。图中所示的屋面板拉结用于 8、9 度区各开间，及 6、7 度时有天窗厂房单元的端开间。屋面板的吊环外包距离 S_1、S_2 及轴线插入距 D 的具体尺寸见工程设计图纸。

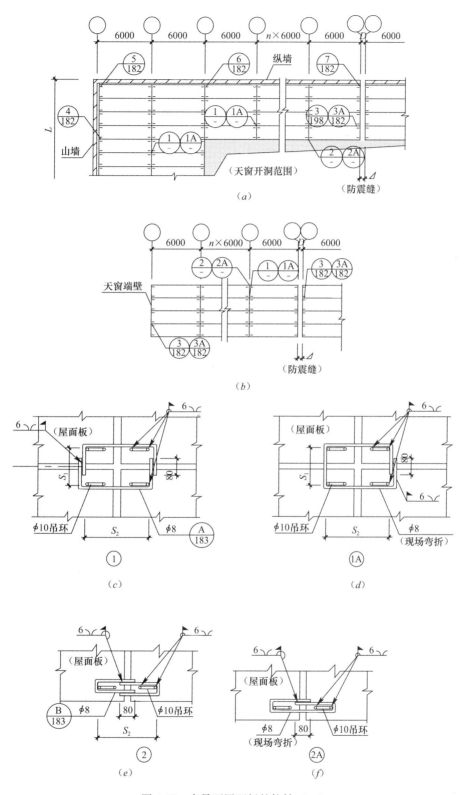

图 4-17 有吊环屋面板的拉结（一）

(a) 屋盖平面；(b) 天窗屋盖平面；(c)~(f) 节点详图

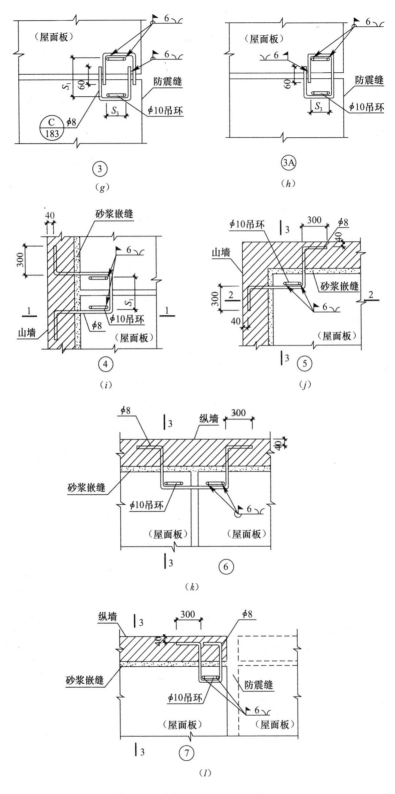

图 4-17 有吊环屋面板的拉结（二）

（g）～（l）节点详图

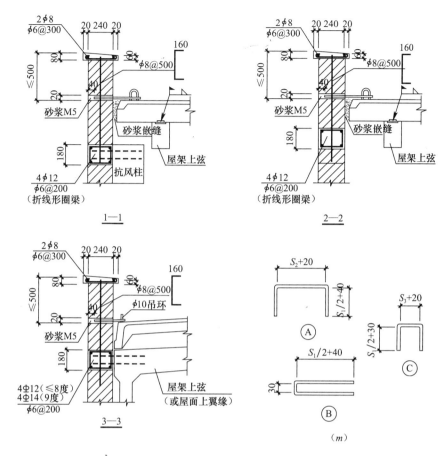

图 4-17　有吊环屋面板的拉结（三）

（m）节点详图

注：1. 节点①A、②A、③A用于在屋面上就地弯折 $\phi8$ 拉结钢筋的施工法。

2. 拉结钢筋与吊环焊妥后将吊环打平。

3. 屋面板与屋架上弦预埋件的焊接点不得少于 3 点，焊缝长度不少于 80mm，焊脚尺寸不小于 5mm。

2）无吊环屋面板的拉结如图所示（图 4-18）。该屋面板拉结适用于 8、9 度区各开间，及 6、7 度时有天窗厂房单元的端开间。

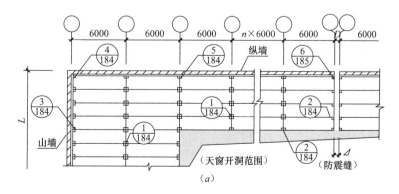

图 4-18　无吊环屋面板的拉结（一）

（a）屋盖平面

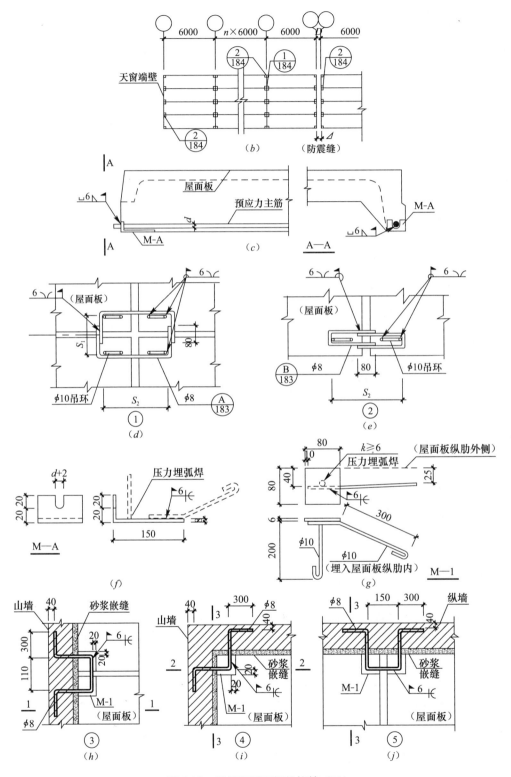

图 4-18 无吊环屋面板的拉结（二）

(b) 天窗屋盖平面；(c) 1.5m×6.0m（3.0m×6.0m）；

屋面板板端锚件（8、9度）；(d)～(j) 节点详图

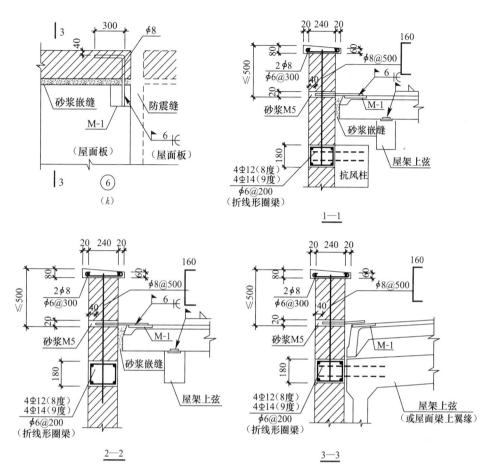

图 4-18 无吊环屋面板的拉结（三）

(k) 节点详图

3）非标准屋面板的连接如图所示（图 4-19）。

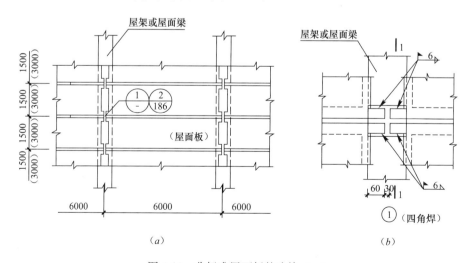

图 4-19 非标准屋面板的连接（一）

(a) 非标准屋面板的连接；(b) 节点详图

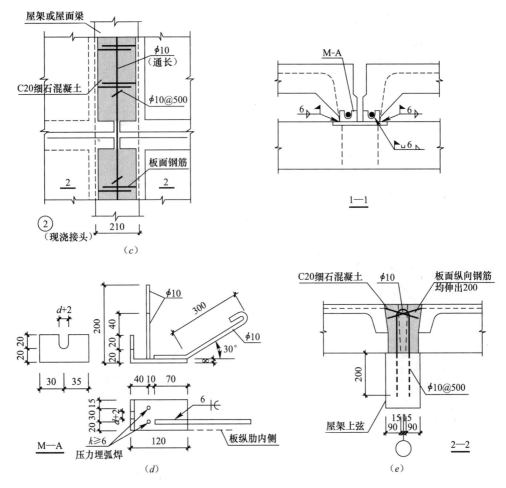

图 4-19　非标准屋面板的连接（二）

(c)～(e) 节点详图

2. 天窗架

（1）天窗架下档与天窗架的连接

钢筋混凝土Ⅱ形天窗架的立柱，在与天窗下档或侧板的连接处，最容易出现裂缝，甚至折断。原因是下档或侧板与天窗架的连接，以往均采取刚性的焊接构造，下档与天窗架立柱焊连后形成一个刚性结点，使立柱在此处发生刚度突变，引起变形集中，造成局部严重破坏。

要改善这一状况，就应采取柔性连接代替刚性连接，减少侧板刚度对天窗架立柱纵向变形的约束。方法是：将下档简单搁置在角钢支托上，不加焊；另用一根螺栓由下档接缝中通过，将下档与立柱固定，并将螺栓的垫板与下档的预埋铁板焊牢（图 4-20）。

（2）支撑与天窗架的连接

要防止支撑节点的破坏，一方面要根据厂房纵向抗震计算，合理布置足够数量的竖向支撑；另一方面宜将刚性的焊接连接改为弹性的螺栓连接。即在天窗架立柱内预埋钢管，穿螺栓，固定节点板（图 4-21）。这种构造方法，既能满足节点连接强度的要求，又能使节点具有一定的变形能力，而且施工方便，万一损坏时能很快修复。

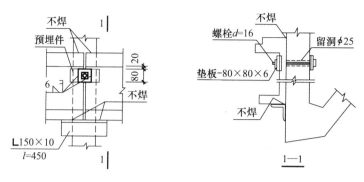

图 4-20　下档与天窗架立柱的连接

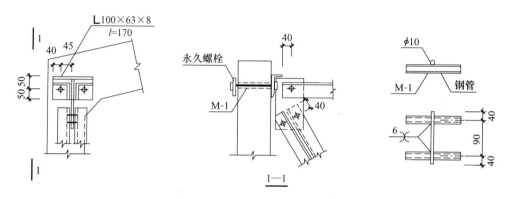

图 4-21　天窗架支撑的螺栓连接

3. 屋盖

（1）有檩屋盖

有檩屋盖构件的连接，应符合下列要求：

1）檩条应与混凝土屋架（屋面梁）焊牢，并应有足够的支承长度。

2）双脊檩应在跨度 1/3 处相互拉结。

3）压型钢板应与檩条可靠连接，瓦楞铁、石棉瓦等应与檩条拉结。

（2）无檩屋盖

无檩屋盖构件的连接，应符合下列要求：

1）大型屋面板应与屋架（屋面梁）焊牢，靠柱列的屋面板与屋架（屋面梁）的连接焊缝长度不宜小于 80mm。

2）6 度和 7 度时有天窗厂房单元的端开间，或 8 度和 9 度时各开间，宜将垂直屋架方向两侧相邻的大型屋面板的顶面彼此焊牢。

3）8 度和 9 度时，大型屋面板端头底面的预埋件宜采用角钢并与主筋焊牢（图 4-22）。

4）非标准屋面板宜采用装配整体式接头，或将板四角切掉后与屋架（屋面梁）焊牢。

5）屋架（屋面梁）端部顶面预埋件的锚筋，8 度时不宜少于 $4\phi10$，9 度时不宜少于 $4\phi12$。

（3）屋盖支撑

屋盖支撑尚应符合下列要求：

1）天窗开洞范围内，在屋架脊点处应设上弦通长水平压杆；8 度 Ⅲ、Ⅳ 类场地和 9 度时，梯形屋架端部上节点应沿厂房纵向设置通长水平压杆。

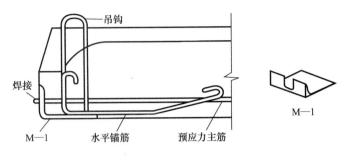

图 4-22 大型屋面板主肋端部构造

2）屋架跨中竖向支撑在跨度方向的间距，6～8 度时不大于 15m，9 度时不大于 12m；当仅在跨中设一道时，应设在跨中屋架屋脊处；当设二道时，应在跨度方向均匀布置。

3）屋架上、下弦通长水平系杆与竖向支撑宜配合设置。

4）柱距不小于 12m 且屋架间距 6m 的厂房，托架（梁）区段及其相邻开间应设下弦纵向水平支撑。

5）屋盖支撑杆件宜用型钢。

屋盖支撑桁架的腹杆与弦杆连接的承载力，不宜小于腹杆的承载力。屋架竖向支撑桁架应能传递和承受屋盖的水平地震作用。

突出屋面的钢筋混凝土天窗架，其两侧墙板与天窗立柱宜采用螺栓连接（图 4-23）。采用焊接等刚性连接方式时，由于缺乏延性，会造成应力集中而加重震害。

（4）混凝土屋架的截面和配筋

混凝土屋架的截面和配筋，应符合下列要求：

1）屋架上弦第一节间和梯形屋架端竖杆的配筋，6 度和 7 度时不宜少于 $4\phi12$，8 度和 9 度时不宜少于 $4\phi14$。

2）梯形屋架的端竖杆截面宽度宜与上弦宽度相同。

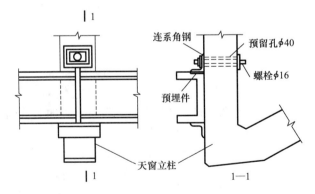

图 4-23 侧板与天窗立柱的螺栓柔性连接

3）拱形和折线形屋架上弦端部支撑屋面板的小立柱，截面不宜小于 200mm×200mm，高度不宜大于 500mm，主筋宜采用 Ⅱ 形，6 度和 7 度时不宜少于 $4\phi12$，8 度和 9 度时不宜少于 $4\phi14$，箍筋可采用 $\phi6$，间距不宜大于 100mm。

（5）屋架构造详图

1）混凝土屋架、屋面梁与钢筋混凝土柱的焊缝连接（6、7度）如图所示（图 4-24）。

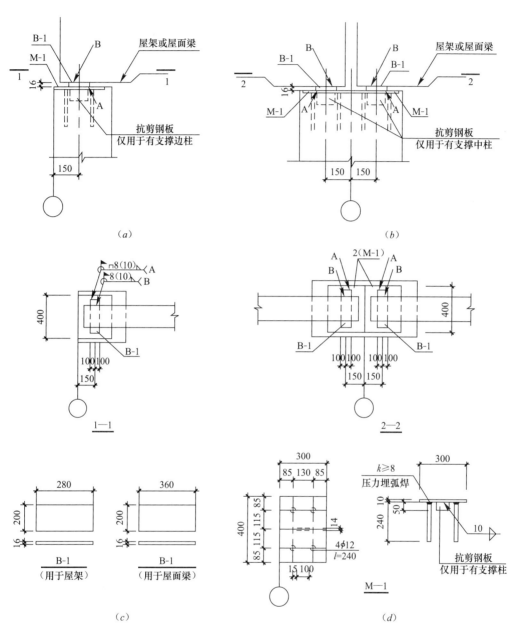

图 4-24 混凝土屋架、屋面梁与钢筋混凝土柱的焊缝连接（6、7度）

（a）边柱；（b）中柱；（c）、（d）节点详图

注：1. M-1 的锚筋和锚板按抗震验算确定，但不少于图示锚筋数值。锚板厚度按抗震验算确定，但不小于图示厚度。

2. 所有连接件均采用 Q235-B 钢，焊条采用 E43 型，未注明处均为满焊。

2）混凝土屋架与钢筋混凝土柱的螺栓连接（6～8度）如图所示（图 4-25）。

3）混凝土屋架、屋面梁与钢筋混凝土柱的板铰连接（9度）如图所示（图 4-26）。

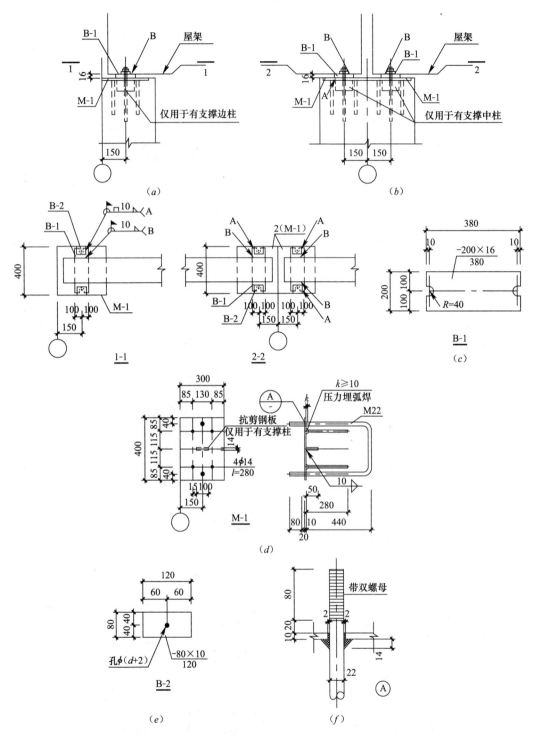

图 4-25　混凝土屋架与钢筋混凝土柱的螺栓连接（6～8 度）

(a) 边柱；(b) 中柱；(c)～(f) 节点详图

注：1. B-1 仅与屋架底面的预埋钢板焊接（焊缝 B），不允许与柱顶的 M-1 焊接。

2. M-1 的锚筋和锚板按抗震验算确定，但不少于图示数值。锚板厚度按抗震验算确定，但不小于图示厚度。

3. 所有连接件均采用 Q235-B 钢，焊条采用 E43 型，未注明处均为满焊。

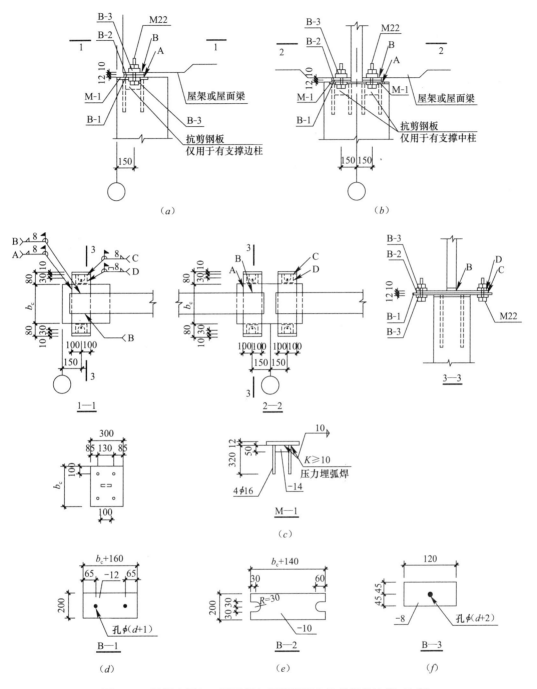

图 4-26 混凝土屋架、屋面梁与钢筋混凝土柱的板铰连接（9度）

(a) 边柱；(b) 中柱；(c)~(f) 节点详图

注：1. 板铰连接的安装顺序为：①B-1焊于M-1之上（焊缝A）；②用螺栓将B-1与B-2连接；③待屋架定位后，将屋架端头底板钢板与B-2焊接（焊缝B）。

2. b_c 为边柱和中柱的顶部截面边长，按工程设计图纸确定。

3. 埋件锚筋按抗震验算确定，但不少于图示数量。锚板厚度按抗震验算确定，但不小于图示厚度。

4. 钢筋混凝土柱

(1) 厂房柱箍筋

厂房柱子的箍筋，应符合下列要求：

1) 下列范围内柱的箍筋应加密：

① 柱头，取柱顶以下 500mm 并不小于柱截面长边尺寸；

② 上柱，取阶形柱自牛腿面至起重机梁顶面以上 300mm 高度范围内；

③ 牛腿（柱肩），取全高；

④ 柱根，取下柱柱底至室内地坪以上 500mm；

⑤ 柱间支撑与柱连接节点和柱变位受平台等约束的部位，取节点上、下各 300mm。

2) 加密区箍筋间距不应大于 100mm，箍筋肢距和最小直径应符合表 4-5 的规定。

柱加密区箍筋最大肢距和最小箍筋直径

表 4-5

烈度和场地类别		6 度和 7 度 I、II 类场地	7 度 III、IV 类场地和 8 度 I、II 类场地	8 度 III、IV 类场地和 9 度
箍筋最大肢距/mm		300	250	200
箍筋最小直径	一般柱头和柱根	$\phi 6$	$\phi 8$	$\phi 8$（$\phi 10$）
	角柱柱头	$\phi 8$	$\phi 10$	$\phi 10$
	上柱牛腿和有支撑的柱根	$\phi 8$	$\phi 8$	$\phi 10$
	有支撑的柱头和柱变位受约束部位	$\phi 8$	$\phi 10$	$\phi 12$

注：括号内数值用于柱根。

3) 厂房柱侧向受约束且剪跨比不大于 2 的排架柱，柱顶预埋钢板和柱箍筋加密区的构造尚应符合下列要求：

① 柱顶预埋钢板沿排架平面方向的长度，宜取柱顶的截面高度，且不得小于截面高度的 1/2 及 300mm。

② 屋架的安装位置，宜减小在柱顶的偏心，其柱顶轴向力的偏心距不应大于截面高度的 1/4。

③ 柱顶轴向力排架平面内的偏心距在截面高度的 1/6~1/4 范围内时，柱顶箍筋加密区的箍筋体积配筋率：9 度时不宜小于 1.20%；8 度时不宜小于 1.00%；6、7 度时不宜小于 0.8%。

④ 加密区箍筋宜配置四肢箍，肢距不大于 200mm。

(2) 山墙抗风柱

山墙抗风柱的配筋，应符合下列要求：

1) 抗风柱柱顶以下 300mm 和牛腿（柱肩）面以上 300mm 范围内的箍筋，直径不宜小于 6mm，间距不应大于 100mm，肢距不宜大于 250mm。

2) 抗风柱的变截面牛腿（柱肩）处，宜设置纵向受拉钢筋。

（3）大柱网厂房柱

大柱网厂房柱的截面和配筋构造，应符合下列要求：

1）柱截面宜采用正方形或接近正方形的矩形，边长不宜小于柱全高的 1/18～1/16。

2）重屋盖厂房地震组合的柱轴压比，6、7 度时不宜大于 0.80，8 度时不宜大于 0.70，9 度时不应大于 0.60。

3）纵向钢筋宜沿柱截面周边对称配置，间距不宜大于 200mm，角部宜配置直径较大的钢筋。

4）柱头和柱根的箍筋应加密，并应符合下列要求：

① 加密范围，柱根取基础顶面至室内地坪以上 1m，且不小于柱全高的 1/6；柱头取柱顶以下 500mm，且不小于柱截面长边尺寸；

② 箍筋直径、间距和肢距，应符合表 4-5 的规定。

（4）柱顶预埋钢板和柱顶箍筋

当铰接排架侧向受约束，且约束点至柱顶的长度 l 不大于柱截面在该方向边长的 2 倍（排架平面：$l \leqslant 2h$；垂直排架平面：$l \leqslant 2b$）时，柱顶预埋钢板和柱顶箍筋加密区的构造尚应符合下列要求：

1）柱顶预埋钢板沿排架平面方向的长度，宜取柱顶的截面高度 h，但在任何情况下不得小于 $h/2$ 及 300mm。

2）柱顶轴向力在排架平面内的偏心距在 $h/6 \sim h/4$ 范围内时，柱顶箍筋加密区的箍筋体积配筋率不宜小于下列规定：

① 一级抗震等级为 1.20%；

② 二级抗震等级为 1.00%；

③ 三、四级抗震等级为 0.80%。

（5）钢筋混凝土柱构造详图

矩形、工字形柱的箍筋加密区段（6～9 度）如图所示（图 4-27）。

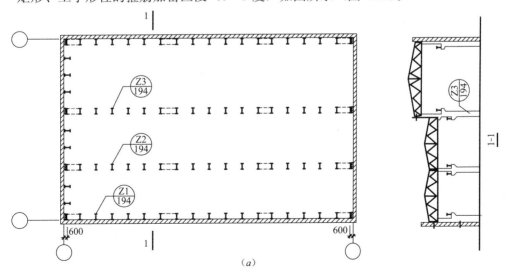

图 4-27　矩形、工字形柱的箍筋加密区段（6～9 度）（一）

（a）钢筋混凝土柱厂房平面图

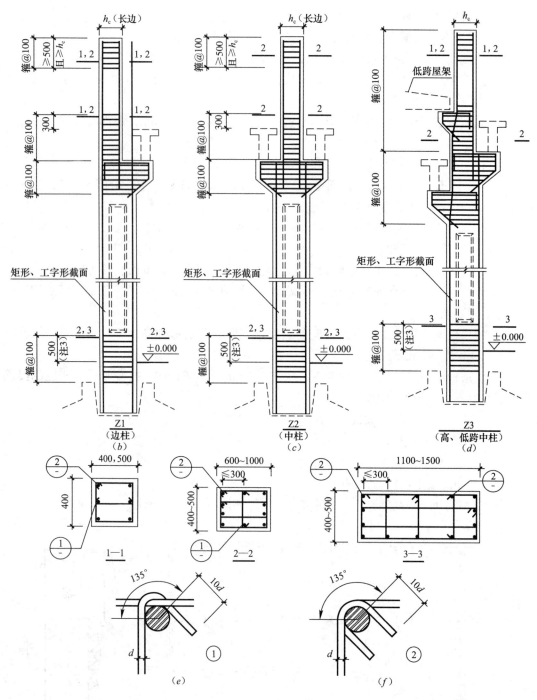

图 4-27　矩形、工字形柱的箍筋加密区段（6～9 度）（二）

(b)～(f) 节点详图

注：1. 立面图中仅表示柱角部纵向钢筋，未表示柱侧向钢筋。柱的纵向钢筋数量见工程设计图纸。
　　2. 厂房柱加密区箍筋最小直径、肢距见表 4-5。有柱间支撑的柱子两个方向箍筋均需满足表 4-5 的要求。
　　3. 柱间支撑与柱连接节点和柱变位受平台等约束的部位，节点上、下各 300mm 范围箍筋应加密；上柱根部至吊车梁顶面以上 300mm 范围箍筋应加密；牛腿（柱肩）全高箍筋应加密。
　　4. 排架柱非加密区段的箍筋间距（受力方向）不宜大于 200mm。

双肢柱的箍筋加密段（6～9 度）如图所示（图 4-28）。

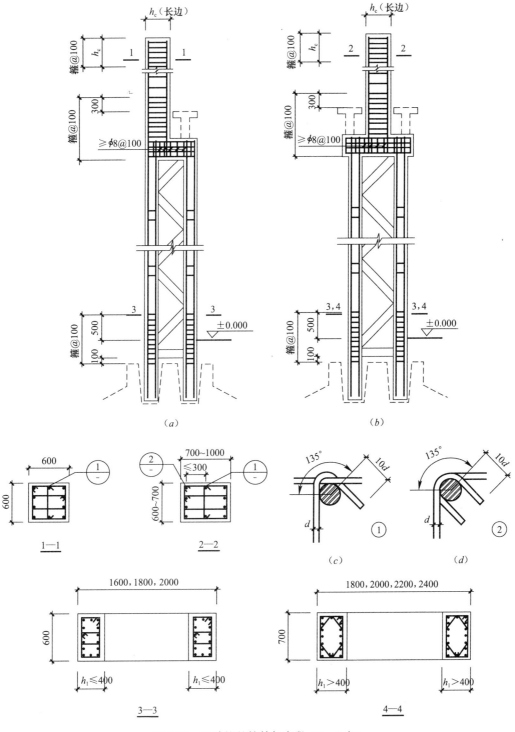

图 4-28　双肢柱的箍筋加密段（6～9 度）

（a）边柱；（b）中柱；（c）、（d）节点详图

注：上柱带人孔时，箍筋全长加密。

大柱网厂房柱及抗风柱的箍筋加密区段（6～9度）如图所示（图4-29）。

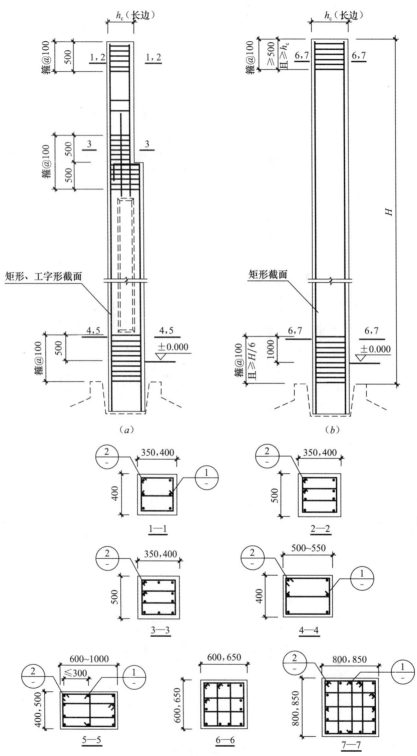

图4-29　大柱网厂房柱及抗风柱的箍筋加密区段（6～9度）（一）

（a）抗风柱；（b）大柱网柱

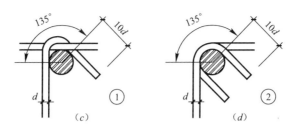

图 4-29　大柱网厂房柱及抗风柱的箍筋加密区段（6～9 度）（二）

（c）、（d）节点详图

注：1. 抗风柱箍筋加密区直径不宜小于 6mm，间距不应大于 100mm，肢距不宜大于 250mm；大柱网厂房柱箍筋加密区直径、间距和肢距要求见表 4-5。

2. 抗风柱非加密区段的箍筋间距不宜大于 250mm。

5. 柱间支撑

厂房柱间支撑的构造，应符合下列要求：

1）柱间支撑应采用型钢，支撑形式宜采用交叉式，其斜杆与水平面的交角不宜大于 55°。

2）支撑杆件的长细比，不宜超过表 4-6 的规定。

交叉支撑斜杆的最大长细比　　　　　　　　　　　表 4-6

位　　置	烈度和场地类型			
	6 度和 7 度 I、II 类场地	7 度 III、IV 类场地和 8 度 I、II 类场地	8 度 III、IV 类场地和 9 度 I、II 类场地	9 度 III、IV 类场地
上柱支撑	250	250	200	150
下柱支撑	200	150	120	120

3）下柱支撑的下节点位置和构造措施，应保证将地震作用直接传给基础（图 4-30）；当 6 度和 7 度（0.10g）不能直接传给基础时，应计及支撑对柱和基础的不利影响采取加强措施。

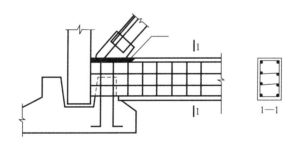

图 4-30　支撑下节点设在基础顶系梁上

4）交叉支撑在交叉点应设置节点板，其厚度不应小于 10mm，斜杆与交叉节点板应焊接，与端节点板宜焊接。

6. 连接节点

（1）连接节点构造要求

厂房结构构件的连接节点，应符合下列要求：

1）屋架（屋面梁）与柱顶的连接有焊接、螺栓连接和钢板铰连接三种形式。焊接连接（图4-31a）的构造接近刚性，变形能力差。故8度时宜采用螺栓连接（图4-31b），9度时宜采用钢板铰连接（图4-31c），亦可采用螺栓连接；屋架（屋面梁）端部支承垫板的厚度不宜小于16mm。

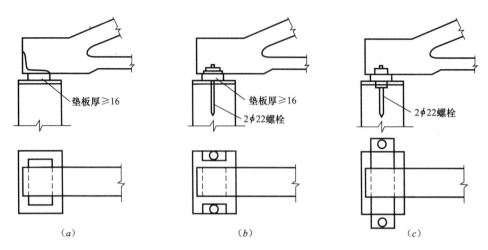

图 4-31　屋架与柱的连接构造
(a) 焊接连接；(b) 螺栓连接；(c) 板铰连接

　　2）柱顶预埋件的锚筋，8度时不宜少于4ϕ14，9度时不宜少于4ϕ16；有柱间支撑的柱子，柱顶预埋件尚应增设抗剪钢板（图4-32）。

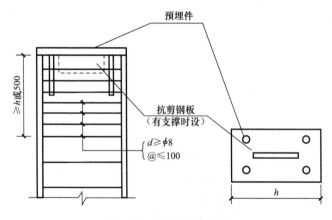

图 4-32　柱顶预埋件构造

　　圆钢锚筋与钢板应采用压力埋弧焊或穿孔塞焊。角钢锚筋与钢板采用电弧焊。埋件焊缝做法如图所示（图4-33）。

　　3）山墙抗风柱的柱顶，应设置预埋板，使柱顶与端屋架的上弦（屋面梁上翼缘）可靠连接。连接部位应位于上弦横向支撑与屋架的连接点处，不符合时可在支撑中增设次腹杆或设置型钢横梁，将水平地震作用传至节点部位。

　　4）支承低跨屋盖的中柱牛腿（柱肩）的预埋件，应与牛腿（柱肩）中按计算承受水平拉力部分的纵向钢筋焊接，且焊接的钢筋，6度和7度时不应少于2ϕ12，8度时不应少于2ϕ14，9度时不应少于2ϕ16（图4-34）。

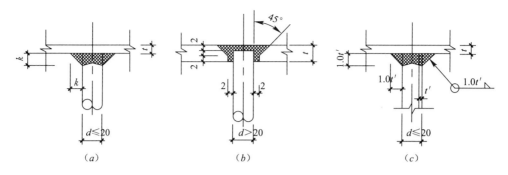

图 4-33　埋件焊缝做法

（*a*）压力埋弧焊；（*b*）穿孔塞焊；（*c*）电弧焊

注：HPB300 钢筋 $k \geqslant 0.50d$，HRB335 及以上钢筋 $k \geqslant 0.60d$。

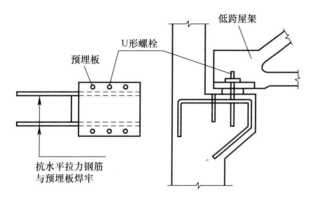

图 4-34　低跨屋盖与柱牛腿的连接

5）柱间支撑与柱连接节点预埋件的锚件，8 度Ⅲ、Ⅳ类场地和 9 度时，宜采用角钢加端板，其他情况可采用不低于 HRB335 级的热轧钢筋，但锚固长度不应小于 30 倍锚筋直径或增设端板。

6）厂房中的起重机走道板、端屋架与山墙间的填充小屋面板、天沟板、天窗端壁板和天窗侧板下的填充砌体等构件应与支承结构有可靠的连接。

（2）连接节点构造详图

1）Ⅱ型上柱支撑节点（圆钢锚筋）（7、8 度）如图所示（图 4-35）。

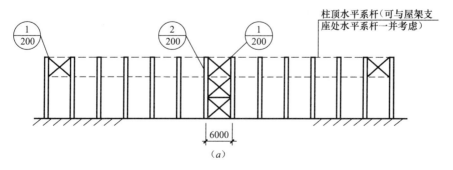

图 4-35　Ⅱ型上柱支撑节点（圆钢锚筋）（7、8 度）（一）

（*a*）Ⅱ型柱间支撑节点选用

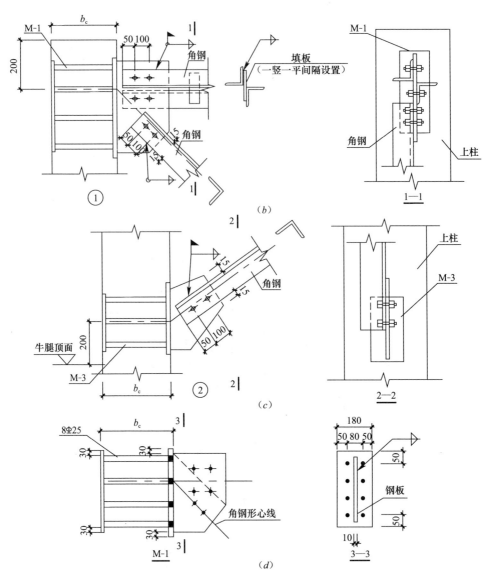

图 4-35　Ⅱ型上柱支撑节点（圆钢锚筋）（7、8 度）（二）

(b)~(d) 节点详图

2）Ⅱ型下柱支撑上节点（圆钢锚筋）（7、8 度）如图所示（图 4-36）。

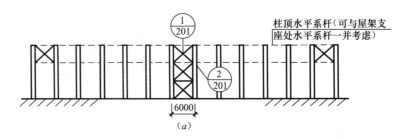

图 4-36　Ⅱ型下柱支撑上节点（圆钢锚筋）（7、8 度）（一）

(a) Ⅱ型柱间支撑节点选用

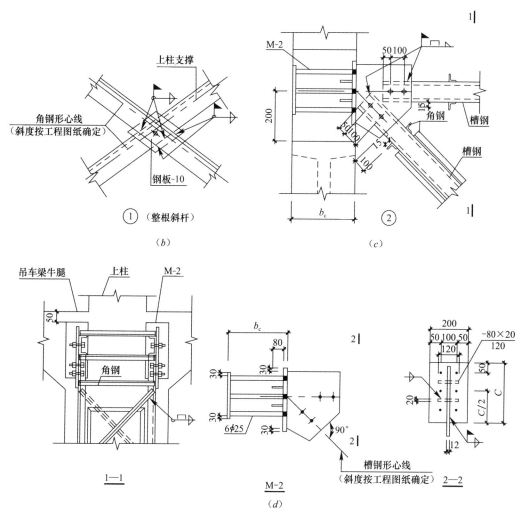

图 4-36　Ⅱ型下柱支撑上节点（圆钢锚筋）（7、8 度）（二）

(b)～(d) 节点详图

3）Ⅱ型下柱支撑中节点（圆钢锚筋）（7、8 度）如图所示（图 4-37）。

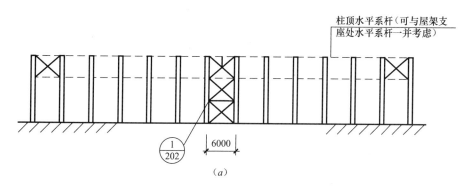

图 4-37　Ⅱ型下柱支撑中节点（圆钢锚筋）（7、8 度）（一）

（a）Ⅱ型柱间支撑节点选用

201

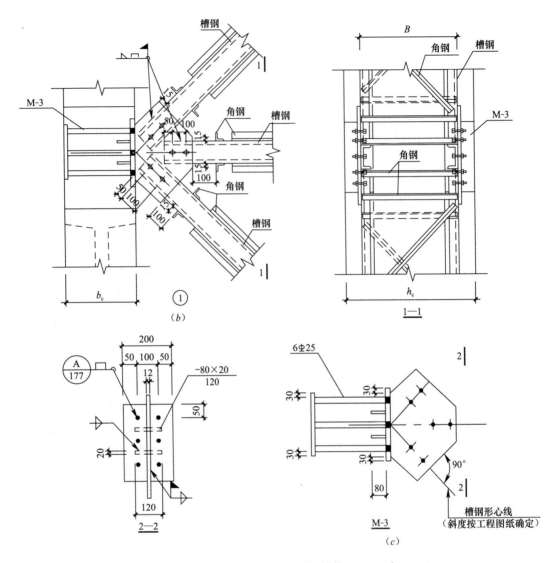

图 4-37 Ⅱ型下柱支撑中节点（圆钢锚筋）（7、8度）（二）

(b)、(c) 节点详图

4）Ⅱ型下柱支撑下节点（圆钢锚筋）（7、8度）如图所示（图4-38）。

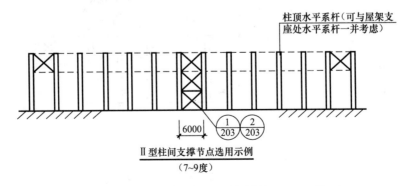

图 4-38 Ⅱ型下柱支撑下节点（圆钢锚筋）（7、8度）（一）

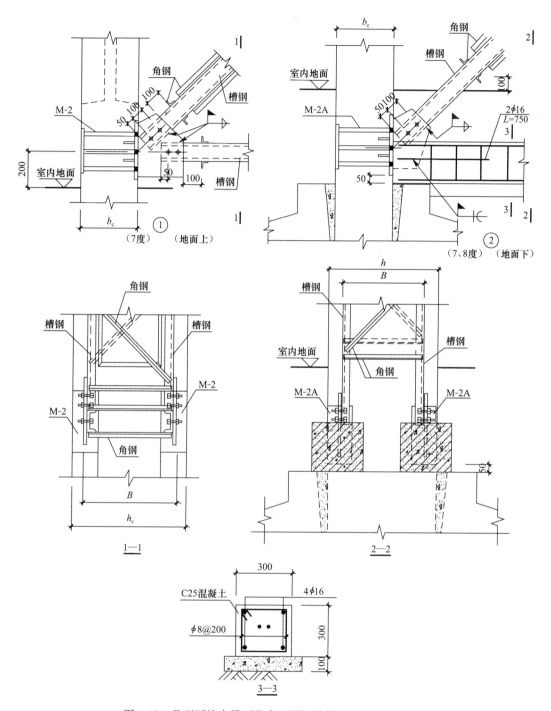

图 4-38 Ⅱ型下柱支撑下节点（圆钢锚筋）（7、8度）（二）

注：1. M-2 同 219 页 M-2、M-2A 同 M-2 中虚线部分。

2. 地面以下的钢构件，应先涂刷防锈漆，再以沥青抹布或 C15 混凝土包裹。

3. 其余说明见 117 页。

4. 压杆设置在地面以上 200mm 的做法（详图①）仅适用于不妨碍人通行的部位。

5）Ⅱ型上柱支撑节点（角钢锚筋）（8度Ⅲ、Ⅳ类场地或9度）如图所示（图 4-39）。

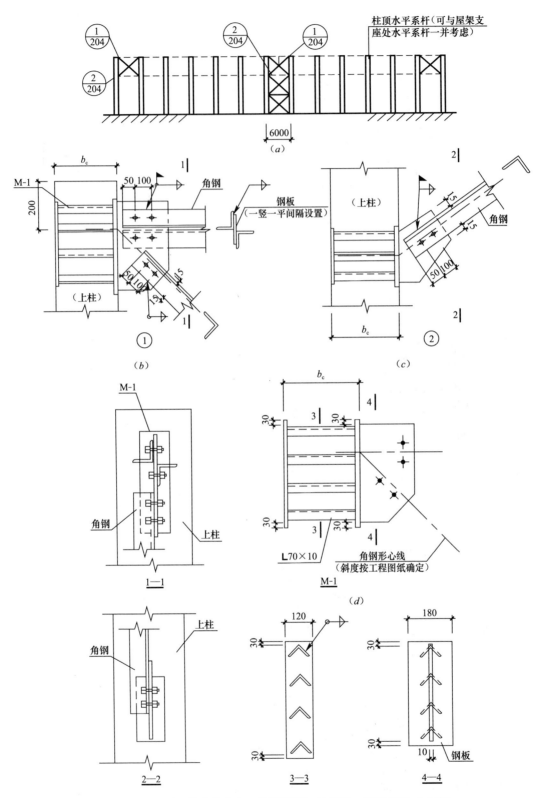

图 4-39　Ⅱ型上柱支撑节点（角钢锚筋）（8 度Ⅲ、Ⅳ类场地或 9 度）

(a) Ⅱ型柱间支撑节点选用；(b)~(d) 节点详图

6）Ⅱ型下柱支撑上节点（角钢锚筋）（8度Ⅲ、Ⅳ类场地或9度）如图所示（图4-40）。

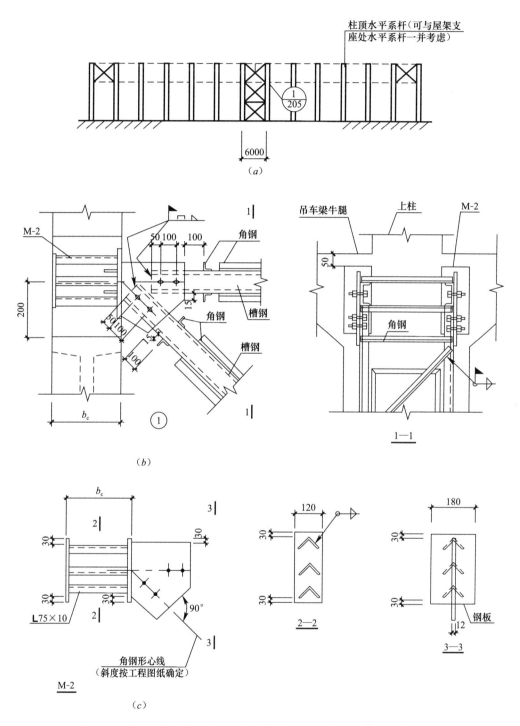

图 4-40　Ⅱ型下柱支撑上节点（角钢锚筋）（8度Ⅲ、Ⅳ类场地或9度）

(a) Ⅱ型柱间支撑节点选用；(b)、(c) 节点详图

7）Ⅱ型下柱支撑中节点（角钢锚筋）（8度Ⅲ、Ⅳ类场地或9度）如图所示（图4-41）。

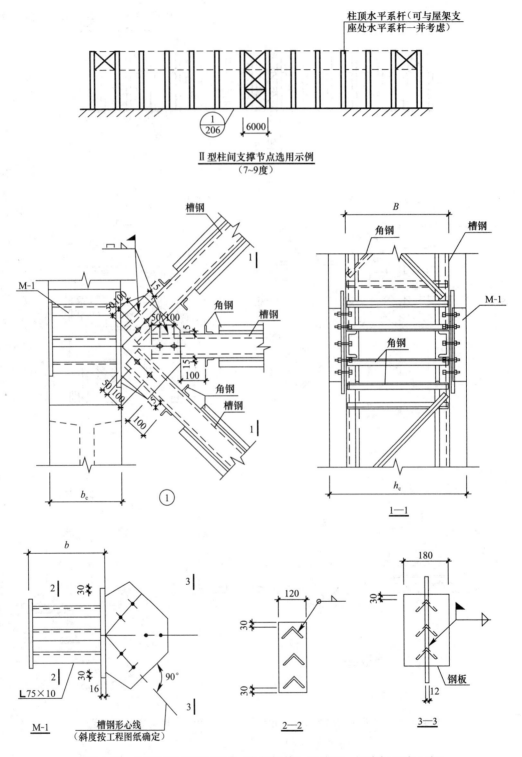

图 4-41 Ⅱ型下柱支撑中节点（角钢锚筋）（8度Ⅲ、Ⅳ类场地或9度）

8）Ⅱ型下柱支撑下节点（角钢锚筋）（8度Ⅲ、Ⅳ类场地或9度）如图所示（图4-42）。

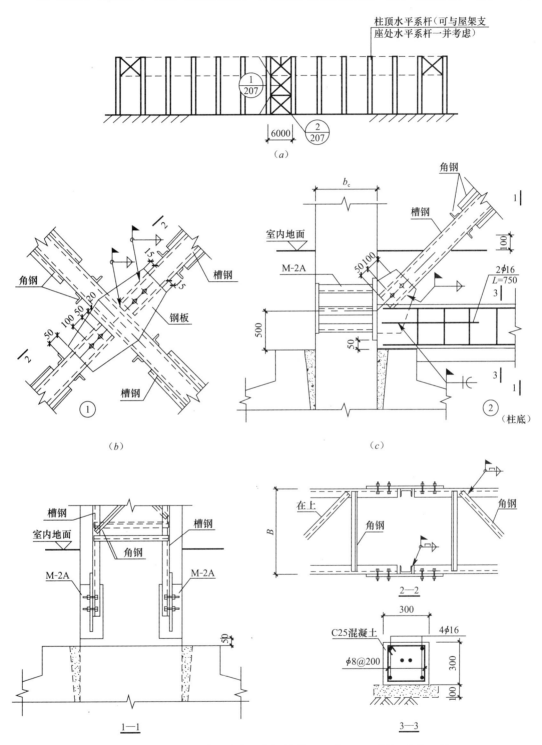

图 4-42　Ⅱ型下柱支撑下节点（角钢锚筋）（8度Ⅲ、Ⅳ类场地或9度）

(a) Ⅱ型柱间支撑节点选用；(b)、(c) 节点详图

注：M-2A 见图 4-40 中 M-2 中虚线部分。

Ⅱ型柱间支撑节点系按"上柱支撑为单角钢,有压杆(十字形);下柱支撑为双槽钢,有压杆(槽钢)"绘制,埋件锚筋分为钢筋和角钢两种,适用于 7～9 度区。钢板和角钢采用 Q235-B 钢,预埋件的锚筋采用 HRB335 级热轧钢筋。焊条采用 E43。支撑杆件、连接板、预埋件、焊缝应经抗震验算确定。

7. 隔墙和围护墙

(1) 围护墙和隔墙的构造要求

单层钢筋混凝土柱厂房的围护墙和隔墙,尚应符合下列要求:

1) 厂房的围护墙宜采用轻质墙板或钢筋混凝土大型墙板,砌体围护墙应采用外贴式并与柱可靠拉结;外侧柱距为 12m 时应采用轻质墙板或钢筋混凝土大型墙板。

2) 刚性围护墙沿纵向宜均匀对称布置,不宜一侧为外贴式,另一侧为嵌砌式或开敞式;不宜一侧采用砌体墙一侧采用轻质墙板。

3) 不等高厂房的高跨封墙和纵横向厂房交接处的悬墙宜采用轻质墙板,6、7 度采用砌体时不应直接砌在低跨屋面上。

4) 砌体围护墙在下列部位应设置现浇钢筋混凝土圈梁:

① 梯形屋架端部上弦和柱顶的标高处应各设一道,但屋架端部高度不大于 900mm 时可合并设置;

② 应按上密下稀的原则每隔 4m 左右在窗顶增设一道圈梁,不等高厂房的高低跨封墙和纵墙跨交接处的悬墙,圈梁的竖向间距不应大于 3m;

③ 山墙沿屋面应设钢筋混凝土卧梁,并应与屋架端部上弦标高处的圈梁连接。

5) 圈梁的构造应符合下列规定:

① 圈梁宜闭合,圈梁截面宽度宜与墙厚相同,截面高度不应小于 180mm;圈梁的纵筋,6～8 度时不应少于 4φ12,9 度时不应少于 4φ14。

② 厂房转角处柱顶圈梁在端开间范围内的纵筋,6～8 度时不宜少于 4φ14,9 度时不宜少于 4φ16,转角两侧各 1m 范围内的箍筋直径不宜小于 8mm,间距不宜大于 100mm;圈梁转角处应增设不少于 3 根且直径与纵筋相同的水平斜筋;

③ 圈梁应与柱或屋架牢固连接,山墙卧梁应与屋面板拉结;顶部圈梁与柱或屋架连接的锚拉钢筋不宜少于 4φ12,且锚固长度不宜少于 35 倍钢筋直径,防震缝处圈梁与柱或屋架的拉结宜加强。

6) 墙梁宜采用现浇,当采用预制墙梁时,梁底应与砖墙顶面牢固拉结并应与柱锚拉;厂房转角处相邻的墙梁,应相互可靠连接。

7) 砌体隔墙与柱宜脱开或柔性连接,并应采取措施使墙体稳定,隔墙顶部应设现浇钢筋混凝土压顶梁。

8) 砖墙的基础,8 度Ⅲ、Ⅳ类场地和 9 度时,预制基础梁应采用现浇接头;当另设条形基础时,在柱基础顶面标高处应设置连续的现浇钢筋混凝土圈梁,其配筋不应少于 4φ12。

9) 砌体女儿墙高度不宜大于 1m,且应采取措施防止地震时倾倒。

(2) 圈梁构造详图

圈梁构造详图如图所示(图 4-43)。厂房跨度 18m、24m 时,内墙在柱顶标高的大圈梁应与屋架下弦相连,此时该开间屋架应设置下弦水平支撑(通过抗震验算确定断面)。

厂房内墙柱顶标高处大圈梁高度：跨度12m时为500mm；跨度15m时为600mm；跨度18m、24m时中间设置一个支撑点，圈梁高500mm。

1）本图应用范围

① 地震烈度不大于8度。

② 单层钢筋混凝土柱厂房跨度12～24m，柱顶标高不大于15m。

③ 基本风压不大于$0.70kN/m^2$，受风面积高度不大于6m。

④ 门窗洞口宽度不大于4200mm，且其上部仅承受厂房墙体荷载，而无外加的板、梁等荷载。

⑤ 本图适用于墙厚200～370mm砌体围护墙，按工程设计图纸确定。

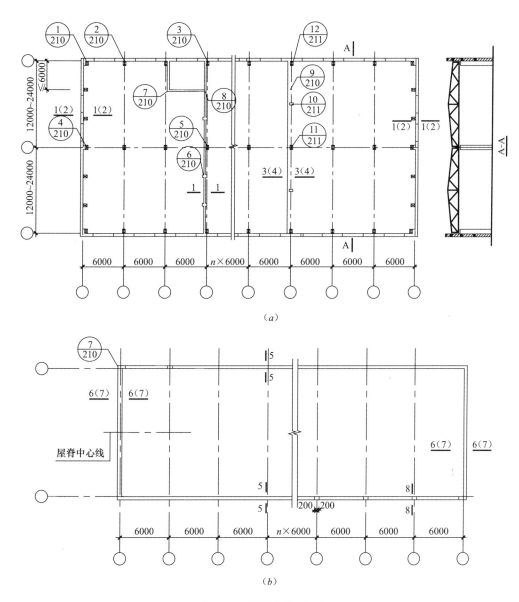

图4-43 圈梁构造（一）

（a）圈梁平面；（b）顶层圈梁（圈梁顶标高与屋面板齐平）平面

209

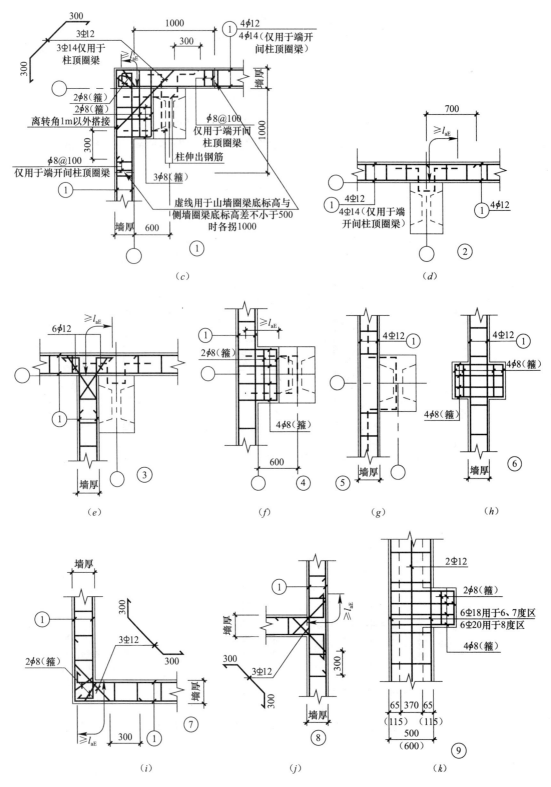

图 4-43　圈梁构造（二）

(c)～(k) 节点详图

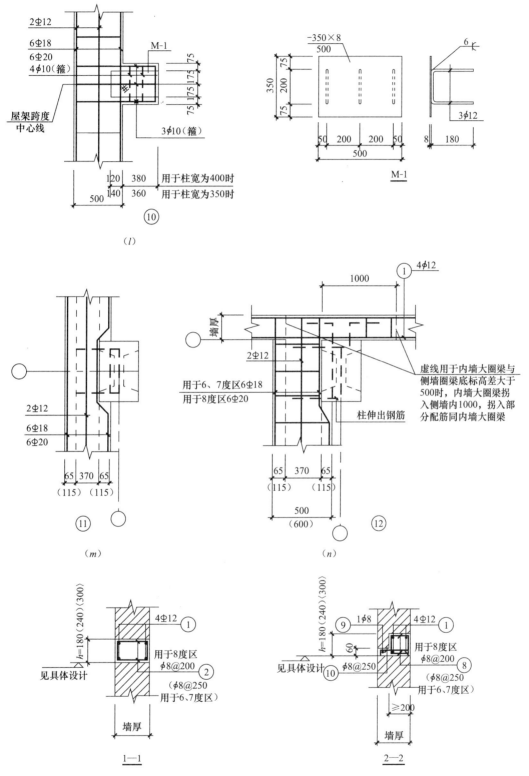

图 4-43 圈梁构造（三）

(l)～(n) 节点详图

211

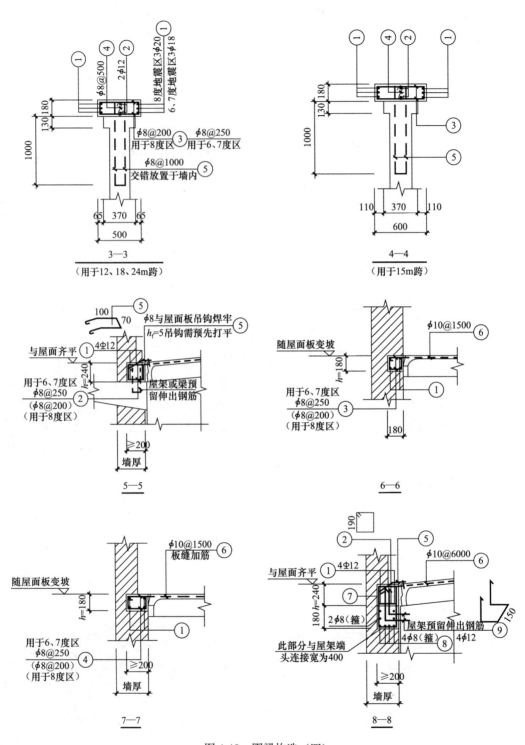

图 4-43　圈梁构造（四）

注：1. 图中 l_{aE} 取值为 l_a。

2. 圈梁高度 h 取值同一柱间无窗处与有窗处一致。

2）施工说明

① 圈梁混凝土强度等级为 C25，主筋保护层在梁的部分为 25mm。

② 圈梁纵向钢筋可现场搭接，且满足搭接长度 $1.2l_a$，同一截面（搭接长度）范围内的搭接接头面积不得超过该截面内钢筋总面积的 25%，且不得在断孔范围内。转角处外围主筋需转角 1m 以外搭接。

③ 厂房侧墙有伸缩缝时，圈梁亦应有伸缩缝，缝宽与墙相同。

④ 插入圈梁的柱伸出钢筋应与圈梁主筋绑牢。

⑤ 外墙上外露的圈梁长度超过 40m 时，圈梁应分段浇筑，每段长不超过 30m，各段间应在非洞孔部位留出 0.50～1.00m 的空当，7～10d 后再用混凝土填满，并注意与已浇部分结合好。

⑥ 当墙体为有孔洞的抗震墙时，圈梁截面应另行计算。

圈梁底标高变化做法及圈梁遇门樘做法如图所示（图 4-44）。

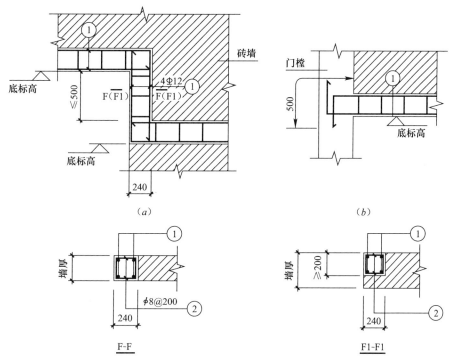

图 4-44 圈梁底标高变化做法、圈梁遇门樘做法示意图
（a）圈梁底标高变化做法；（b）圈梁遇门樘做法

4.3 钢结构厂房

4.3.1 一般规定

1. 厂房框架柱的长细比和轴压比

单层钢结构厂房的最大柱顶位移限值、吊车梁顶面标高处的位移限值，一般已可控制出现长细比过大的柔韧厂房。厂房框架柱的长细比，轴压比小于 0.20 时不宜大于 150；轴

压比不小于 0.20 时，不宜大于 $120\sqrt{235/f_y}$。

2. 厂房框架柱、梁的板件宽厚比

板件的宽厚比，是保证厂房框架延性的关键指标，也是影响单位面积耗钢量的关键指标。厂房框架柱、梁的板件宽厚比，应符合下列要求：

1）重屋盖厂房，板件宽厚比限值可按表 4-7 的规定采用，7、8、9 度的抗震等级可分别按四、三、二级采用。

框架梁、柱板件宽厚比限值 表 4-7

	板件名称	一级	二级	三级	四级
柱	工字形截面翼缘外伸部分	10	11	12	13
	工字形截面腹板	43	45	48	52
	箱形截面壁板	33	36	38	40
梁	工字形截面和箱形截面 面翼缘外伸部分	9	9	10	11
	箱形截面翼缘在 两腹板之间部分	30	30	32	36
	工字形截面和 箱形截面腹板	$72-120N_b/(Af)$ $\leqslant 60$	$72-100N_b/(Af)$ $\leqslant 65$	$80-110N_b/(Af)$ $\leqslant 70$	$85-120N_b/(Af)$ $\leqslant 75$

2）轻屋盖厂房，塑性耗能区板件宽厚比限值可根据其承载力的高低按性能目标确定。塑性耗能区外的板件宽厚比限值，可采用现行《钢结构设计规范》（GB 50017—2003）弹性设计阶段的板件宽厚比限值。

注：当腹板的宽厚比，可通过设置纵向加劲肋减小。

4.3.2 钢结构厂房布置与构造

1. 厂房的结构体系

从单层钢结构厂房的震害实例分析，在 7～9 度的地震作用下，其主要震害是柱间支撑的失稳变形和连接节点的断裂或拉脱，柱脚锚栓剪断和拉断，以及锚栓锚固过短所至的拔出破坏。亦有少量厂房的屋盖支撑杆件失稳变形或连接节点板开裂破坏。

《建筑抗震设计规范》第 9.2.2 条规定：厂房的结构体系应符合下列要求：

1）厂房的横向抗侧力体系，可采用刚接框架、铰接框架、门式刚架或其他结构体系。厂房的纵向抗侧力体系，8、9 度应采用柱间支撑；6、7 度宜采用柱间支撑，也可采用刚接框架。

2）厂房内设有桥式起重机时，起重机梁系统的构件与厂房框架柱的连接应能可靠地传递纵向水平地震作用。

3）屋盖应设置完整的屋盖支撑系统。屋盖横梁与柱顶铰接时，宜采用螺栓连接。

2. 屋盖支撑

屋盖支撑系统（包括系杆）的布置和构造应满足的主要功能是：保证屋盖的整体性（主要指屋盖各构件之间不错位）和屋盖横梁平面外的稳定性，保证屋盖和山墙水平地震作用传递路线的合理、简捷，且不中断。

《建筑抗震设计规范》第 9.2.12 条规定：厂房的屋盖支撑，应符合下列要求：

1）无檩屋盖的支撑布置，宜符合表 4-8 的要求。

2) 有檩屋盖的支撑布置，宜符合表 4-9 的要求。

3) 当轻型屋盖采用实腹屋面梁、柱刚性连接的刚架体系时，屋盖水平支撑可布置在屋面梁的上翼缘平面。屋面梁下翼缘应设置隔撑侧向支承，隔撑的另一端可与屋面檩条连接。屋盖横向支撑、纵向天窗架支撑的布置可参照表 4-8、表 4-9 的要求。

无檩屋盖的支撑系统布置 表 4-8

支撑名称		烈 度		
		6、7 度	8 度	9 度
屋架支撑	上、下弦横向支撑	屋架跨度小于 18m 时同非抗震设计；屋架跨度不小于 18m 时，在厂房单元端开间各设一道	厂房单元端开间及上柱支撑开间各设一道；天窗开洞范围的两端各增设局部上弦支撑一道；当屋架端部支承在屋架上弦时，其下弦横向支撑同非抗震设计	
	上弦通长水平系杆	同非抗震设计	在屋脊处、天窗架竖向支撑处、横向支撑节点处和屋架两端处设置	
	下弦通长水平系杆		屋架竖向支撑节点处设置；当屋架与柱刚接时，在屋架端间处按控制下弦平面外细比不大于 150 设置	
	竖向支撑 屋架跨度小于 30m	同非抗震设计	厂房单元两端间及上柱支撑各间屋架端部各设一道	同 8 度，且每隔 42m 在屋架端部设置
	竖向支撑 屋架跨度不小于 30m		厂房单元的端开间，屋架 1/3 跨度处和上柱支撑开间内的屋架端部设置，并与上、下弦横向支撑相对应	同 8 度，且每隔 36m 在屋架端部设置
纵向天窗架支撑	上弦横向支撑	天窗架单元两端开间各设一道	天窗架单元端开间及柱间支撑开间各设一道	
	竖向支撑 跨中	跨度不小于 12m 时设置，其道数与两侧相同	跨度不小于 9m 时设置，其道数与两侧相同	
	竖向支撑 两侧	天窗架单元端开间及每隔 36m 设置	天窗架单元端开间及每隔 30m 设置	天窗架单元端开间及每隔 24m 设置

有檩屋盖的支撑系统布置 表 4-9

支撑名称		烈 度		
		6、7 度	8 度	9 度
屋架支撑	上弦横向支撑	厂房单元端开间及每隔 60m 各设一道	厂房单元端开间及上柱柱间支撑开间各设一道	同 8 度，且天窗开洞范围的两端各增设局部上弦横向支撑一道
	下弦横向支撑	同非抗震设计；当屋架端部支承在屋架下弦时，同上弦横向支撑		
	跨中竖向支撑	同非抗震设计		屋架跨度不小于 30m 时，跨中增设一道
	两侧竖向支撑	屋架端部高度大于 900mm 时，厂房单元端开间及柱间支撑开间各设一道		
	下弦通长水平系杆	同非抗震设计	屋架两端和屋架竖向支撑处设置；与柱刚接时，屋架端间处按控制下弦平面外细比不大于 150 设置	
纵向天窗架支撑	上弦横向支撑	天窗架单元两端开间各设一道	天窗架单元两端开间及每隔 54m 各设一道	天窗架单元两端开间及每隔 48m 各设一道
	两侧竖向支撑	天窗架单元端开间及每隔 42m 各设一道	天窗架单元端开间及每隔 36m 各设一道	天窗架单元端开间及每隔 24m 各设一道

4) 屋盖纵向水平支撑的布置，尚应符合下列规定：

① 当采用托架支撑屋盖横梁的屋盖结构时，应沿厂房单元全长设置纵向水平支撑；

② 对于高低跨厂房，在低跨屋盖横梁端部支撑处，应沿屋盖全长设置纵向水平支撑；

③ 纵向柱列局部柱间采用托架支撑屋盖横梁时，应沿托架的柱间及向其两侧至少各延伸一个柱间设置屋盖纵向水平支撑；

④ 当设置沿结构单元全长的纵向水平支撑时，应与横向水平支撑形成封闭的水平支撑体系。多跨厂房屋盖纵向水平支撑的间距不宜超过两跨，不得超过三跨；高跨和低跨宜按各自的标高组成相对独立的封闭支撑体系。

5）支撑杆宜采用型钢；设置交叉支撑时，支撑杆的长细比限值可取 350。

3. 钢结构厂房柱

（1）柱间支撑

柱间支撑对整个厂房的纵向刚度、自振特性、塑性铰产生部位都有影响。柱间支撑的布置应合理确定其间距，合理选择和配置其刚度以减小厂房整体扭转。

《建筑抗震设计规范》第 9.2.15 条规定：柱间支撑应符合下列要求：

1）厂房单元的各纵向柱列，应在厂房单元中部布置一道下柱柱间支撑；当 7 度厂房单元长度大于 120m（采用轻型围护材料时为 150m）、8 度和 9 度厂房单元大于 90m（采用轻型围护材料时为 120m）时，应在厂房单元 1/3 区段内各布置一道下柱支撑；当柱距数不超过 5 个且厂房长度小于 60m 时，亦可在厂房单元的两端布置下柱支撑。上柱柱间支撑应布置在厂房单元两端和具有下柱支撑的柱间。

2）柱间支撑宜采用 X 形支撑，条件限制时也可采用 V 形、Λ 形及其他形式的支撑。X 形支撑斜杆与水平面的夹角、支撑斜杆交叉点的节点板厚度，应符合单层钢筋混凝土柱厂房的规定。

3）柱间支撑杆件的长细比限值，应符合现行国家标准《钢结构设计规范》（GB 50017—2003）的规定。

4）柱间支撑宜采用整根型钢，当热轧型钢超过材料最大长度规格时，可采用拼接等强接长。

5）有条件时，可采用消能支撑。

（2）柱脚

柱脚应能可靠传递柱身承载力，宜采用埋入式、插入式或外包式柱脚，6、7 度时也可采用外露式柱脚。

震害表明，外露式柱脚破坏的特征是锚栓剪断、拉断或拔出。由于柱脚锚栓破坏，使钢结构倾斜，严重者导致厂房坍塌。外包式柱脚表现为顶部箍筋不足的破坏。

1）埋入式柱脚在钢柱根部截面容易满足塑性铰的要求。当埋入深度达到钢柱截面高度 2 倍的深度，可认为其柱脚部位的恢复力特性基本呈纺锤形。插入式柱脚引用冶金部门的有关规定。埋入式、插入式柱脚应确保钢柱的埋入深度和钢柱埋入部分的周边混凝土厚度。

2）外包式柱脚的力学性能主要取决于外包钢筋混凝土的力学性能。所以，外包短柱的钢筋应加强，特别是顶部箍筋，并确保外包混凝土的厚度。

3）一般的外露式柱脚，从力学的角度看，作为半刚性考虑更加合适。这种柱脚受弯时的力学性能，主要由锚栓的性能决定。如锚栓受拉屈服后能充分发展塑性，则承受反复荷载作用时，外露式柱脚的恢复力特性呈典型的滑移型滞回特性。但实际的柱脚，往往在锚栓截面未削弱部分屈服前，螺纹部分就发生断裂，难以有充分的塑性发展。并且，当钢柱截面大到一定程度时，设计大于柱截面抗弯承载力的外露式柱脚往往是困难的。因此，当柱脚承受的地震作用大时，采用外露式不经济，也不合适。采用外露式柱脚时，与柱间支撑连接的柱脚，不论计算是否需要，都必须设置剪力键，以可靠抵抗水平地震作用。

《建筑抗震设计规范》第9.2.16条规定：柱脚设计应符合下列要求：

1）实腹式钢柱采用埋入式、插入式柱脚的埋入深度，应由计算确定，且不得小于钢柱截面高度的2.5倍。

2）格构式柱采用插入式柱脚的埋入深度，应由计算确定，其最小插入深度不得小于单肢截面高度（或外径）的2.5倍，且不得小于柱总宽度的0.5倍。

3）采用外包式柱脚时，实腹H形截面柱的钢筋混凝土外包高度不宜小于2.5倍的钢结构截面高度，箱型截面柱或圆管截面柱的钢筋混凝土外包高度不宜小于3倍的钢结构截面高度或圆管截面直径。

4）采用外露式柱脚时，柱脚承载力不宜小于柱截面塑性屈服承载力的1.2倍。柱脚锚栓不宜用以承受柱底水平剪力，柱底剪力应由钢底板与基础间的摩擦力或设置抗剪键及其他措施承担。柱脚锚栓应可靠锚固。

（3）钢柱厂房柱间支撑构造详图

1）钢柱厂房柱间支撑节点（6、7度）如图所示（图4-45）。6、7度时，钢柱柱间支撑节点系按"上、下柱间支撑均为单角钢，压杆为十字形角钢"绘制。柱间支撑处节点板厚度计算时，应考虑平面外稳定。

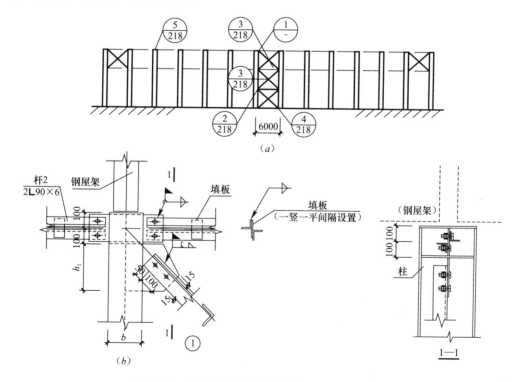

图4-45 钢柱厂房柱间支撑节点（6、7度）（一）

（a）柱间支撑节点选用；（b）节点详图

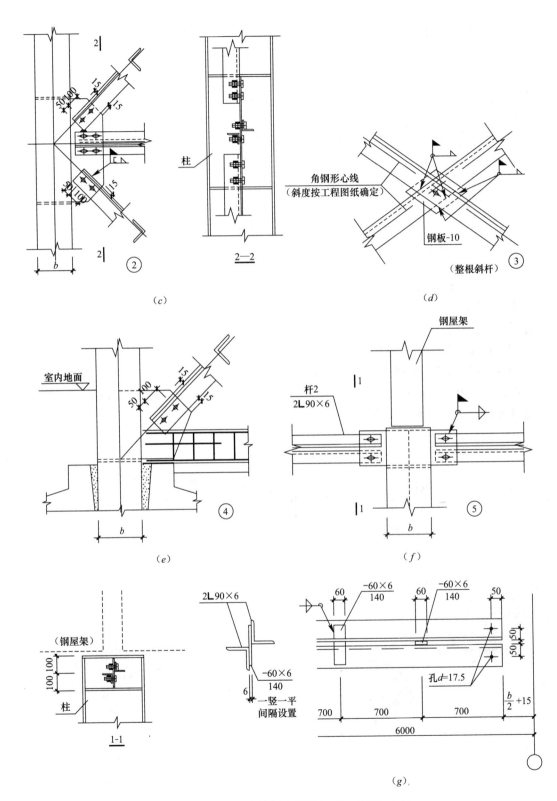

图 4-45 钢柱厂房柱间支撑节点（6、7度）（二）

(c)～(f) 节点详图；(g) 压杆做法

2) 钢柱厂房柱间支撑节点（8、9度）如图所示（图4-46）。8、9度时，钢柱柱间支撑按"上、下柱间支撑均为双角钢，压杆为十字形角钢"绘制，实际使用时，上柱也可以采用单角钢，压杆和下柱支撑也可以采用双槽钢。柱间支撑处节点板厚度计算时，应考虑平面外稳定。

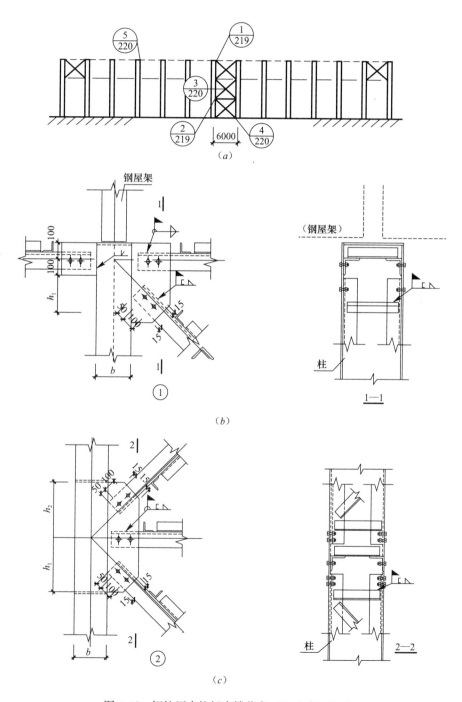

图4-46 钢柱厂房柱间支撑节点（8、9度）（一）

(a) 柱间支撑节点选用；(b)、(c) 节点详图

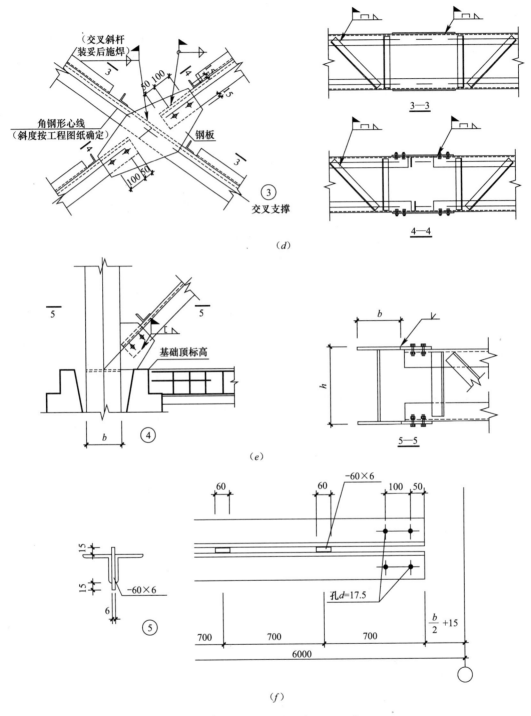

图 4-46　钢柱厂房柱间支撑节点（8、9 度）（二）

（d）～（f）节点详图

注：1. 交叉支撑在交叉点应设置节点板，其厚度不应小于 10mm，斜杆与交叉节点板应焊接，与端节点板宜焊接。

2. 交叉支撑端部的连接，对单角钢支撑应记入强度的折减，8、9 度时不得采用单面偏心连接；交叉支撑有一杆中断时，交叉节点板应予以加强，其承载力不小于 1.1 倍杆件承载力。

3. 支撑杆件的截面应力比不宜大于 0.75。

4. 围护墙

（1）围护墙构造要求

钢结构厂房的围护墙，应符合下列要求：

1）厂房的围护墙，应优先采用轻型板材，预制钢筋混凝土墙板宜与柱柔性连接；9度时宜采用轻型板材。

2）单层厂房的砌体围护墙应贴砌并与柱拉结，尚应采取措施使墙体不妨碍厂房柱列沿纵向的水平位移；8、9度时不应采用嵌砌式。

（2）围护墙构造详图

1）轻质围护墙与钢柱、格构柱的拉结如图所示（图4-47）。本连接示意图仅表示山墙梁条与抗风柱连接关系。

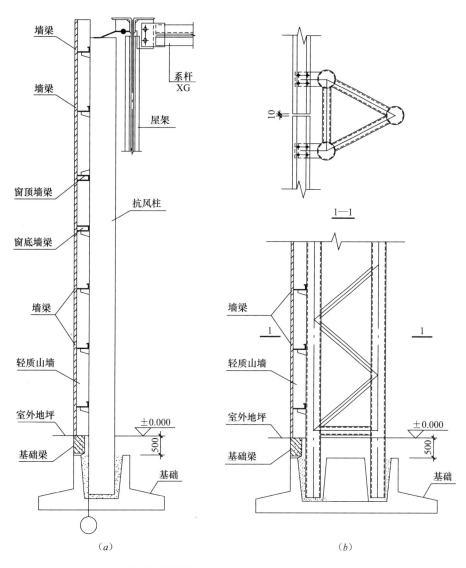

图 4-47 轻质围护墙与钢柱、格构柱的拉结（6～9度）（一）

(a) 轻质围护墙与钢柱的拉结；(b) 轻质围护墙与格构柱的拉结

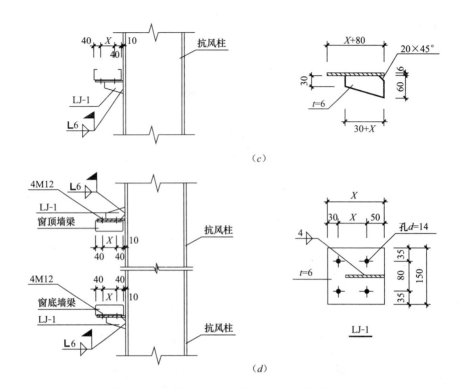

(*c*)

图 4-47 轻质围护墙与钢柱、格构柱的拉结（二）

（*c*）抗风柱与墙梁连接；（*d*）抗风柱与窗墙梁连接

注：1. 墙梁及圈梁、基础和基础梁由单体设计确定。

2. 所有连接件均采用 Q235-B 钢，焊条采用 E43 型，未注明处均为满焊。

3. 墙梁应根据实际工程情况进行构件和连接节点的调整。

2）女儿墙与混凝土屋架、屋面梁的拉结（6～8 度）如图所示（图 4-48）。

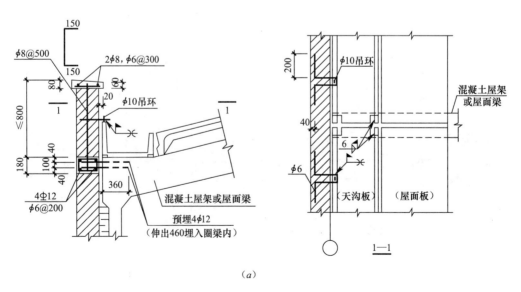

（*a*）

图 4-48 女儿墙与混凝土屋架、屋面梁的拉结（6～8 度）（一）

（*a*）女儿墙

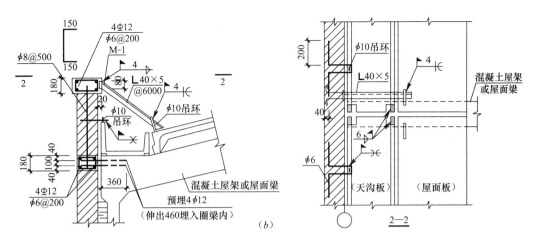

图 4-48　女儿墙与混凝土屋架、屋面梁的拉结（6～8 度）（二）

（b）高跨悬墙及厂房大门上方

注：1. 现浇圈梁和压顶的混凝土强度等级不低于 C25。

　　2. 砌筑砂浆的强度等级不应低于 M5。

3）女儿墙与钢屋架的拉结（6～8 度）如图所示（图 4-49）。

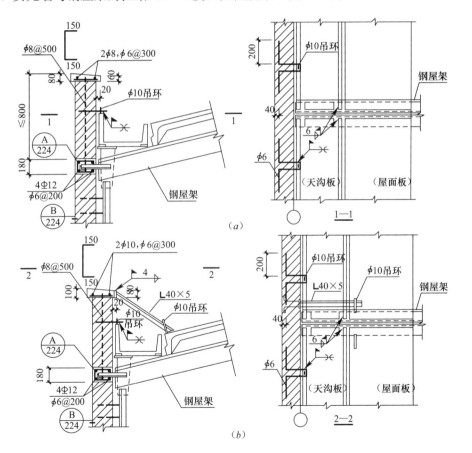

图 4-49　女儿墙与钢屋架的拉结（6～8 度）

（a）女儿墙；（b）高跨悬墙及厂房大门上方

223

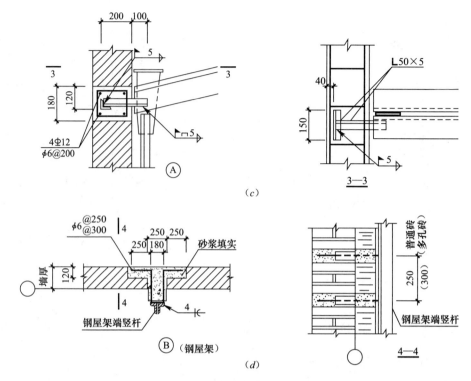

图 4-49　女儿墙与钢屋架的拉结（6～8 度）

（c）、（d）节点详图

注：1. 现浇圈梁和压顶的混凝土强度等级不低于 C25。

2. 砌筑砂浆的强度等级不应低于 M5。

5. 厂房的结构体系

厂房的平面布置、钢筋混凝土屋面板和天窗架的设置要求等，可参照单层钢筋混凝土柱厂房的有关规定。当设置防震缝时，其缝宽不宜小于单层混凝土柱厂房防震缝宽度的 1.5 倍。

参 考 文 献

[1] 中国建筑科学研究院. GB 50011—2010 建筑抗震设计规范［S］. 北京：中国建筑工业出版社，2010.

[2] 中国建筑科学研究院. GB 50010—2010 混凝土结构设计规范［S］. 北京：中国建筑工业出版社，2011.

[3] 中国建筑东北设计研究院有限公司. GB 50003—2011 砌体结构设计规范［S］. 北京：中国建筑工业出版社，2011.

[4] 中冶建筑研究总院有限公司. GB 50191—2012 构筑物抗震设计规范［S］. 北京：中国计划出版社，2012.

[5] 中国建筑科学研究院. GB50223—2008 建筑工程抗震设防分类标准［S］. 北京：中国建筑工业出版社，2008.

[6] 中国建筑科学研究院. JGJ 3—2010 高层建筑混凝土结构技术规程［S］. 北京：中国建筑工业出版社，2011.

[7] 中国建筑科学研究院. JGJ 94—2008 建筑桩基技术规范［S］. 北京：中国建筑工业出版社，2008.

[8] 北京市建筑设计研究院. 11G329-1 建筑物抗震构造详图（多层和高层钢筋混凝土房屋）［S］. 北京：中国计划出版社，2011.

[9] 中国建筑西北设计研究院有限公司. 11G329-2 建筑物抗震构造详图（多层砌体房屋和底部框架砌体房屋）［S］. 北京：中国计划出版社，2011.

[10] 中国航空规划建设发展有限公司. 11G329-3 建筑物抗震构造详图（单层工业厂房）［S］. 北京：中国计划出版社，2011.

[11] 张延年. 建筑抗震设计［M］. 北京：机械工业出版社，2011.

[12] 薛素铎，赵均，高向宇. 建筑抗震设计［M］. 3 版. 北京：科学出版社，2012.

[13] 吕西林，周德源，李思明等. 建筑结构抗震设计理论与实例［M］. 3 版. 上海：同济大学出版社，2011.